U0323865

新一代煤矿安全监控系统实用教程

张　璞　侯建军　石记红　著

中国矿业大学出版社
·徐州·

内 容 提 要

本书内容包括煤矿安全监控系统发展历程,新一代煤矿安全监控系统结构,地面监控中心软硬件平台及安全保障,计算机网络与数字通信基础,监控分站与传感器基本原理、功能、特点,监控系统的安装与运维,系统及设备常见故障及排查方法,多系统融合和应急联动功能实现,以及煤矿安全监控系统展望。

本书适用于煤矿安全监控管理和技术人员,也可供相关专业大中专学生使用。

图书在版编目(C I P)数据

新一代煤矿安全监控系统实用教程 / 张璞,侯建军,
石记红著. — 徐州:中国矿业大学出版社,2022.6
ISBN 978 - 7 - 5646 - 5437 - 5

Ⅰ. ①新… Ⅱ. ①张… ②侯… ③石… Ⅲ. ①煤矿—
矿山安全—监测系统 Ⅳ. ①TD76

中国版本图书馆 CIP 数据核字(2022)第 100546 号

书　　名	新一代煤矿安全监控系统实用教程
著　　者	张　璞　侯建军　石记红
责任编辑	吴学兵　黄本斌
出版发行	中国矿业大学出版社有限责任公司
	(江苏省徐州市解放南路　邮编 221008)
营销热线	(0516)83884103　83885105
出版服务	(0516)83995312　83884920
网　　址	http://www.cumtp.com　E-mail:cumtpvip@cumtp.com
印　　刷	徐州中矿大印发科技有限公司
开　　本	787 mm×1092 mm　1/16　**印张** 14.25　**字数** 356 千字
版次印次	2022 年 6 月第 1 版　2022 年 6 月第 1 次印刷
定　　价	78.00 元

(图书出现印装质量问题,本社负责调换)

前　言

　　煤炭是我国最主要的一次能源,2021 年,煤炭占我国一次能源总消费的比重为 56%。煤炭行业是高危行业,瓦斯、煤尘、水灾、火灾、冲击地压、地热等灾害困扰着煤炭行业的健康发展。乡镇煤矿事故频发,其百万吨死亡率是国有重点煤矿的 7 倍,这就充分证明,先进的技术、可靠的装备、合格的人才和到位的管理,是煤矿安全生产的重要保障。在煤矿生产过程中,针对安全事故和重大危险源的预测与评估,是关系到煤矿安全生产的一项重要因素,同时也是影响社会安定和经济持续发展的重要因素,这是我国煤矿工作中的一项重点,也是难点工作。近几年来,信息技术被迅速地应用到了煤矿安全生产领域,并取得了明显的社会和经济效益。国家对煤矿安全生产的管理力度在不断加强,同时各单位都在进行数字化矿井的建设和改造。为了从根本上解决煤矿安全问题,需要依靠科技进步手段提高煤矿整体安全技术装备与管理水平。长期以来,我国在煤矿安全生产工作方面不断地进行探索和实践,而安全监控系统的应用,也起到了重要的作用,促进了我国煤矿安全生产工作的不断进步。

　　煤矿安全监控系统是 24 小时不间断监测煤矿井下以瓦斯为主的环境、工况等参数,集监测和控制为一体的自动化系统。正确安装、维护煤矿安全监控系统不仅能够有效掌握矿井瓦斯变化趋势,而且能在瓦斯涌出异常时及时切断所在区域的设备电源,有效减少或降低了瓦斯事故的发生,为煤矿安全高效生产提供可靠的重要保障。煤矿安全监控系统在应急救援和事故调查中也发挥着重要作用,当煤矿井下发生瓦斯(煤尘)爆炸等事故后,系统的监测记录是确定事故时间、爆源、火源等的重要依据之一。

　　煤矿安全监控系统对保证矿井安全生产起着人工无法替代的作用。要想充分发挥煤矿安全监控系统的作用,煤矿企业必须在思想、组织、技术、资金、培训、售后服务、监管等诸多方面落实到位，上下重视，齐抓共管。要从管理上下功夫，先进的设备只有跟上先进的管理，装备的先进性才能得以体现，才能使安全生产监控系统在煤矿安全生产中发挥出最大的社会和经济效益。

本教材在撰写过程中，得到了诸多同仁的关心和支持，他们给予了密切配合和通力协作。教材撰写组对教材的撰写倾注了大量的心血，在做好各自本职工作的同时，充分利用业余闲暇，加班加点赶写教材，克服了参考资料少、完成时间紧、撰写任务重、质量要求高等诸多困难，比较圆满地完成了教材的撰写任务。在此，向共同促成本教材撰写的各位同仁表示深深的谢意！

由于时间仓促，加之著者水平有限，教材中难免有纰漏和不足之处，敬请广大读者不吝赐教，批评指正。

著　者

2022 年 1 月

目　录

1　绪　论

1.1　煤矿事故防治与安全监控

煤与瓦斯突出、瓦斯爆炸、火灾等事故是煤矿生产中的常见灾害,发生时往往造成大量人员伤亡和重大财产损失,研究其发生机理、危害和防治措施,充分发挥煤矿安全监控系统在灾害防治中的保障作用具有重要意义。

1.1.1　瓦斯爆炸及监控

瓦斯爆炸是煤矿生产中最严重的灾害之一。我国最早关于瓦斯爆炸的文献记载见于山西省《高平县志》,万历三十一年(1603 年),山西省高平市唐安镇一煤井发生瓦斯爆炸事故,文中描述瓦斯爆炸时的情形为:"火光满井,极为熏蒸,人急上之,身已焦烂而死,须臾雷震井中,火光上腾,高两丈余。"国外文献记载的最早瓦斯爆炸事故是 1675 年发生于英国茅斯汀煤矿的瓦斯爆炸。世界煤矿开采史上最大的伤亡事故,是 1942 年 4 月 26 日发生于辽宁本溪湖煤矿的瓦斯煤尘爆炸,造成 1 549 人死亡,146 人受伤。

瓦斯爆炸是一定浓度的甲烷和空气中的氧气在高温热源作用下发生激烈氧化反应的过程。化学反应式为:

$$CH_4 + 2O_2 = CO_2 + 2H_2O$$

如果煤矿井下氧气不足,反应的最终式为:

$$2CH_4 + 3O_2 = 2CO + 4H_2O$$

20 世纪 80 年代以来,随着我国安全监控系统的引进以及大型高效通风机的逐步使用和瓦斯抽采技术的不断创新,瓦斯爆炸事故已逐渐减少,但尚未杜绝。因此,掌握瓦斯爆炸的原因、规律和防治措施极为重要。

1.1.1.1　瓦斯爆炸的条件及其影响因素

发生瓦斯爆炸有瓦斯浓度、混合气体中的氧气浓度、引火源 3 个影响因素,而且必须具备以下条件:一是瓦斯的浓度处于爆炸范围;二是氧气浓度超过失爆氧气浓度;三是引火源的能量大于最小点燃能量,温度高于最低点燃温度和点燃时间长于感应期。因此,只要能控制或消除其中一个因素,就可以防止瓦斯爆炸。

(1)瓦斯的浓度

根据链式反应理论,一定浓度的瓦斯吸收足够的热能后,就将分解出大量的活化中心,完成整个氧化反应过程,并放出一定的热量。如果生成的热量超过周围介质的吸热和散热能力,且混合物中又有足够的瓦斯和氧气存在,则在此条件下就会生成更多的活化中心,使氧化过程迅猛发展成为爆炸。因此,瓦斯爆炸具有一定的浓度范围,这个浓度范围指的是瓦斯与空气的混合气体中瓦斯的体积浓度,瓦斯爆炸界限一般为 5%～16%,其中 5% 为爆炸下限,16% 为爆炸上限。目前认为,瓦斯最容易被点燃的浓度为 7%～8%。

瓦斯的爆炸界限并不是固定不变的,它会受到可燃性气体的混入、煤尘的混入、惰性气体和混合气体的初温等因素的影响。几种可燃气体的爆炸界限如表 1-1 所列。

表 1-1 几种可燃性气体的爆炸界限

气体名称	化学符号	爆炸下限/%	爆炸上限/%
甲烷	CH_4	5.00	16.00
乙烷	C_2H_6	3.22	12.45
乙烯	C_2H_4	2.75	28.60
氢气	H_2	4.00	74.20
一氧化碳	CO	12.5	75.00

(2)混合气体中的氧气浓度

瓦斯爆炸界限随着混合气体中氧气浓度的降低而缩小。当氧气浓度降低时,瓦斯爆炸下限缓慢增高,爆炸上限则迅速下降;当氧气浓度降低到12%时,瓦斯混合气体失去爆炸性,遇火也不爆炸,该点的氧气浓度为失爆氧气浓度。因此,为了防止火区内瓦斯爆炸,控制火区内的氧气含量具有重要作用。

(3)引火源

瓦斯爆炸的第三个条件是引火源的存在。点燃瓦斯所需的最低温度称为最低点燃温度,一般瓦斯最低点燃温度为650~750 ℃,不同浓度的瓦斯,其点燃温度也不相同。

瓦斯遇高温火源时,并不是立即发生燃烧或爆炸,而是需经过一段时间后才可被点燃。通常把这种引火延迟时间称为感应期。这是因为瓦斯的热容量较大,需要吸收一定热量后,才开始分解与燃烧。而感应期的长短,在压力一定时,主要取决于瓦斯的浓度与火源的温度。瓦斯爆炸的感应期如表 1-2 所列,从表中可以看出:在爆炸界限内,瓦斯浓度越高,感应期越长;火焰温度越高,感应期越短。瓦斯被引燃的这种感应期,对爆破工作有实际意义。矿用安全炸药正是利用了这一特点,使之爆时所产生的火焰存在时间小于感应期,从而达到了安全爆破的目的。

表 1-2 瓦斯爆炸感应期

瓦斯浓度 /%	火源温度/℃						
	775	825	875	925	975	1 075	1 175
	爆炸感应期/s						
6	1.08	0.58	0.35	0.20	0.12	0.039	—
7	1.15	0.60	0.36	0.21	0.13	0.041	0.010
8	1.25	0.62	0.37	0.22	0.14	0.042	0.012
9	1.30	0.65	0.39	0.23	0.14	0.044	0.015
10	1.40	0.68	0.41	0.24	0.15	0.049	0.018
12	1.64	0.74	0.44	0.25	0.16	0.055	0.020

1.1.1.2 瓦斯爆炸的危害

通过对煤矿瓦斯爆炸灾害事故现场勘查资料分析发现,瓦斯爆炸冲击波波阵面以极快的速度冲击遇到的人或其他障碍物,紧跟在冲击波波阵面后面的是以极高速度朝同一方向运动的空气介质流,它们以猛烈的冲击力对人产生致命的伤害,并对其他障碍物造成破坏作用,其严重后果不可忽视。

爆炸前存在于巷道中的以及冲击波作用后产生的爆炸性混合气体均被火焰锋面引燃。在火焰锋面传播的过程中,留下爆炸的产物。因此,在瓦斯爆炸时会产生 3 个致命的因素:火焰锋面、冲击波和矿井空气成分变化,从而造成人员伤亡、巷道和设备被损坏等危害。

（1）火焰锋面

火焰锋面是指沿巷道运动的化学反应带和烧热的气体,其传播速度为 1～2.5 m/s(正常燃烧速度)至 2 500 m/s(爆轰速度),一般为 500～700 m/s。火焰锋面通过时,可使人的衣服被扯烂,热辐射可造成人的皮肤和视网膜烧伤,呼吸器官甚至食道和胃的黏膜烫伤;烧坏电气设备与电缆,当电线有电时可能引起二次电气火灾;引燃井巷的可燃物造成二次灾害。实际上,所有较强的爆炸都伴随有火灾的发生。

（2）冲击波

冲击波传播过程中会导致压力突变。冲击波沿巷道传播时,在冲击波经过的前后,压力等于 1 个大气压,随着冲击波的接近,压力很快升高到最大值,之后又降低(可降到 1 个大气压以下)。在正向冲击波传播时,其波峰的压力达 0.10～0.20 MPa(相对压力);在正向冲击波叠加或返回时,可高达 10 MPa。各种爆炸性混合气体爆炸时,冲击波的波峰压力详见表 1-3。

表 1-3　爆炸性混合气体爆炸压力

爆炸性混合气体	$2H_2+O_2$	CH_4+O_2	CH_4+2O_2	$C_2H_2+O_2$
爆炸压力/MPa	2.04	3.10	4.15	4.15

爆炸冲击的破坏性由冲击波波阵面的高压和波阵面后的高速气流两方面因素构成,正向、反向和斜向冲击波的通过会引起人体创伤,移动和破坏电气设备,可能在冲击波通过的巷道中发生二次性着火,破坏支架,引起巷道顶板岩石垮落,垮落的岩石及支架堆积物可能导致通风系统的破坏,并使救灾和救护伤员的措施大为复杂化。

（3）矿井空气成分变化

瓦斯爆炸后,空气中氧气在氧化反应中被消耗,造成氧气浓度降低,释放一氧化碳等对人体健康有害的气体,形成爆炸性气体。瓦斯爆炸冲击波还可引起煤尘飞扬、爆炸,导致更大的灾难。

1.1.1.3　瓦斯爆炸防治与安全监控

根据瓦斯爆炸的 3 个条件可知,当瓦斯的浓度达到 5%～16%,混合气体中的氧气浓度大于 12% 时,具备一定能量的引火源即可触发瓦斯爆炸。煤矿采掘工作面和回风巷均为人员作业空间,普遍满足氧气浓度大于 12% 的条件,因此,防治瓦斯爆炸只能从控制瓦斯浓度和引火源入手。

煤矿安全监控系统具有瓦斯浓度超限报警和断电功能,当瓦斯浓度超过定义的限值时,作业现场甲烷传感器发出声光报警,提醒现场作业人员及时采取措施。同时,地面监控系统软件能够通过实时弹出报警信息、报警音箱发出声光和语音报警等形式,通知、提醒地面管理人员及时采取措施防止瓦斯爆炸事故发生。

新一代煤矿安全监控系统在常规瓦斯超限断电功能的基础上,具备分级报警和区域断电功能,支持用户根据瓦斯浓度、超限时间和超限范围设置多个报警级别,实现瓦斯爆炸事故的全方位、立体式预警。

电气火花和热源是引火源的重要组成部分,在瓦斯超限时能够及时、准确地切断相关区域的电源至关重要。新一代安全监控系统的区域断电功能能够根据甲烷超限发展趋势切断可能波及区域的电源。例如:某一区域发生甲烷超限断电,但系统监测到该区域的甲烷浓度仍然持续升高,可能波及其他区域,根据区域间断电相应策略,当该区域甲烷浓度上升到一定限度后应将可能波及区域的电源切断。

1.1.2 煤与瓦斯突出及监控

根据《煤与瓦斯突出矿井鉴定规范》(AQ 1024—2006),煤与瓦斯突出是在地应力和瓦斯的共同作用下,破碎的煤、岩和瓦斯由煤体或岩体内突然向采掘空间抛出的异常动力现象。

1.1.2.1 煤与瓦斯突出机理

煤与瓦斯突出给煤矿安全生产,特别是井下人员的生命财产安全造成了极其严重的威胁。为了防止这类灾害事故的发生,保障煤矿井下安全生产,世界上各主要产煤国均投入了大量的人力、物力研究煤与瓦斯突出机理,以便为突出危险性预测和防突措施的制定与实施提供科学依据。但是迄今为止,人们对于突出过程中煤岩体破坏与发展机制的认识还停留在定性与假说阶段,对于突出过程中哪些因素起主要作用以及与其他因素间的作用机理还把握不准,故而只能对某些突出现场给予解释,尚不能形成统一的完整理论体系。目前主要有单因素作用假说和综合作用假说两种解释。单因素作用假说主要有:瓦斯主导作用假说、地压主导作用假说以及化学本质作用假说,其主要特点是强调单因素起主要作用。综合作用假说认为:煤与瓦斯突出是由地应力、包含在煤体中的瓦斯以及煤体自身物理力学性质三者综合作用的结果。持综合作用假说观点的学者都承认,煤与瓦斯突出是综合因素作用的结果,但对各种因素在突出中所起的作用却说法不一。

综合作用假说能够解释的突出现象比各种单因素作用假说多,但还存在一些突出现象不能解释。由于煤与瓦斯突出是极其复杂的动力现象,因此对突出机理的认识目前仍然处于定性综合作用假说阶段,即煤与瓦斯突出是地应力、瓦斯和煤的物理力学性质三者综合作用的结果,是聚集在围岩和煤体中的大量潜能的高速释放,并认为高压瓦斯在突出的发展过程中起决定性作用,地应力是激发突出的因素,而煤的物理力学性质则是阻碍突出的因素。

1.1.2.2 煤与瓦斯突出的危害性

煤与瓦斯突出是煤矿建设和生产过程中一种极其复杂的矿井瓦斯动力现象。我国是世界上发生煤与瓦斯突出现象最严重、危害性最大的国家之一。

(1)突出的煤(岩)碎块掩埋设备、人员。突出发生时,煤(岩)碎块被抛出数十米、数百米,甚至一两千米,有可能堵满巷道,摧毁设施、掩埋设备和人员,给矿井造成巨大的人员伤亡和财产损失。

(2)突出时产生的巨大动力效应,摧毁巷道支架造成塌冒事故,推跑矿车、设备,造成矿井生产混乱。

(3)突出的大量高浓度瓦斯和二氧化碳使井下人员因氧气浓度下降而发生窒息死亡。

(4)突出大量的达到爆炸浓度的瓦斯遇火源后发生瓦斯或瓦斯煤尘爆炸事故,影响更恶劣。

(5)突出强度很大时,瓦斯、粉煤可产生逆风流运行现象,危害性更大。

(6)突出发生后,破坏矿井通风设施,造成矿井通风系统紊乱,使灾害进一步扩大。

1.1.2.3 煤与瓦斯突出防治与安全监控

《煤矿安全规程》规定:突出矿井的防突工作必须坚持区域综合防突措施先行、局部综合防突措施补充的原则。区域综合防突措施包括区域突出危险性预测、区域防突措施、区域防突措施效果检验和区域验证等内容。局部综合防突措施包括工作面突出危险性预测、工作面防突措施、工作面防突措施效果检验和安全防护措施等内容。

《煤矿安全监控系统升级改造技术方案》(煤安监函〔2016〕5 号)要求新一代安全监控系统具有瓦斯涌出、火灾等的预测预警功能。基于数据挖掘技术在煤与瓦斯突出发生前对瓦斯涌出异常进行预测预警,煤矿管理和技术人员提前采取措施预防煤与瓦斯突出事故发生。

《煤矿安全监控系统通用技术要求》(AQ 6201—2019)要求煤矿安全监控系统具有掘进工作面和采煤工作面煤与瓦斯突出报警和断电闭锁功能。煤矿安全监控系统根据采掘工作面内甲烷、风速、风向三种参数监测值的变化和传感器的故障情况,判定是否发出煤与瓦斯突出报警。

1.1.3 其他事故及监控

主要通风机和局部通风机是全矿井和掘进工作面的通风源动力,主要通风机和局部通风机异常停止运转将导致窒息、有毒有害气体浓度上升甚至爆炸事故,煤矿安全监控系统的开停传感器能够监测通风机的开停情况,在通风机异常停机时进行报警,提醒及时采取措施防止事故发生。

断电馈电异常功能能够及时判断机电设备应断电未断电的异常情况,确保断电可靠。煤矿井下煤岩运输大量使用带式输送机,其过载、跑偏等原因可能导致输送带与带式输送机机头滚筒摩擦起火,煤矿安全监控系统部署在带式输送机机头下风侧的一氧化碳和烟雾报警传感器能够实时监测空气中一氧化碳浓度和烟雾成分并进行报警,防止摩擦起火事故发生。

煤矿安全监控系统具备"三分闭锁"功能,当局部通风机停止运转,掘进工作面或回风流中甲烷浓度大于 3.0％时,对局部通风机进行闭锁使之不能启动,只有通过密码操作软件或使用专用工具方可人工解锁;当掘进工作面的回风流中甲烷浓度低于 1.5％时,自动解锁。"三分闭锁"功能能够防止瓦斯排放工作中出现"一风吹",进而避免由局部瓦斯超限发展为大面积瓦斯超限。

煤矿安全监控系统的风速下限报警功能,能够及时发现风速超低现象,防止因风速下降导致的瓦斯等有毒有害气体浓度上升情况,一氧化碳上限报警功能能够及时发现内因火灾和外因火灾导致的一氧化碳中毒事故。煤矿安全监控系统的其他监测功能亦对防治煤矿事故具有重要意义。

1.2 煤矿安全监控系统发展史

安全监控系统是由主机、传输接口、网络交换机、分站、传感器、执行器(含断电控制器及声光报警器)、电源箱、线缆、接线盒、避雷器等设备组成的有机整体,对井下甲烷浓度、风速、风压、一氧化碳浓度、温度等环境参数进行监测，对机电设备工作状态等进行监控，从而有效降低或避免灾害事故的发生。

1.2.1　国外煤矿安全监控系统发展

国外煤矿安全监控技术自 20 世纪 60 年代开始发展，根据信息传输的技术特征，其发展过程可分为五个阶段：

第一阶段，采用空分制来传输信息，如法国 20 世纪 60 年代的 CTT63/64 煤矿监测系统，波兰在 20 世纪 70 年代初的可测瓦斯浓度、一氧化碳浓度、风速、温度等参数共 128 个测点的 CMC-1 型矿井安全监测系统等。

第二阶段，采用(信道)频分制来传输信息，大大减少了传输电缆芯数，如 20 世纪 70 年代中期的德国西门子公司 TST 系统和 FH 公司 TF200 系统等。

第三阶段，以时分制为基础的煤矿监控系统，如英国煤矿研究所的 MINOS 煤矿监控系统，并用于带式输送机输送、井下环境监测、供电供水和洗煤厂监控等方面。这一系统的成功应用，开创了煤矿自动化技术和煤矿监测监控技术发展的新局面。

第四阶段，随着计算机技术、大规模集成电路技术、数据通信技术等现代高新技术的迅速发展，形成了以分布式微处理机为基础，以开放性、集成性和网络化为特征的煤矿监控，如美国 MSA 公司的 DAN6400 等系统，其信息产生方式虽然仍是时分制范畴，但用原来的一般时分制的概念已不足以反映这一高新技术的特点。

第五阶段，采用可以加快信息传输速率、拓展系统覆盖范围的光纤通信技术。如柏林技术大学将光纤通信应用于矿井电力监测系统中，英国也在 MINOS 系统中开发了光纤通信装置。

1.2.2　我国煤矿安全监控系统发展

我国煤矿监控技术及系统发展较晚。20 世纪 80 年代初，煤炭工业部先后从波兰、美国、德国、英国和加拿大等引进了一批安全监测监控系统，如 CMC-1、DAN6400、TF200、MINOS 和 Senturion-200 等，用于阳泉、淮南、潞安等地的煤矿，有效地促进了国内安全监控技术与装备的起步与发展。20 世纪 80 年代中期以后，在引进、消化、吸收的同时，结合我国煤矿的实际情况，我国先后研发了 KJ1、KJ2、KJ4 等一批煤矿安全监测监控系统，并通过了煤炭工业部组织的鉴定。这一时期的系统多采用分布式结构、时分制频带或基带传输方式。

20 世纪 90 年代以后，我国先后研发出一批具有国际先进水平的监控系统，如 KJ95、KJ90、KJ101、KJF2000 等，采用 Windows 等操作系统，具备智能化水平高、响应速度快、瓦斯风电闭锁、区域联网等显著特点。部分监控系统开始采用光纤传输。

2001 年，《煤矿安全规程》规定，高瓦斯和煤与瓦斯突出矿井必须装备煤矿安全监控系统。2006 年，国家安全生产监督管理总局发布、实施了《煤矿安全监控系统通用技术要求》(AQ 6201—2006)，对安全监控系统功能、技术指标等技术要求进行全面规范，有力地规范和促进了安全监控系统的发展，并实现设计制造的全面国产化。同年，国务院安委会办公室发布了《关于加强煤矿安全监控系统装备联网和维护使用工作的指导意见》(安委办〔2006〕21 号)，规定所有煤矿必须装备安全监控系统。2007 年，国家安全生产监督管理总局发布、实施了《煤矿安全监控系统及检测仪器使用管理规范》(AQ 1029—2007)。

2015 年，在全国安全生产工作会上，国家煤矿安全监察局提出计划在"十三五"期间对煤矿安全监控系统进行升级改造,并成立了领导小组、工作小组,制定了总体工作方案。在充分调研、反复论证和广泛征求各方面意见、建议的基础上,2016 年 12 月,国家煤矿安全监察局发布了《煤矿安全监控系统升级改造技术方案》(煤安监函〔2016〕5 号),明确了煤矿安全监控系统升级改造的 13 个方面主要内容:① 传输数字化;② 增强抗电磁干扰能力;③ 推广应用先进传感技术及装备;④ 提升传感器的防护等级;⑤ 完善报警、断电等控制功能;⑥ 支持多网、多系统融合;⑦ 格式规范化;⑧ 增加自诊断、自评估功能;⑨ 加强数据应用分析;⑩ 应急联动;⑪ 提升系统性能指标;⑫ 增加加密存储要求;⑬ 方便用户使用、维护、培训。与此同时,《煤矿安全监控系统通用技术要求》(AQ 6201—2016)、《煤矿安全监控系统及检测仪器使用管理规范》(AQ 1029—2007)等标准列入修订计划,并按计划实施。

《煤矿安全监控系统升级改造技术方案》要求,在用安全监控系统升级改造分步实施。大型矿井、煤与瓦斯突出矿井的在用安全监控系统升级改造工作应在 2018 年底前完成;其他矿井应在"十三五"末完成。

1.3　新一代煤矿安全监控系统

现行煤矿安全监控系统存在抗干扰能力弱、智能化程度低、测量不准确等问题,近年来物联网等新技术的发展为提升、优化现行安全监控系统提供了技术支撑,为提高煤矿安全监控系统准确性、灵敏性、可靠性、稳定性和易维护性,增强煤矿安全保障能力,需要推广应用新一代煤矿安全监控系统。

1.3.1　现行煤矿安全监控系统存在的问题

《煤矿安全监控系统通用技术要求》(AQ 6201—2006)实施以来,随着智能化、物联网、大数据、新型传感技术等迅速发展,社会对煤矿安全生产的要求越来越高,基于 AQ 6201—2006 的安全监控系统存在的问题逐渐显现,主要可概括为以下方面:

(1) 系统标准滞后

2006 年,为了对安全监控系统功能、技术指标等技术要求进行全面规范,国家发布实施了 AQ 6201—2006,有力地规范和促进了安全监控系统的发展,但是 AQ 6201—2006 是基于当时的技术水平编写的,无法体现当前激光气体检测、数字通信、大数据分析等新技术、新装备的发展水平,同 2016 年发布的《煤矿安全规程》相比 AQ 6201—2006 已经滞后。

(2) 系统抗干扰能力弱,出现"冒大数"

基于原标准的监控系统多采用模拟信号传输,抗干扰能力弱,系统及设备的抗电磁干扰 EMC 等级低。随着煤矿井下大量使用大功率变频设备,容易造成模拟信号瞬间"冒大数"。

(3) 设备可靠性低,测量不准确

基于黑白元件的传感器,易受粉尘和水蒸气以及交叉气体干扰,易产生零点漂移,可靠性低、监测精度低,需要频繁维护。传感器防护等级多为 IP54,防护能力弱,传感器受撞击或跌落,易"冒大数",产生误报警。

(4) 设备智能化程度低,人员维护工作量大

分站、传感器等设备操作配置复杂,安装维护工作量大,易出错。缺乏设备运行状态监测、设备故障的自动诊断。传感器多为单一参数监测,集成度较低,缺乏自诊断、自校准,增加了维护工作量。

设备运维管理规范难度大,缺乏设备电子档案管理。设备安装、使用、维护信息需手工记录,工作量大、管理困难,标校、维护计划无自动提醒,存在维护不及时的问题,以及过期设备使用、监测数据失真的风险。

(5) 重监测、轻控制、无分析

监测数据仅作为实时监控和历史曲线展示使用,没有进一步的挖掘、分析和利用。不能有效识别伪数据,设备故障诊断功能简单,缺乏逻辑判断、分级响应功能,缺乏对异常数据的分析与处置。

(6) 系统各自孤立,无互联互通,形成数据孤岛

安全监控、人员定位、应急广播等系统各自孤立、封闭,信息无融合、共享,没有基于多系统、多业务的综合分析,以及紧急情况下的应急联动响应与指挥,缺乏与安全监察监管的数据对接工具与平台,没有充分发挥安全监管作用。

(7) 缺乏自诊断、自评价、自修复功能

存在传感器、分站、上位机参数配置不一致的问题,造成监测数据异常。井下安装传感器缺失,定义的报警、断电门限等不符合标准要求时,系统无法及时提醒。

1.3.2 新技术发展

近年来物联网、大数据、云计算等新技术迅速发展,为煤矿安全监控系统升级改造插上了技术翅膀。

1.3.2.1 物联网

物联网被称为继计算机、互联网之后,世界信息产业的第三次浪潮。

物联网就是互联网基础上的应用延拓和业务扩展,物联网的组成和运作,能达到物与物、物与网络的联结。一些通信感知、计算机技术和计算理论等在网络中得到广泛应用和有效融合,达到物与物、物与网络联结的作用和目的,与网络技术一起成为物联网技术关键构成。

物联网技术是组成物联网并使物联网运行的一种网络技术,也是实现对物品的智能化运作和管理的一种网络技术,这种技术关键组成是末端设备设施和约定的协议。应用创新是物联网发展的核心,物物相联是物联网重要的应用特征和网络组织关键。物联网的整个组成效果和运作效率,与联结的互联网的组网和效率密切相关。一般来讲,物联网技术包括实现网络联结的互联网技术、实现物物信息交换通信的末端设备和设施。

物联网系统有三个层次:一是感知层,即利用 RFID、传感器、二维码等随时随地获取物体的信息;二是网络层,通过各种网络与互联网的融合,将物体的信息实时准确地传递出去;三是应用层,对感知层得到的信息进行处理,实现智能化识别、定位、跟踪、监控和管理等实际应用。

国家高度重视物联网在矿山领域的应用,国家发改委、财政部《关于同意在海铁联运等七个领域开展国家物联网重大应用示范工程的复函》(发改办高技〔2012〕2101 号),有力地推动了物联网技术在煤矿领域的研究和应用。

根据《国务院办公厅关于进一步加强煤矿安全生产工作的意见》(国办发〔2013〕99 号),原国家安全生产监督管理总局分别在神华集团寸草塔二矿、中煤集团葫芦素煤矿等矿井,开展国家矿井安全生产监管物联网应用示范工程项目建设。示范工程项目以国家矿井安全生产监管物联网应用示范工程建设为契机,基于激光甲烷气体检测技术、物联网智能感知等先

进技术建设新一代煤矿安全监控系统,为实现物联矿山、感知矿山,打造中国现代化安全矿山提供了现实范例。

1.3.2.2　大数据

《国务院关于印发促进大数据发展行动纲要的通知》(国发〔2015〕50 号)指出:大数据是以容量大、类型多、存取速度快、应用价值高为主要特征的数据集合,正快速发展为对数量巨大、来源分散、格式多样的数据进行采集、存储和关联分析,从中发现新知识、创造新价值、提升新能力的新一代信息技术和服务业态。信息技术与经济社会的交汇融合引发了数据迅猛增长,数据已成为国家基础性战略资源,大数据正日益对全球生产、流通、分配、消费活动以及经济运行机制、社会生活方式和国家治理能力产生重要影响。

培育高端智能、新兴繁荣的产业发展新生态是促进大数据发展行动的重要目标。推动大数据与云计算、物联网、移动互联网等新一代信息技术融合发展,探索大数据与传统产业协同发展的新业态、新模式,促进传统产业转型升级和新兴产业发展,培育新的经济增长点。形成一批满足大数据重大应用需求的产品、系统和解决方案,建立安全可信的大数据技术体系,大数据产品和服务达到国际先进水平,国内市场占有率显著提高。培育一批面向全球的骨干企业和特色鲜明的创新型中小企业。构建形成政产学研用多方联动、协调发展的大数据产业生态体系。

《煤矿安全监控系统升级改造技术方案》(煤安监函〔2016〕5 号)将"加强数据应用分析"作为升级改造的主要内容之一,要求安全监控系统应具有大数据的分析与应用功能,至少应包括以下内容:

(1) 伪数据标注及异常数据分析;

(2) 瓦斯涌出、火灾等的预测预警;

(3) 大数据分析,如多系统融合条件下的综合数据分析等;

(4) 可与煤矿安全监控系统检查分析工具对接数据。

1.3.2.3　云计算

云计算(cloud computing)是基于互联网的相关服务的增加、使用和交互模式,通常涉及通过互联网来提供动态易扩展且经常是虚拟化的资源。云是网络、互联网的一种比喻说法。过去在图中往往用云来表示电信网,后来也用来表示互联网和底层基础设施的抽象。因此,云计算甚至可以让你体验每秒 10 万亿次的运算能力,拥有这么强大的计算能力可以模拟核爆炸、预测气候变化和市场发展趋势。用户通过电脑、手机等方式接入数据中心,按自己的需求进行运算。

美国国家标准与技术研究院(NIST)指出:云计算是一种按使用量付费的模式,这种模式提供可用的、便捷的、按需的网络访问,进入可配置的计算资源共享池(资源包括网络、服务器、存储、应用软件、服务),这些资源能够被快速提供,只需投入很少的管理工作,或与服务供应商进行很少的交互。

物联网、大数据、云计算 3 种技术既有联系又有区别。物联网技术侧重的是如何实现物和物之间(人、机、物)的相互关联和信息互通;大数据技术侧重的是海量信息的存储、分析和处理;而云计算技术侧重的是数据计算的方式方法。

从信息流的角度来看:物联网使得物和物之间建立起连接,伴随着互联网覆盖范围的增大,整个信息网络中的信源和信宿也越来越多;信源和信宿数目的增长,所带来的后果必然是网络中的信息也会越来越多，即在网络中产生大数据；而这些大数据的内在价值的提取、利用则需要用超大规模、高可扩展的云计算技术来支撑。因此，物联网、大数据和云计算的关系是：物联网产生大数据，大数据助力物联网；大数据需要云计算，云计算增值大数据。

《煤矿安全生产"十三五"规划》将提升煤矿信息化和灾害事故监控预警水平作为主要任务之一。推进煤矿信息化建设，实现煤矿生产、安全、调度和办公系统集成管理；推进煤矿安全监控系统升级改造，实现对瓦斯、水、火、冲击地压等风险的实时监控和预警。

1.3.3　新一代煤矿安全监控系统特征

为了基于新技术、新装备的发展，提高煤矿安全监控系统准确性、灵敏性、可靠性、稳定性和易维护性，增强煤矿安全保障能力，新一代煤矿安全监控系统应具有以下特征：

（1）无线化

在煤矿现场，线缆铺设和维护是安全监控系统安装、运维工程的重要组成部分。《煤矿安全监控系统升级改造技术方案》指出："模拟量传感器至分站的有线传输采用工业以太网、RS485、CAN；无线传输采用 Wave Mesh、ZigBee、Wi-Fi、RFID"。使用无线传输技术，能够减少设备安装、线缆铺设和运维工作量，是新一代安全监控系统的重要特征。

（2）自动化

新一代安全监控系统能够根据新装或变更的传感器的位置属性，自动实现拓扑提示，进行可视化监控拓扑；根据新装或变更传感器的属性，自动建立测点设备的档案信息；自动制订设备维护校验计划，实现设备的全生命周期管理和过期设备的自动提醒。

（3）数字化

新一代安全监控系统将实现分站和中心站之间、模拟量传感器和分站之间的数字化传输，部分厂家正在进行开关量传感器的数字化传输改造，进而实现安全监控系统传输的全面数字化。

（4）智能化

基于智能传感器、智能分站安全监控系统将实现井下设备新安装或变更时的自动发现、自动拓扑，以及自动建档和自动维护计划的制订；监控设备新安装或变更时，软件即时感知设备属性信息，自动弹出提示信息，实现传感器、执行器的即插即用；基于大数据分析技术的应用，系统将具有伪数据标注、瓦斯涌出预测、突出报警等智能化分析功能。

（5）集成化

新一代安全监控系统将通过井上或井下方式实现同人员定位、应急广播等系统的融合和联动，打破各系统间的信息孤岛，在瓦斯超限报警、断电等异常情况下，基于人员定位系统和应急语音广播系统实现异常区域的应急联动。多参数传感器将集成多个参数的检测功能，"大分站"等设备将集成安全监控分站、人员定位分站、应急广播分站等多个系统分站的功能。

（6）移动化

基于矿用手机、无线便携仪等具有强大计算功能的智能终端设备的应用，安全监控系统将实现监测终端的移动化、分析终端的移动化，进而实现管理终端的移动化。

2 新一代煤矿安全监控系统结构

新一代煤矿安全监控系统依托互联网及煤矿企业专用网等基础设施,充分利用大数据技术、物联网技术,构建煤矿安全生产数据融合采集、互联互通、资源共享及系统结构简单的新一代煤矿安全监控系统,为煤矿企业指导煤矿安全生产和应急资源调度提供信息化、自动化、智能化的决策支持。

2.1 系统技术架构

根据系统的应用需求,新一代煤矿安全监控系统技术架构按照分层设计,可由"三层两体系"组成,包括感知层、传输层、应用层,以及联网标准规范体系和安全运维保障体系。以KJ835X煤矿安全监控系统为例,新一代煤矿安全监控系统的技术架构设计如图 2-1 所示。其具体各层次功能介绍如下。

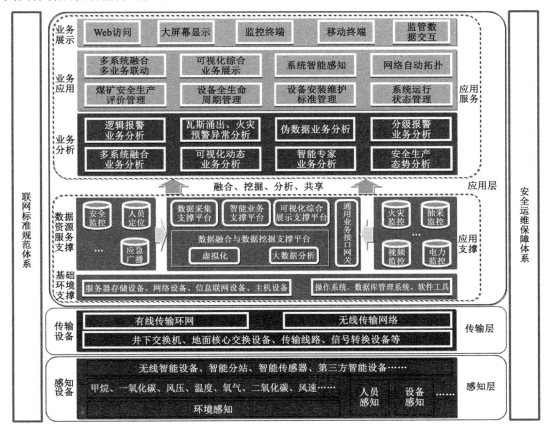

图 2-1 煤矿安全监控系统技术架构图

2.1.1　感知层

感知技术作为感知层的关键技术,是联系物理世界与信息世界的桥梁。在煤矿安全监控系统技术架构中,感知层是指由各种智能感知设备与无线传感设备构成的传感网络,其作用是完成数据的感知和采集,主要由井下部署的智能传感器、无线传感器、智能监控分站、智能转换装置等设备组成。主要功能在于感知和采集设备运行健康状况、人员位置信息、重大灾害及环境等数据,实现对人员、设备、环境的全面监测。感知层为煤矿安全监控系统实现应用层的各类智能业务分析提供最基础的传感信息。

2.1.2　传输层

传输层是感知层的网络接入、数据传输及相应的控制管理等工作。传输层主要包括由矿用以太网交换机、地面核心交换机、矿用延伸器等网络传输设备和线路构建的矿井光纤环网,以及由无线传输设备组成的无线传输网络等。传输层在数据采集、信息传输和控制中扮演着关键的角色,是井下感知信息传输、控制下达的重要通道。

2.1.3　应用层

应用层是将感知层和传输层所采集、传输的数据进行汇总、分析、转换、处理和展示等,主要包括应用支撑子层和应用服务子层。

2.1.3.1　应用支撑子层

应用支撑子层由基础环境支撑和数据资源与服务支撑组成,提供基础的系统运行环境、数据资源及业务分析模型、数据调用接口等功能。

(1)基础环境支撑

基础环境支撑是指系统运行的软硬件基础环境,主要包括系统软件环境、系统硬件环境、网络环境及相应的硬件设施等,在此基础之上,实现煤矿安全监控系统的信息资源采集、分析和处理等各类应用。

(2)数据资源与服务支撑

数据资源与服务支撑主要包括基础数据源、可视化综合业务分析平台、智能业务支撑平台、数据融合和挖掘分析支持平台。

数据资源与服务支撑层提供用于系统监控与分析的基础数据、业务标准数据和主题分析数据等,为系统的运行和信息共享交换提供数据支撑。通过煤矿监测监控业务数据信息的采集分析,融合采集人员信息、设备运行状态等关联信息,构建煤矿安全监控业务管理综合信息资源库。同时为煤矿安全生产的数据采集、融合业务分析与数据挖掘、可视化监控、信息共享与上传提供基础支撑。

2.1.3.2　应用服务子层

应用服务子层主要包括业务分析、业务应用和业务展示。基于感知层部署的智能传感设备和智能采集设备提供的采集数据,以及基础支撑提供的业务支撑,实现多系统融合、多业务联动、可视化动态实时监控、智能感知、即插即用和各类多业务集成分析。通过 Web 终端、调度大屏、移动终端等设备,实现煤矿安全监控系统网络化、可视化的综合业务展示与应用。

(1)业务分析

业务分析是基于应用支撑子层提供的不同分析模型,基于新一代煤矿安全监控系统的应用需求,实现对煤矿安全生产监控信息的评价、诊断和分析,主要包括安全生产态势分析、智能专家业务分析、逻辑报警业务分析、分级报警业务分析、瓦斯涌出和火灾预警异常分析、可视化动态业务分析、多系统融合业务分析、伪数据业务分析等。

（2）业务应用

业务应用是根据不同类型的业务分析模型建立综合信息展示平台,提供面向不同业务应用的管理和展示,主要包括多系统融合、多业务联动、可视化综合业务展示、系统智能感知、网络自动拓扑、煤矿安全生产评价管理、设备全生命周期管理、设备安装维护标准管理、系统运行状态管理等。

（3）业务展示

业务展示是面向终端用户的展示平台,可通过 Web 终端、大屏幕显示、移动终端等设备实现煤矿安全监控系统综合业务的可视化展示。

监管数据交换是指基于监管部门与煤矿企业间的网络通信标准和规范,将系统监测的关键主题数据及报警数据实时或周期性上报监管部门,实现煤矿企业安全监控数据的共享,以及与监管部门之间的互联互通。通过缓存加密技术,实现监控数据的断线续传、不可篡改和撤销,保障信息交换的连续性、可靠性和真实性。

2.1.4　标准规范体系

标准规范体系是指为安全监控系统各平台、煤矿各类系统之间的互联互通、信息共享、业务协同而形成标准化的规范体系。通过建立标准化的规范体系、遵照相关的国家标准和行业规范来建设煤矿安全监控系统。

2.1.5　安全运维保障体系

安全运维保障体系是以全面保障系统数据资源安全为目的,以信息资产的风险管理为核心,建立起统一的安全事件监视和响应体系,以及保障这一体系正确运行的管理体系。安全运维保障体系的建设可为安全监控系统的基础支撑、数据资源与服务支撑、业务分析、业务应用等提供统一的信息安全、运行维护服务。

安全运维保障体系分为安全和运维两个部分,安全保障包含安全计算、安全区域、安全网络、安全管理等,采用网关式防火墙、主机防火墙、虚拟防火墙、IDS、IPS 等技术,实现不同层次的身份鉴别、访问控制、数据完整性、数据保密性和抗抵赖等安全功能。运维保障包括网络管理、设备运维、基础应用、业务应用等。

2.2　系统网络结构

根据《煤矿安全监控系统升级改造技术方案》的系统功能要求,新一代煤矿安全监控系统的网络架构应充分考虑系统的感知智能化、传输网络化、监控自动化,提高新一代煤矿安全监控系统的准确性、可靠性、稳定性、易维护性,充分发挥煤矿安全监控系统在煤矿安全生产中的重要作用。系统网络结构主要由地面监控中心子系统、传输网络子系统、井下安全监控子系统三大部分组成,如图 2-2 所示。

2.2.1　地面监控中心子系统

地面监控中心子系统主要由地面硬件设备和软件两部分组成,是整个煤矿安全生产监

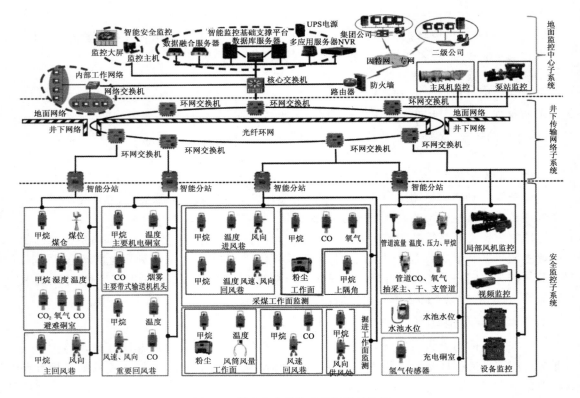

图 2-2 煤矿安全监控系统网络结构图

控系统的支撑基础,通过部署的应用软件对煤矿井下各类监控信息进行数据分析、数据存储和应用管理。

　　主要硬件设备包括硬件防火墙、服务器、监控主机、网络交换机、UPS(不间断电源)等;软件包括操作系统、数据库管理系统、杀毒软件、工具软件等。

2.2.1.1　地面硬件设备

　　1. 服务器

　　服务器是计算机的一种,是指在网络环境下为客户端计算机提供各种应用服务的高性能计算机。相对于普通计算机而言,服务器在稳定性、安全性和配置等方面有更高的要求,具有高速的 CPU 运算能力、长时间的可靠运行、强大的数据吞吐能力以及更好的扩展性。服务器的类型有很多,可按功能、外形、处理器架构、应用层级等分类,本节主要介绍按功能和外形分类的服务器。

　　(1) 按服务器的功能分类

　　在服务器上安装各类软件,可提供各种不同的服务,实现各种不同的用途。在煤矿安全监控系统中,服务器按功能可分为数据库服务器、数据采集服务器、系统融合服务器、Web 服务器、FTP 服务器等。

　　① 数据库服务器

　　数据库服务器是由运行在局域网中的一台或多台高性能计算机和数据库软件系统组成,为客户提供查询、更新、事务管理、索引、高速缓存、查询优化、安全及多用户存取控制等各种服务的服务器。根据应用需求,数据库服务器一般装载的大型数据库软件有 Oracle、DB2、Sybase 等,中型数据库软件有 MSSQL,以及常用于个人网站的小型数据库软件 MySQL 等。

数据库服务器作为煤矿安全监控系统地面服务器中心的核心设备,需要有极强的可靠性、可用性、可扩展性和承载性能。既能满足 7×24 h 不间断运行的要求,又能保障数据安全,通常需要配置 2 台数据库服务器互作备份使用。作为新一代煤矿安全监控系统,数据库服务器安装 MSSQL 数据库管理软件,可满足对监控系统的数据存储、分析和应用管理要求。

② 数据采集服务器

数据采集服务器由高性能的计算机和数据采集软件组成,提供数据通信接口并实现采集指令和数据双向传输,采集、处理、分析来自监测终端等设备的各类数据。在煤矿安全监控系统中,数据采集服务器用于采集现场传感器和其他监控设备的数据,将采集到的数据传送到地面监控中心进行分析和处理,并执行各类配置指令和控制指令的下发,它是煤矿安全监控系统中的核心设备。

③ 系统融合服务器

系统融合服务器由高性能的计算机和系统融合服务软件组成,为多种系统的数据信息提供集成分析、融合处理等。数据融合服务器基于新一代煤矿安全监控系统对系统融合的要求,提供环境监控、人员定位、应急广播、电力监控等系统数据的集成分析和数据融合服务。

④ Web 服务器

Web 服务器由运行在局域网或因特网上的计算机和安装在该计算机上的程序组成,可向局域网或因特网用户提供各种网上的信息浏览服务,如图 2-3 所示。目前主流的 Web 服务器软件有 IIS、Apache 等。

图 2-3　Web 应用服务器运行原理图

⑤ FTP 服务器

FTP 服务器是在互联网上提供文件存储和访问服务的计算机,按照 FTP 协议提供服务。FTP 协议也就是专门用来传输文件的协议。授权的用户可登录 FTP 服务器,可对服务器的文件进行上传、下载、删除等操作。目前广泛使用的 FTP 服务器软件有 Serv-U、FileZilla、VSFTP 等。在煤矿企业,通过部署 FTP 服务器,将煤矿安全监控系统数据上传至上级监管部门,实现安全监控系统数据共享和远程监察监管。

(2) 按服务器的外形分类

按外形可将服务器分为塔式服务器、机架式服务器和刀片式服务器,如图 2-4 所示。

（a）塔式服务器　　　　　　（b）机架式服务器　　　　　　（c）刀片式服务器

图 2-4　服务器外形分类

① 塔式服务器

塔式服务器是常见的立式、卧式机箱结构服务器，外形尺寸没有统一标准，可放置于普通办公环境，其优点是有充足的内部硬盘、冗余电源及风扇的扩容空间，并具备较好的散热能力，缺点是个体比较大，占用空间多，不方便管理。入门级和工作组级服务器基本采用此类服务器。

② 机架式服务器

机架式服务器采用标准 19 英寸（1 英寸＝2.54 厘米）的 1U、2U、4U 等规格标准，此类结构的服务器多为功能型服务器，安装在机柜中。机架式服务器的优点是占用空间小、密度高、便于集中维护与管理；机架式服务器较塔式服务器要节约空间，但在散热方面因受空间限制略差，因此应用范围也受到一定限制。机架式服务器便于安装部署和标准化建设，广泛应用于煤矿企业的监测监控系统当中。

③ 刀片式服务器

在标准高度的机架式机箱内可插装多个卡式的服务器单元，实现高可用、高密度和易于扩展。每一块"刀片"实际上就是一块系统主板，通过"板载"硬件启动自己的操作系统，相当于独立的服务器，在这种模块下每块主板运行自己的系统，服务于不同的指定用户群，相互之间独立。随着云计算、大数据等新技术的涌现，刀片式服务器作为高密度服务器的代表在高性能计算领域、数据中心建设等项目中得到越来越广泛的应用。

2. 硬件防火墙

防火墙是由计算机软件、硬件设备组合而成，在安全区和不安全区之间执行访问控制策略的一个或一组系统。防火墙的作用是预防来自外网的已知网络攻击，保证内网信息安全，构筑第一道网络信息安全防线。本书所指防火墙是硬件防火墙。

防火墙部署在用户内部网络和外部网络之间，是内部网络与外部网络之间唯一的出口。因此，它可以隔离内部网络与外部网络，尤其是互联网。通过限制内部网络与外部网络之间的访问来防止外部用户非法使用内部资源，保护内部网络的设备不被破坏，防止敏感数据被窃取，从而达到保护内部网络的目的。防火墙部署的网络位置如图 2-5 所示。

内部网络又称 Trust 区域，多为局域网或 Intranet。内部网络部署企业自主管理、运行的主机，因此其安全级别最高。

外部网络又称 Untrust 区域，由其他企业管理运行的网络构成，对内部网络而言，其安全不可控，安全级别最低。

安装防火墙后外部网络将不能访问内部网络服务器，但企业部署的 Web 服务器、FTP

图 2-5　防火墙网络部署图

服务器等设备又有向外部网络提供信息服务的实际需求,允许外部网络访问,放入内网无法起到隔离外网的作用。因此,在内部网络和外部网络之间设立一个缓冲区称作 DMZ(demilitarized zone)区域,将 Web 服务器、FTP 服务器等设备放入 DMZ 区域,保证内部网络和外部网络均能访问其中的服务器内容,但其中的服务器不能访问内、外网,从而有效防止了外部网络"绕过"防火墙破坏内部网络的安全。

防火墙作为煤矿安全监控系统地面监控中心子系统的关键网络安全设备,其配置安装对于煤矿安全监控系统的安全运行至关重要。

3. 监控主机

监控主机是一种普通计算机或工业控制计算机(简称"工控机")。工控机是一种专为工业现场而设计的、加固的个人计算机,较普通计算机而言,在结构和性能上有所加强,其主要结构和原理与普通计算机相同。

监控主机通常需要 24 h 不间断运行,对计算机的稳定性、可靠性、兼容性要求较高。因此,一般采用工控机作为煤矿安全监控系统的监控主机,用于部署煤矿安全监控软件,通常安装在煤矿监控调度中心。

4. 网络交换机

网络交换机是一种网络通信数据交换的设备,主要连接地面监控中心子系统的各类服务器、监控主机等网络设备,实现地面监控中心子系统内部网络和外部网络的数据交换功能。

网络交换机按照通信速率可划分为百兆交换机、千兆交换机、万兆交换机;按照可管理类型分为可网管型交换机和非网管型交换机。

在数据中心、大中型企业网络等项目建设中,可承担较大的数据流量传输和管理,此时应选用可网管型交换机对网络设备进行流量管理和控制。在煤矿安全监控系统中,一般采用具有网管功能的三层交换机作为各类地面服务器设备的网络汇聚接入,实现内部网络间、内部网络与外部网络间的数据交换。

非网管型交换机,不需要对交换机进行配置和管理,不支持 VLAN 划分、流量控制、负载均衡等功能,具有价格低、端口数量多、使用灵活等特点。通常适用于小型煤矿企业的小型网络的设备接入,提供大量的百兆、千兆以太网电口。

5. UPS

UPS(uninterruptible power supply)是指不间断电源,即外部供电停电后可持续提供电能的电源设备,主要由 UPS 主机、电池组、电池柜组成。UPS 主机的主要作用是能量交换,既可将市电的交流电整流成直流电给电池充电,又可将电池存储的直流电逆变成交流电给负载供电;电池组主要用于存蓄电能。除供电之外,UPS 还提供稳压、电源净化和电源管理等功能。

UPS 有多种类型,根据工作原理分为离线式和在线式 UPS;按照供电体系分为单相进单相出、三相进单相出和三相进三相出 UPS;按电池放置位置不同分为电池外置式和电池内置式 UPS。

2.2.1.2 软件

煤矿安全监控系统软件包括系统软件和应用软件。

(1)系统软件

系统软件是指操纵计算机系统有效执行、为上层应用软件提供支撑的软件。在安全监控系统中,系统软件主要包括操作系统、数据库管理系统。

① 操作系统

操作系统是计算机系统中的一个系统软件,管理和控制计算机系统中的硬件及软件资源,合理地组织计算机工作流程,以便有效地利用这些资源为用户提供一个功能强大、使用方便和可扩展的工作环境,从而在计算机与其用户之间起到接口的作用。

目前主流的操作系统种类非常多,常见的操作系统有 Unix、Linux、Windows、Mac OS 等。按照应用领域来划分,可分为桌面操作系统、服务器操作系统、嵌入式操作系统等。

目前,主流的服务器操作系统有 Unix、Linux、Windows Server;桌面操作系统有 Windows、Linux、Mac OS;嵌入式操作系统有 μC/OS-II、VxWorks、Linux。下面主要介绍常见的 Windows、Unix、Linux 三种操作系统。

Windows 操作系统是微软开发的一款非常成熟且适用范围非常广泛的操作系统,在桌面操作系统中占了非常大的比例,同时在服务器市场也有一定的应用。Windows 系统作为目前最流行的一种操作系统,在技术方面已经非常成熟;Windows Server 系列操作系统已作为大多中小型企业的服务器操作系统来使用,它具有可靠性、安全性、稳定性和可管理性。Windows 操作系统可家用和商用,具有较好的安全性、稳定性和易用性。目前,市场上广泛采用的桌面操作系统是 Windows 系列操作系统。

Unix 操作系统采用统一的事实标准和认证规范,利用这个规范,只要是在 Unix 操作系统中开发的应用程序就可以进行移植,从而极大地促进了 Unix 操作系统的发展和应用程序的开发。目前 Unix 操作系统已成为大型机、网络服务器和工作站的主流操作系统。Unix 操作系统推动了 Linux 等开源 Unix 类操作系统的发展。

Linux 操作系统继承了 Unix 操作系统的优势设计思想,开源模式的软件环境及其价值越来越受到社会的认可。目前,Linux 系统技术上已经非常成熟,在服务器和嵌入式系统的市场上,Linux 操作系统已经是主流操作系统之一。

在煤矿监控系统应用中,通常采用 Window Server 系列操作系统作为服务器操作系统,目前已更新至 Windows Server 2022 版本;桌面操作系统一般采用 Window 系列操作系统。

② 数据库管理系统

数据库管理系统(database management system,简称 DBMS)是辅助用户利用和管理大数据集的软件,用于建立、使用和维护数据库,对数据库进行管理和控制。目前常见的数据库管理系统有 DB2、Oracle、MySQL、MSSQL 等。

DB2 是 IBM 公司开发的关系数据库产品,可在多类型操作系统平台上运行使用,应用程序可以通过使用微软的 ODBC 接口、Java 的 JDBC 接口或者 CORBA 接口来访问 DB2 数据库,主要适用于中型和大型企业。

Oracle 是甲骨文公司开发并推出的关系数据库管理系统,支持主流操作系统平台上运行,系统可移植性好、功能强、便于使用,主要适用于大型企业。Oracle 数据库管理系统是一个可靠性好、效率高的适用于高吞吐量的数据库解决方案。

MySQL 是 SUN 公司推出的一种小型关系数据库管理系统,被广泛地应用在 Internet 上的中小型网站中,由于其体积小、速度快、成本低,尤其是开放源码这一特点,成为许多中小型网站的选择。

MSSQL 是微软公司开发推出的大型关系数据库管理系统,SQL Server 的功能比较全面、效率高,可与 Windows 操作系统紧密集成,可以作为中型企业或单位的数据库平台。MSSQL 具备真正的基于 C/S(Client/Server,客户端/服务器)体系结构,提供了图形化用户界面,用户使用更加直观、方便,执行 SQL 词句就可完成数据库的创建、数据表的创建、数据的备份/恢复等工作,同时也具有很好的伸缩性,支持跨界运行,可对 Web 技术进行支持,使用户很容易将数据库中的数据发布到 Web 上。

目前,大多数煤矿安全监控系统厂家采用 Window 系列操作系统作为桌面操作系统,采用 MSSQL 作为关系数据库管理系统。

（2）应用软件

应用软件是专门为某一应用目的而编写的软件系统,一般是按用户需求由开发商或用户自行编写,需要借助系统软件和支撑软件来运行。在安全监控系统应用中,应用软件主要包括杀毒软件、双机热备份软件、安全监控系统桌面及移动手机软件、办公软件等。

① 杀毒软件

杀毒软件用于消除电脑病毒、恶意软件等以保障计算机使用安全,定期更新杀毒软件,可以防止病毒、木马等对计算机使用安全造成威胁。杀毒软件是通过对计算机进行实时监控和磁盘扫描,从而实现对系统存在的病毒进行查杀。

杀毒软件一般具有查杀木马和病毒、系统加速、漏洞修复、实时保护、网速保护等功能,可实现对可疑文件、程序的全面拦截,从而保证系统的相对安全。常用的杀毒软件有金山、瑞星、360、卡巴斯基、诺顿等。

为保障地面监控中心子系统的运行环境安全,防止病毒的入侵,及时修复系统漏洞等,配置杀毒软件非常必要。

② 双机热备份软件

双机热备份软件是基于互为备份的两台配置相同的服务器共同执行同一服务,其中一台为主机,另一台为备机。在系统正常情况下,主机为应用系统提供服务,备机监视主机的运行情况,当主机出现异常(如操作系统宕机、服务器故障等),由双机热备份软件自动将主机的应用业务切换至备机,继续提供对外服务,保证系统 24 h 不间断运行。根据双机热备份选择方案,双机热份备软件一般分为基于纯软件双机热备份软件和共享式双机热备份软件。

③ 安全监控桌面软件

安全监控桌面软件安装在计算机上,主要实现数据采集、控制、调节、存储、查询、显示、打印、人机对话、自诊断、双机切换、数据备份、联网、软件自监视和容错、实时多任务、数据应用分析等基本功能。

一般安全监控桌面软件主要包括两种结构模式:C/S(客户端/服务器)和 B/S(Brower/Server,浏览器/服务器)结构。其中,基于 C/S 结构的软件,在客户机上安装应用软件,数据库放在远程服务器上。前端客户机通常是监控主机,客户端即用户界面结合了表示与业务逻辑,接受用户请求并向数据库服务提出请求。后端服务器一般是高性能计算机,安装有数据库管理软件,提供数据管理并将数据提交给客户端,客户端将数据进行计算并将结果展示给用户。基于 C/S 结构的软件,建立在局域网之上,用户固定且处于相同区域,系统维护需要考虑整体性,升级维护比较困难。

基于 B/S 结构的软件,其客户端不需要安装专门的软件,只需要在监控主机上安装浏览器即可,浏览器通过 Web 服务器与数据库进行交互,可以方便地在不同平台下工作。用户界面通过浏览器呈现,较简单的逻辑在浏览器上实现,主要功能实现的核心部分集中到服务器。该结构建立在广域网之上,最大的好处是运行维护简便,能实现不同的人员从不同的地点、以不同的接入方式访问和操作共同的数据。

KJ835X 新一代煤矿安全监控系统软件基于 B/S 结构,具有良好的开放性和业务扩展性,同时也易于系统升级与维护。

④ 安全监控移动手机软件

安全监控移动手机软件是指安装在手机端的安全监控应用软件,主要用于调阅和查看安全监控系统的重要信息,应具备列表显示、报警信息实时展示、历史数据查询、实时曲线和历史曲线查询、系统设置等基本功能。

⑤ 办公软件

目前常用的办公软件主要包括文字处理软件 Microsoft Word、WPS Office 文字和表格处理软件 Microsoft Excel、WPS Office 表格等。

2.2.2 传输网络子系统

传输网络子系统主要由矿用环网交换机、网络延伸交换机、传输线缆、接线盒等组成,是井下安全监控子系统与地面监控中心子系统之间的数据交互纽带,利用网络通信技术构建井下安全监控子系统与地面监控中心子系统的网络传输信道,从而实现井下安全监控子系统感知数据的上报,以及地面监控中心子系统控制信令的下发。

《煤矿安全监控系统升级改造技术方案》要求:系统主干网应采用工业以太网,分站至主干网之间宜采用工业以太网。传输网络子系统作为新一代煤矿安全监控系统主干通信传输网络系统,应采用工业以太网建设主干通信网络,实现传输网络高速、可靠、稳定的传输。

(1)矿用环网交换机

矿用环网交换机承担着煤矿安全监控系统的信息传输,其数据传输的实时性、可靠性、安全性均应满足工业级要求。适用于有瓦斯和粉尘存在的场所,实现连接井下工业以太网本安终端设备以及各类终端设备的数据传输功能。

2008 年 11 月,国家安全生产监督管理总局发布了《矿用网络交换机》(MT/T 1081—2008)标准,为矿用网络交换机的设计、生产和检验提供了依据。目前,千兆矿用环网交换机已成为主流光纤通信网络的核心设备。《矿用网络交换机》对矿用环网交换机的功能和传输接口、传输速率等技术指标做了相关规定。矿用环网交换机作为新一代煤矿安全监控系统主干通信传输网络的核心设备,应具有如下的技术指标:

① 符合 IEEE802.3 协议,应具有以太网光端口和以太网电端口,支持全双工。

② 具有 RS485 数据接口,符合《煤矿用信息传输装置》(MT/T 899—2000)的有关要求。

③ 宜支持环形等冗余网络结构。

④ 应具有初始化参数设置和掉电保护功能。初始化参数可通过网络或者编程接口输入和修改。

⑤ 宜可网管,支持 SNMP 等管理功能。

⑥ 应具有 VLAN 功能。

⑦ 宜具有流量控制功能。

⑧ 应具有自诊断和故障指示功能。

⑨ 应具有电源、工作状态、通信状态指示功能。

⑩ 应支持电源状态、工作状态、通信状态的数据上传功能。

⑪ 应支持远程充放电管理功能。

（2）网络延伸交换机

网络延伸交换机是煤矿安全监控系统工业主干网的分支网络扩展或线路延伸的设备。根据监控分站分布位置,实现特定区域监控分站设备就近接入网络延伸交换机,使得网络接入更加灵活方便,网络建设成本更加低廉。在煤矿安全监控系统中,网络延伸交换机主要实现主干网络的扩展,作为分支网络的网络交换设备,主要提供以太网光信号和以太网电信号的转换,实现远距离通信和设备级联。网络延伸交换机应具有如下的技术指标:

① 符合 IEEE802.3 协议,应具有以太网光端口和以太网电端口,支持全双工。

② 具有 RS485 数据接口,符合《煤矿用信息传输装置》(MT/T 899—2000)的有关要求。

③ 应具有初始化参数设置和掉电保护功能。初始化参数可通过网络或者编程接口输入和修改。

④ 宜可网管,支持 SNMP 等管理功能。

⑤ 应具有 VLAN 功能。

⑥ 宜具有流量控制功能。

⑦ 应具有自诊断和故障指示功能。

⑧ 应具有电源、工作状态、通信状态指示功能。

⑨ 应支持电源状态、工作状态、通信状态的数据上传功能。

⑩ 应支持远程充放电管理功能。

（3）主干网络

随着通信技术和网络技术的快速发展,千兆光纤环网已成为煤矿安全监控系统的主干通信网络,光纤环网较好地解决了以往现场总线传输方式中传输速率低、通信距离短、响应时间长的问题。随着煤矿信息化建设的推进,各类监控系统的快速应用,光纤环网因具有带宽容量大、响应时间短、传输距离长、部署灵活方便等综合优势,已成为煤矿监控系统数据传输的最合理承载平台。

在实际工业以太环网建设过程中,煤矿光纤工业以太环网采用地面和井下统一设计、统一建设的方式,形成一个完整的服务于煤矿安全监控系统数据传输的主干网络通信系统。规模较大的煤矿可按双环网结构设计,根据不同区域、业务量大小等因素在不同环网中部署。规模较小的煤矿可采用简单的单环网设计,可有效降低建设成本。在新一代煤矿安全监控系统中,光纤环网作为主干通信网络应具备如下功能指标:

① 井下安全监控系统以太网应按环网结构建设。

② 主干网传输速率应达到 1 000 Mbps。

③ 主干网交换机应支持多层交换。

④ 井下以太网最大网络重构自愈时间不大于 20 ms。

⑤ 井下以太网在 20 km 范围内主干网任意交换机至地面监控主机的传播时延控制在 5 ms 内。

⑥ 网络交换机应采用不间断电源供电,备用电池续航时间不低于 4 h。

（4）基于以太网的设备互联

在新一代煤矿安全监控系统的传输网络中,矿用环网交换机向上与其矿用环网交换机通过光纤互联形成自愈能力强、传输速率快的光纤通信环网,向下与基于以太网的监控分站互联通信,以及监控分站之间的以太网级联通信,可实现高速的数据传输,极大地提高了系统的数据传输速率、响应时间等整体性能。

2.2.3　井下安全监控子系统

井下安全监控子系统由部署在监测现场的各类分站、传感器、执行器等设备组成,由分站完成如环境甲烷、温度、湿度、一氧化碳、氧气、二氧化碳、风速等监测现场的环境参数及设备工况参数的采集,通过传输网络子系统将采集信息上传至地面监控中心,并实现控制指令的上传和下发。

2.2.3.1　传感器

传感器是将被测物理量转换为电信号输出的装置,主要负责采集井下环境参数和设备的工况参数,是煤矿安全监控系统前端设备,下面将介绍几种重要的传感器。

（1）甲烷传感器

在煤矿有毒有害气体当中,甲烷气体占 80% 以上。当矿井空气中瓦斯气体体积为 5%～16%,氧气体积超过 12%,点火温度达到 650 ℃时,能够发生猛烈的瓦斯爆炸,产生高温、高压、冲击波,诱发火灾、粉尘爆炸,造成通风系统紊乱、人员伤亡和设备损坏等。我国提出"以风定产、先抽后采、监测监控"的十二字瓦斯治理方针,突出了监测监控在瓦斯治理当中的重要性,而甲烷传感器在安全监控系统中的部署对煤矿井下瓦斯的监测和治理起到了关键作用。

甲烷传感器是连续监测矿井环境气体中及抽采管道内甲烷浓度的装置,一般具有显示及声光报警功能。根据不同的矿井瓦斯鉴定等级,矿井的甲烷传感器布置位置有不同要求。甲烷传感器根据检测原理分类有光学式、催化燃烧式、热导式、红外式、激光检测式等。可以根据不同的使用场所、测量范围等要求,选择不同检测原理的甲烷传感器。

（2）一氧化碳传感器

一氧化碳是煤矿安全监控系统重要的监测内容之一,它属于易燃有毒气体,在煤矿井下一氧化碳气体浓度一旦超标,一方面会造成现场工作人员中毒;另一方面,极易引发火灾。

一氧化碳传感器是连续监测矿井中煤层自然发火及带式输送机输送带等着火时产生的一氧化碳浓度的装置。煤矿常用的一氧化碳传感器有电化学式、催化型可燃气体式、红外线吸收式等,目前煤矿普遍使用的是电化学式一氧化碳传感器。

（3）风速传感器

在煤矿井下,风速过低,不利于井下人员的汗水蒸发,易导致人体闷热,也不利于有毒有害气体和粉尘的排散;风速过高,散热过快,易引发作业人员感冒,也会引起落尘飞扬,不利于安全生产。因此,井下作业地点和通风巷道需要有一个合理的风速范围。

风速传感器是连续监测矿井通风巷道中风速大小的装置。可通过在煤矿井下相关区域布置风速传感器实时检测风速大小。煤矿用的风速传感器根据测量原理可分为超声波漩涡式、超声波时差法、差压式等。目前,各生产厂家采用的风速测量原理不尽相同,多数厂家风速传感器都集成了风向参数。

（4）粉尘浓度传感器

在煤矿的生产作业过程中,打钻、打眼、爆破、掘进、回采等是煤矿开采的必要工序,会产生大量的粉尘,尤其是体积很小的固体颗粒,可停留在空气中,不仅会对作业工人的身体健康造成严重威胁,而且还会影响煤矿的生产安全,是煤矿生产中重要灾害之一。

粉尘浓度传感器是连续监测矿井环境中粉尘浓度大小的装置,连续监测产尘地点的粉尘浓度,当浓度值超过预设值时,进行现场报警,并上传至安全监控系统。

（5）开关量传感器

在煤矿安全监控系统中,开关量传感器主要包括了设备开停、风筒状态、风门开闭、馈电状态等传感器,用于井下机电设备、局部通风机风筒、风门等工作状态的检测。开关量传感器主要采用直接式和间接式测量原理,将检测到的状态信号转换成监控分站能够识别的开关信号或者 RS485/CAN 总线信号上报监控系统,实现地面对井下所有的电气设备运行状态、风筒及风门状态的实时监测。

2.2.3.2　执行器

执行器是将控制信号转换为被控物理量的装置。在煤矿安全监控系统中,主要包括断电器、声光报警器等设备。其中断电器主要完成由监控分站控制命令的下发,实现对被控设备的断电控制和闭锁;声光报警器主要配合关联的监控分站设备,在现场实现声响和灯光信号警示。

2.2.3.3　监控分站

在煤矿安全监控系统中,监控分站用于接收来自传感器的信号,并按预先约定的复用方式远距离传送给传输接口,同时,接收来自传输接口多路复用信号的装置。监控分站还具有线性校正、超限判别、逻辑运算等简单的数据处理、对传感器输入的信号和传输接口传输来的信号进行处理的能力,控制执行器工作。

2.2.3.4　数据传输

在传统的煤矿安全监控子系统中,模拟类型的传感器采用模拟信号与监控分站互联,而《煤矿安全监控系统升级改造技术方案》要求:在分站至中心站数字化传输的基础上,将模拟量传感器至分站升级为数据传输,实现安全监控系统的数字化;模拟量传感器至分站的有线传输采用工业以太网、RS485、CAN,无线传输采用 Wave Mesh、ZigBee、Wi-Fi、RFID;分站至主干网之间宜采用工业以太网。因此,在新一代煤矿安全监控系统中,传感器设备与数据采集监控分站须采用全数字化传输,提升传感器至分站的传输可靠性和稳定性,解决传输模拟量传感器易受环境干扰、传输距离受限、维护成本高等问题,全面增强煤矿安全监控系统的传输性能。

传感器作为煤矿安全监控系统的"感觉器官",为整个煤矿安全监控系统提供底层的基础数据,是系统健康稳定运行的重要支撑。在新一代煤矿安全监控系统中,在传感器的技术运用和选型上应充分考虑抗干扰能力、防护等级、传输方式、测量原理等因素对煤矿安全监控系统的影响。

基于《煤矿安全监控系统升级改造技术方案》文件要求,应选择数字化、智能化、多参数、激光检测技术、低功耗、防护等级高、抗干扰能力强的数字型传感设备,以全面提高传感设备的可靠性和稳定性。

2.3　新一代安全监控系统智能感知网络

随着煤矿信息化、智能化、网络化水平的不断提高,传感技术、计算技术、通信技术的结合日益紧密,各种传感器的功能不断增强,应用范围不断拓宽,传感器网络领域不断吸收最新技术,逐步向设备体积更小、连接更简单、功耗更小、成本更低的方向发展,推动了智能传感器网络的发展。

随着物联网的快速发展,通过将智能感知和识别技术广泛融合于网络当中,物联网已成为继计算机、互联网之后的第三次科技浪潮。物联网按照通信规约将万物设备利用网络连接起来,进行信息交换和通信,实现智能化的识别、定位、跟踪、监控和管理。利用物联网技术,建立新一代安全监控系统智能感知网络,实现井下灾害监测参数的感知、传感设备健康状况的控制和管理,为新一代安全监控系统的智能化监控和管理提供了技术支撑。

在新一代煤矿安全监控系统中,智能传感网络主要由智能传感器、智能监控分站等设备组成,下面将对智能传感器、智能监控分站以及智能感知网络的功能分别进行介绍。

2.3.1　智能传感器

智能传感器是指具有信息检测、信息处理、信息记忆、逻辑判断和数字通信功能的传感器。智能传感器主要包括传感单元、智能计算单元和接口单元,如图 2-6 所示。传感单元负责信号的采集;智能计算单元根据设定对输入信号进行分析处理,得到特定的输出结果;通过接口单元,智能传感器通过通信接口与智能感知网络其他设备进行双向通信。

智能传感器应具有如下功能特性:

(1)数据预处理。智能传感器对数字化的数据进行分析、计算,实现自动调校、自动补偿和自选量程。

(2)自校准。智能传感器可根据输入的零值或某一标准量,调用自动校准软件对传感器进行调零和校准。

(3)自诊断。智能传感器具有自检功能,可判断传感器各组件是否正常运行,并进行故障定位和上传。

(4)自适应。智能传感器能够根据外部环境变化,主动调节自身模型和参数,保证基本功能和性能。

(5)双向通信。智能传感器采用数字通信方式,向外部设备发送测值、状态信息,并能

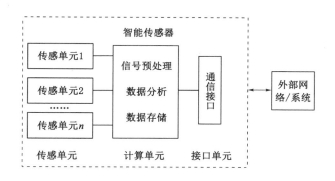

图 2-6　智能传感器结构图

接收和处理外部设备发出的指令。

（6）智能组态。智能传感器设有多种模块化的硬件和软件，根据不同的应用需求，操作者可改变其模块的组合状态，实现多传感单元、多参量的复合测量。

（7）信息存储和记忆。智能传感器可存储传感器的特征数据和组态信息，如装置历史信息、校正数据、测量参数、状态参数等，在断电重连后能够自动恢复到原来的工作状态，也能根据应用需要随时调整其工作状态。

（8）自推演。智能传感器可根据数据处理得到的结果或其他途径得到的信息进行多级推理和预测，并输出结果。

（9）自学习。智能传感器可根据外部环境的变化和历史经验，主动改进/优化自身模型、算法和参数。

2.3.2　智能监控分站

基于国家标准和行业规范，智能监控分站除了具备传统监控分站的功能外，最显著的特征是能自动识别接入传感器的类型、量程、出厂编号、出厂日期、安装日期等性能参数，自动感知接入传感器的添加和变更，支持智能传感器的即插即用。智能监控分站是安全监控子系统的重要组成设备。

2.3.3　智能感知网络

在新一代煤矿安全监控系统中，智能感知网络是由智能传感器和智能监控分站通过有线或无线接口、网络接口连接设备，协作实现网络覆盖区域传感信息的感知、采集、处理、传输等功能。智能传感器的加入、失效、退出等传感网络结构的改变，智能感知网络会及时自动调整，自动更新网络拓扑结构。

（1）煤矿安全监控系统感知网络

感知网络的主要职责在于感知、采集物理世界中发生的物理事件和数据。煤矿安全监控系统的感知网络，主要功能是实时动态采集和感知煤矿设备和环境状态信息，如瓦斯和一氧化碳浓度、风速、温度、负压、烟雾、馈电状态、风门状态等的各种模拟量和开关量；并配备便携式或固定式信息采集终端，对现场采集的信息进行处理和融合，通过有线、无线等网络传送到监控系统。

（2）智能感知网络功能和技术优势

通过智能分站的部署和级联，与测点部署的智能传感器实现双向物物通信。在井下新装或变更智能设备时,系统自动发现新装或变更事件,实现传感设备的即插即用;系统根据新装或变更事件的传感设备位置属性信息,以及智能设备间的位置拓扑关系,实现可视化自动拓扑。通过智能感知网络的构建,提高井下实施效率,降低在设备安装部署过程中的人为失误;监管人员在地面就可完全掌握井下感知网络及设备运行情况,可提升设备管理和使用效率。

智能感知网络实现传感器的即插即用,即传感器接入监控分站后,分站自动识别传感器信息,包括传感器类型、检测值、量程、地址号、报警值、断电值、复电值、出厂 ID 号、出厂日期等内容,并且将采集到的信息主动上传到监控系统软件,从而有效地避免了传统分站与传感器安装时,需要多次奔波于分站和传感器之间,在分站上需要人工配置接入传感器的通道、类型等参数的操作。此外,传统分站只能配置并保存传感器有限的几个属性信息,仅支持风电闭锁和甲烷电闭锁的规定控制。

2.3.4 应用示例

以 KJ835X 煤矿安全监控系统为例,介绍智能感知网络的应用,如图 2-7 所示。

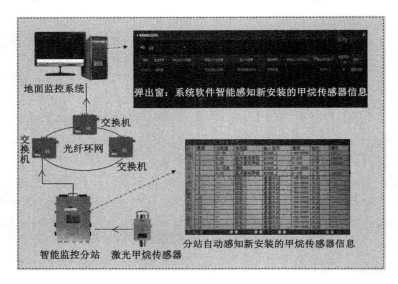

图 2-7 智能感知网络示意图

智能监控分站新接入一台激光甲烷传感器后,分站处自动获取、显示接入的设备信息,内容包括传感器地址、当前值、类型、信号制式、量程、当前状态、仪器编号等,如表 2-1 所示。

表 2-1 分站自动获取接入设备信息

传感器地址	当前值	类型	信号制式	量程/%CH₄	当前状态	仪器编号
5	0.00	高浓度激光甲烷传感器	RS485-2	0~100	正常	180297

在系统巡检周期内,监控分站信息通过光纤环网传输到地面监控系统,系统软件自动弹出"设备变更"提示框,点击"查看"后显示井下新接入设备信息,包括编号(设备 ID)、通道类型(模拟量/开关量)、系统定义传感器、通道定义传感器(分站定义的传感器类型)、真实传感

器(接入的传感器类型)、通道类型(新增设备/变更设备)、系统定义信号制式、真实信号制式
(RS485、200～1 000 Hz、1 mA/5 mA……)、报警是否一致、操作(查看、忽略),如表 2-2
所示。

表 2-2　系统软件自动显示接入设备信息

编号	通道类型	系统定义传感器	通道定义传感器	真实传感器	通道类型	系统定义信号制式	真实信号制式	报警是否一致	操作
003A05	模拟量	—	高浓度激光甲烷传感器	高浓度激光甲烷传感器	新增设备	—	RS485-2	是	查看 忽略

点击"操作"的"查看"后,系统进入传感器配置定义界面,分站采集的传感器基础信息已
自动录入、显示在定义界面,人工输入传感器安装地点、设置报警/断电后,点击保存下发,即
可完成新接入设备的定义操作。

通过智能感知网络技术的应用,整个过程从传感器接入分站开始,到系统软件完成定义
操作,仅需几分钟的时间、简单几步操作,很大程度上简化了传统监控系统安装传感器的人
工设置、定义等操作;并且系统能及时发现井下设备新增、变更等状态变化信息,自动弹出提
醒,井下设备状况一览无余,提升监控人员工作效率,促进安全监察监管。

3 地面监控中心

地面监控中心作为煤矿安全监控系统的地面数据处理中心,负责井下环境安全和设备工况等参数的及时采集、存储、分析、处理、展示等任务,同时根据安全生产状况自动或手动向现场控制设备发出控制命令,实现远程监测监控。地面监控中心主要由数据采集、数据存储、数据融合、信息发布、网络交换、网络安全等设备及应用软件和业务管理软件组成,其可靠性、稳定性是保障整个煤矿安全监控系统安全运行的基础。

3.1 基础支撑平台

3.1.1 硬件支撑平台

根据国家标准和行业规范,结合新一代煤矿安全监控系统的实际业务应用,地面监控中心一般由数据库服务器、数据采集服务器、数据融合服务器、Web 应用服务器、监控主机、防火墙、网络交换机等设备构成,形成以地面监控设备为中心的硬件支撑平台,通常部署在煤矿调度中心或机房监控中心,现以 KJ835X 煤矿安全监控系统为例,介绍地面监控中心各类监控设备,如图 3-1 所示。

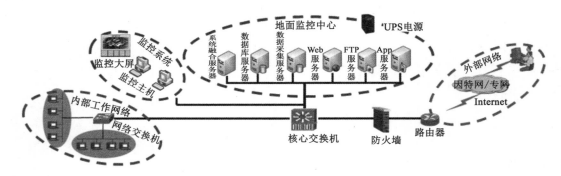

图 3-1 地面监控中心硬件支撑平台示意图

3.1.1.1 服务器组成与部署

地面监控中心主要包括系统融合服务器、数据库服务器、数据采集服务器、Web 服务器、App 服务器、FTP 服务器等服务器设备,为数据存储、采集与分析、多系统数据融合与集成业务分析、Web 访问、移动终端数据访问、数据上传等业务提供支持。

(1)数据库服务器组成与部署

在煤矿安全监控系统中,数据库服务器主要用于监测监控数据的存储,为应用管理软件提供数据的存取、索引、查询、统计等服务。

数据库服务器主要由两台高性能计算机、数据库管理软件、双机热备份软件等组成。配套的双机热备份软件,可实现当备用数据库服务器无法检测到主数据库服务器在线或主数据库服务器故障时,备用数据库服务器立即接管主数据库服务器业务,实现监控业务和监测数据存储的无缝切换,即时保障数据安全。在数据库服务器部署过程中,从网络安全方面考虑,数据库服务器应部署在监控机房的内网当中。

（2）Web 服务器组成与部署

在煤矿安全监控系统中,基于 B/S 结构的监控软件,需配置 Web 服务器提供数据信息发布和推送服务。它主要由高性能计算机、服务器操作系统、Web 服务器软件组成,配置的 Web 服务器软件采用 IIS。也可根据监控规模大小,不单独配置 Web 服务器,可将 Web 服务器软件集成部署在其他服务器或监控设备中。

在 Web 服务器的部署过程中,如果需要提供外网访问服务,基于网络安全访问策略,Web 服务器应放置在 DMZ 区,对外网访问数据进行安全隔离。

（3）系统融合服务器组成与部署

在煤矿安全监控系统中,系统融合服务器用于人员定位、应急广播、通信等系统的数据业务集成和融合分析。它主要由高性能计算机、服务器操作系统、系统融合软件组成。通过系统融合软件的部署,基于数据挖掘技术和多系统综合数据分析,在瓦斯超限、断电等需立即撤人的紧急情况下,可自动与人员定位、应急广播、通信等系统进行自动联动,实现煤矿安全生产的自动指挥与风险提示。

在系统融合服务器部署过程当中,如果融合的系统都处于同一内网,系统融合服务器应部署在内网区域;若融合的系统不在同一内网,系统融合服务器应部署在 DMZ 区,以实现网络的安全隔离。

（4）数据采集服务器组成与部署

数据采集服务器用于传感设备数据的采集、分析和处理,并执行各类配置命令下发,实现数据采集与控制指令下发的双向传输。它主要由高性能计算机、服务器操作系统、数据采集软件组成。数据采集服务器应部署在内网当中。

（5）App 服务器组成与部署

App 服务器由高性能计算机、服务器操作系统、IIS 服务器软件等组成,为移动端应用程序提供应用逻辑的处理。

在 App 服务器部署过程中,需要提供外网访问以及移动通信网络作为支撑。基于网络安全访问策略,App 服务器应放置在 DMZ 区,对外网访问数据进行安全隔离。

App 服务器与 Web 服务器的硬件、软件配置相同,App 与 Web 应用服务软件可部署在同一台服务器上,为 B/S 的安全监控系统桌面软件和移动手机终端 App 信息发布软件提供服务支撑。

（6）数据上传服务器组成与部署

数据上传服务器由高性能计算机和数据上传软件组成,主要负责采集煤矿现有安全监控系统的数据,根据数据上传规约进行数据转换,并通过网络协议将转换后的数据上传至煤矿企业主管部门。数据上传服务器主要包括高性能计算机、服务器操作系统、数据上传软件。

在部署数据上传服务器过程中,数据上传服务器需提供面向监控单位的数据上传服务,因此应部署在 DMZ 区,对外网访问数据进行安全隔离。

3.1.1.2 监控主机组成与部署

监控主机主要用于接收监测信号、校正、报警判别、数据统计、磁盘存储、显示、声光报警、人机对话、输出控制、控制打印输出与管理网络等。为满足 24 h 不间断运行的需要，一般选用工控机作为监控主机，它主要由工控机主机、桌面操作系统、安全监控管理软件、杀毒软件、办公软件等组成。监控主机一般由两台组成，放置在煤矿调度室。

3.1.1.3 硬件防火墙部署

防火墙作为企业内网与外网的安全隔离设备，可有效阻止来自外网的攻击，并管理来自内网的数据访问，从而有效保障安全监控网络的相对独立和安全。

防火墙一般有两种部署方式，一是部署在路由器前方，二是部署在路由器后方。采用后一种方式有如下优点：

（1）在网络边界上的路由器主要负责网络互联、数据包的转发，防火墙主要负责数据包检测、过滤等安全防护工作以保护内部网络，提高网络速度。

（2）路由器上的接口类型丰富，能适应更多的广域网的接入技术。

（3）通过防火墙的网络安全配置端口可在内部之间划分不同的区域，如内部网络区、DMZ 区、外部网络区。安全策略的配置和区域划分，可以有效管理来自内部和外部的数据，让网络更安全。对于一些要公开的服务及应用，划分在 DMZ 区，可有效保护内网安全。

根据用户的各类安全控制需求和控制策略的不同，防火墙应具备的通用功能包括：负载均衡、防御功能、不同安全产品联动功能、内容过滤、VPN、双地址路由、DHCP 环境支持、MAC 地址绑定、带宽管理、多协议支持等。如果需要更深入的安全控制，那么还需要集成入侵检测、防病毒、统一接入控制等加强功能。

3.1.1.4 网络交换机部署

网络交换机用于连接地面监控中心各类服务器与监控设备，负责组建监控地面中心的局域网，主要实现本地监控网络与安全监控系统光纤环网网络的通信。

网络交换机在网络运行和服务中占有非常重要的地位，作为整个地面监控中心的核心网络设备，是整个网络的心脏，一旦网络交换机发生故障，会影响整个网络的通信质量，严重时会导致本地网络瘫痪。因此，为了保证核心交换机的可靠运行，可在本地机房配备双核心交换机或在异地配备双核心交换机，通过链路的冗余实行核心交换设备的冗余。

地面监控中心网络交换机宜选用可网管型三层网络交换机，以便实现灵活组网、VLAN 划分、网络管理等功能，并可提供各种不同规模、数量的 1 000 Mbps 端口，如千兆电口、千兆单模光口。

3.1.1.5 UPS（不间断电源）部署

UPS 由 UPS 主机、蓄电池、电池柜组成。作为整个地面监控中心稳定运行的关键供电设备，主要为地面监控中心各类服务器、网络交换机、监控主机等设备提供不间断供电。

《煤矿安全监控系统升级改造技术方案》要求：备用电源能维持断电后正常供电时间由 2 h 提升到 4 h，更换电池要求由仅能维持 1 h 时必须更换，提高到仅能维持 2 h 时必须更换。因此，UPS 根据实际负载设备的功耗，当外部电源断电后，需要提供不少于 4 h 的不间断供电。

一般选配 UPS 功率时,根据实际负载应有一定的余量。UPS 功率应大于负载功率且运行最佳负载量为 $60\% \sim 80\%$ 之间。对于 UPS 电池容量,需根据实际负载进行配置。过高及过低的电池容量都不利于 UPS 系统的正常运行。配置容量过高,则增加投资成本,且易导致电池小电流过度放电,造成电池永久性的损坏;配置容量过低,则不能满足负载不间断供电的要求,且大电流的充放电将缩短电池使用寿命。因此,结合实际负载,配置提供不少于 4 h 的不间断供电要求的电池,既可满足相关标准要求,又可实现电池的有效利用。

3.1.1.6 中大型矿井地面设备配置选型

针对中大型矿井,地面监控中心服务器设备所支撑的数据采集与分析、数据融合、数据存储、网络访问等业务量大。同时,根据不同业务类型的网络部署需求,基于高安全性的网络安全部署策略,需要设置相对独立的、高可靠性的、高稳定性的计算机硬件设备。根据上述不同类型的服务器部署网络,在同一网内的服务器,不同业务类型的服务可集中部署在同一服务器设备中。如具有 Web 服务和 App 移动终端访问服务需求的,因其基础应用软件部署基本相同,可将两类业务集成部署在同一服务器设备中;类似的,数据库服务器和数据采集服务器都部署在内网中,也可集中分别部署在两台相同的服务器设备中。中大型矿井地面主要设备配置选型如表 3-1 所示。

表 3-1 中大型矿井地面主要设备配置选型信息表

序号	名称	基本配置	单位	数量
1	监控主机	双核 CPU 2.4 GHz、有效存储 1 TB 以上、8 GB 及以上内存、2 个及以上 1 000 M 网口、液晶显示器、键盘、鼠标	台	2
2	数据存储与采集服务器	8 核 CPU 2.1 GHz、有效存储 4 TB 以上、32 GB 及以上内存、不少于 3 个 1 000 M 网卡	台	2
3	系统融合服务器	8 核 CPU 2.1 GHz、有效存储 2 TB 以上、16 GB 及以上内存、不少于 3 个 1 000 M 网卡	台	1
4	Web 与 App 服务器	8 核 CPU 2.1 GHz、有效存储 2 TB 以上、16 GB 及以上内存、不少于 3 个 1 000 M 网卡	台	1
5	数据上传服务器	8 核 CPU 2.1 GHz、有效存储 1 TB 以上、8 GB 及以上内存、不少于 3 个 1 000 M 网卡	台	2
6	网络交换机	24 个千兆以太网口,支持网管	台	2
7	UPS	支持 4 h 不间断供电	套	1
8	硬件防火墙	支持负载均衡、防御、不同安全产品联动功能和内容过滤等	台	1

3.1.1.7 小型矿井地面设备配置选型

对于小型矿井,地面监控中心服务器设备所承载的业务类型与大型矿井一致,但监控区域范围小、传感设备数量相对少,一般选用工控机替代服务器级设备作为各业务正常运行的硬件支撑设备,以减少建设成本。小型矿井地面主要设备配置选型如表 3-2 所示。

表 3-2　小型矿井地面主要设备配置选型信息表

序号	名称	基本配置	单位	数量
1	监控主机	双核 CPU 2.4 GHz、有效存储 1 TB 以上、8 GB 及以上内存、2 个及以上 1 000 M 网口、液晶显示器、键盘、鼠标	台	2
2	数据存储与采集服务器	4 核 CPU 2.4 GHz、有效存储 4 TB 以上、16 GB 及以上内存、不少于 3 个 1 000 M 网卡	台	2
3	系统融合服务器	4 核 CPU 2.4 GHz、有效存储 2 TB 以上、16 GB 及以上内存、不少于 3 个 1 000 M 网卡	台	1
4	Web 与 App 服务器	4 核 CPU 2.4 GHz、有效存储 2 TB 以上、16 GB 及以上内存、不少于 3 个 1 000 M 网卡	台	1
5	数据上传服务器	双核 CPU 2.1 GHz、有效存储 1 TB 以上、8 GB 及以上内存、不少于 3 个 1 000 M 网卡	台	2
6	网络交换机	24 个千兆以太网口,支持网管	台	2
7	UPS	支持 4 h 不间断供电	套	1
8	硬件防火墙	支持负载均衡、防御、不同安全产品联动功能和内容过滤等	台	1

　　上述地面主要设备配置选型信息表,可根据煤矿监控区域范围、监控设备规模等因素进行调整,以满足煤矿企业建设的实际需要。

3.1.2　软件支撑平台

　　依托基础硬件支持平台,在地面监控中心建立以操作系统、数据库管理系统、应用软件工具等软件组成的基础软件支持平台,为新一代煤矿安全监控系统的部署提供软件支撑。主要系统软件、应用软件及软件工具选型配置如表 3-3 所示。

表 3-3　软件选型配置表

序号	名称	基本配置	单位	数量	说明
1	桌面操作系统	Windows 10 及以上版本	套	1	系统软件
2	服务器操作系统	Windows Server 2008 及以上版本	套	1	
3	数据库管理系统	SQL Server 2008 及以上版本	套	1	
4	监控系统软件	业务分析、业务预警、业务展示等	套	1	监控软件
5	App 信息发布软件	关键业务文本、曲线、图形等展示和查询	套	1	
6	双机热备份软件	支持双机备份功能	套	1	
7	系统融合软件	支持人员定位、应急广播、通信等系统的数据融合、业务集成和分析	套	1	
8	数据上传软件	支持数据采集、格式转换和数据上传	套	1	
9	杀毒软件	具有查杀木马、系统加速、漏洞修复、实时保护等功能	套	2	应用软件
10	办公软件	WPS 文字、WPS 表格等	套	2	

3.1.3　机房中心环境要求

地面监控中心机房的硬件与软件环境安全是监控系统正常运行的重要保障,机房中心最基本的要求是房间干净整洁,密封性能好,远离灰尘或煤尘的地方;并保持通风、干燥;要有良好的接地装置。

3.1.3.1　环境条件

(1) 系统中用于机房、调度室的设备,应能在下列条件下正常工作:

① 环境温度:15～30 ℃;

② 相对湿度:40%～70%;

③ 温度变化率:小于 10 ℃/h,并不得结露;

④ 大气压力:80～106 kPa;

⑤《计算机场地通用规范》(GB/T 2887—2011)规定的尘埃、照明、噪声、电磁场干扰和接地条件。

(2) 除有关标准另有规定外,用于煤矿井下的设备应能在下列条件下正常工作:

① 环境温度:0～40 ℃;

② 平均相对湿度:不大于 95%(±25 ℃);

③ 大气压力:80～106 kPa;

④ 有爆炸性气体混合物,但无显著振动和冲击、无破坏绝缘的腐蚀性气体。

3.1.3.2　供电电源

(1) 地面设备交流电源要求如下:

① 额定电压:380 V/220 V,允许偏差:±10%;

② 谐波:不大于 5%;

③ 频率:50 Hz,允许偏差:±5%。

(2) 井下设备交流电源要求如下:

① 额定电压:127 V/380 V/660 V/1 140 V,允许偏差:专用于井底车场、主运输巷为 −20%～+10%,其他井下产品:−25%～+10%;

② 谐波:不大于 10%;

③ 频率:50 Hz,允许偏差:±5%。

3.1.3.3　接地

(1) 系统保护接地。地面监控中心计算机和各工作站均要求接地,接地电阻不大于 4 Ω。

(2) 通信屏蔽电缆接地。

(3) 防雷接地。接地电阻不大于 10 Ω,并远离系统保护接地和通信屏蔽电缆接地,避免雷击损坏地面监控中心设备。

3.2　安全监控系统软件

3.2.1　安全监控系统软件通用要求

根据《煤矿安全监控系统通用技术要求》(AQ 6201—2019),煤矿安全监控系统操作系统、数据库、编程语言等应为可靠性高、开放性好、易操作、易维护、安全、成熟的主流产品。软件应有详细的汉字说明和汉字操作指南。多网、多系统融合系统应有机融合井下有线和无线传输网络;宜与 GIS 技术有机融合;宜与人员定位、应急广播、移动通信、供电监控、视频监视、运输监控、工作面监控等系统有机融合。

安全监控系统基于系统软件应实现数据采集、控制、调节、存储、查询、显示、打印、人机对话、自诊断、双机切换、数据备份、联网、软件自监视和容错、实时多任务、数据应用分析等基本功能。

《煤矿安全监控系统通用技术要求》(AQ 6201—2019)要求系统软件具有以下具体功能:

(1)操作管理

软件应具有操作权限管理功能,对参数设置、控制等应使用密码操作,并具有操作记录。

(2)主菜单

在各种现实模式下都应有主菜单显示,主菜单包括:参数设置、页面编辑、控制、列表显示、曲线显示、状态图显示、打印、查询、帮助、其他等。在主菜单下应设置以下子菜单:参数设置、页面编辑、控制、列表显示、曲线显示、状态图与柱状图显示、模拟图显示、打印、查询、帮助。

(3)分类查询

软件应具有报警、断电、馈电异常、调用等分类查询功能。

(4)快捷方式

在任何显示模式下,均可直接进入所选监控量的列表显示、曲线显示或状态图及柱状图显示、模拟图显示、打印、参数设置、页面编辑、查询等方式。

(5)中文显示与打印

软件应具有汉字显示、汉字打印和汉字提示功能。

(6)更改存储内容

软件应具有防止修改实时数据和历史数据等存储内容功能(参数设置及页面编辑除外)。

(7)模拟量数据表格显示

通过实时显示、调用显示、报警显示、断电显示、馈电异常显示、报警记录查询显示、断电记录查询显示、馈电异常记录查询显示、统计值记录查询显示等方式显示以下内容:传感器设置地点、传感器所测物理量、单位(可缺省)、报警门限(除用于监察外,可缺省)、断电门限(除用于监察外,可缺省)、复电门限(除用于监察外,可缺省)、断电范围(除用于监察外,可缺省)、监测值、平均值、最大值、最小值、报警/解除报警状态及时刻、断电/复电命令及时刻、馈电状态及时刻、实时时钟等。

(8)开关量状态表格显示

通过调用显示、报警与断电显示、馈电异常显示、状态变动显示、报警及断电记录查询显示、馈电异常查询显示、状态变动记录查询显示等方式显示以下内容:所监测设备地点、所监测设备名称、报警状态(除用于监察外,可缺省)、断电状态(除用于监察外,可缺省)、断电范围(除用于监察外,可缺省)、当前状态、状态变动时刻、报警/解除报警时刻、断电/复电时刻、馈电状态及时刻等。

（9）模拟量曲线显示

将模拟量监测值和统计值随时间变化的状况用带坐标和门限值的曲线直观地显示出来，并可无限放大或弹出放大窗。

（10）开关量状态图与柱状图显示

开关量状态图显示：将开关量状态随时间变化的规律用直线显示。开关量柱状图显示：将开关量单位时间内的开机效率（单位时间内开机时间）用直方图直观显示。

（11）模拟图显示

在具有说明巷道、设备布置等背景图上，将实时监测到的开关量状态，用相应的图样在相应的位置模拟显示；将实时监测到的模拟量数值在相应位置显示。同时用红色等标注报警、断电及馈电异常。点击设备模拟图或模拟量显示值，可以弹出相关信息的选择菜单，供进一步查询。对于较复杂的系统，模拟图可以分为总图及局部详图，并具有漫游、弹出详图等功能。采用 GIS 技术的模拟图显示还具有地理位置显示等功能。

（12）报警

报警包括声音报警和光报警。声音报警：当模拟量监测值超限（需要报警或断电）、馈电异常（断电命令与馈电状态不符）或开关量状态为报警状态时，报警喇叭或蜂鸣器应发出声响或语音提示，点击后关闭。光报警：在表格显示方式中，当模拟量监测值超限（需要报警或断电）、馈电异常（断电命令与馈电状态不符）或开关量状态为报警状态时，有关该模拟量开关量的文字、数值和图符等用红色显示，或用红色显示加闪烁。在模拟量模拟曲线显示和图形显示方式中，当模拟量监测值超限（需要报警或断电）、馈电异常（断电命令与馈电状态不符）或开关量状态为报警状态时，相应的曲线和图样应变为红色，数值变为红色，或红色显示加闪烁。

（13）存储记录

系统应存储的记录有：统计值记录、模拟量报警记录、模拟量断电记录、模拟量馈电异常记录、开关量状态变动记录、开关量报警及断电记录、开关量馈电异常记录、监控设备故障记录。

（14）打印

系统应能打印模拟量日（班）报表、模拟量报警日（班）报表、模拟量断电日（班）报表、模拟量馈电异常日（班）报表、开关量报警及断电日（班）报表、开关量馈电异常日（班）报表、开关量状态变动日（班）报表、模拟量统计值历史记录查询报表。

3.2.2　新一代安全监控系统软件特色功能

3.2.2.1　分级报警

《煤矿安全监控系统升级改造技术方案》提出了分级报警的基本概念，《煤矿安全监控系统升级改造产品检验方案》（安标字〔2017〕36 号）就煤矿安全监控系统分级报警功能认证进行了进一步说明，并给出了相关示例。

（1）分级报警相关规定

《煤矿安全监控系统升级改造技术方案》要求新一代安全监控系统实现分级报警，根据瓦斯浓度大小、瓦斯超限持续时间、瓦斯超限范围等，设置不同的报警级别，实施分级响应。各级别报警浓度值的设置可由煤矿企业根据相关法规、标准和实际情况决定。

《煤矿安全监控系统升级改造产品检验方案》要求系统传感器分级报警设置应分别基于

瓦斯浓度大小、瓦斯超限持续时间、瓦斯超限范围等设置，也可选两种及以上组合进行设置，原则上级数不低于四级，各级的报警浓度、持续时间应可任意设置。表 3-4、表 3-5 仅为示例，并非强制要求。

表 3-4　甲烷传感器按超限浓度和传感器数量分级报警设置示例

传感器	报警级别			
	Ⅳ级	Ⅲ级	Ⅱ级	Ⅰ级
单一传感器	≥标准报警值×1	≥标准报警值×1.5	≥标准报警值×2	≥标准报警值×2.5
同一工作面2个或2个以上传感器	—	2个或2个以上同时报警	2个或2个以上同时报警，且其中一个≥标准报警值×1.5	2个或2个以上同时报警，且其中一个≥标准报警值×2
相邻区域传感器	—	—	相邻区域传感器同时报警，且其中一个≥标准报警值×1.5	相邻区域传感器同时报警，且其中一个≥标准报警值×2

表 3-5　甲烷传感器按超限时间分级报警设置示例

时间/min	浓度/%			
	≥标准报警值×1	≥标准报警值×1.5	≥标准报警值×2	≥标准报警值×2.5
≤1	Ⅳ级	Ⅲ级	Ⅱ级	Ⅰ级
≤30	Ⅲ级	Ⅱ级	Ⅰ级	Ⅰ级
≤60	Ⅱ级	Ⅰ级	Ⅰ级	Ⅰ级
>60	Ⅰ级	Ⅰ级	Ⅰ级	Ⅰ级

报警的响度或频率应由低到高设置，至少四级，且与分级报警相对应。表 3-6 仅为示例，并非强制要求。

表 3-6　传感器声光分级报警方式示例

报警级别	Ⅳ级	Ⅲ级	Ⅱ级	Ⅰ级
声光频率（占空比50%）	0.2 Hz	0.5 Hz	1 Hz	5 Hz
报警响度/dB(A)	80	80	80	80

井上、井下报警均应该满足分级报警要求且保持一致，具有语音功能的报警器还可通过语音提示报警区域、报警参数、报警级别等信息。监测控制主机报警信息栏除满足 AQ 6201—2019 规定外，还应考虑按颜色进行等级区分。表 3-7 仅为示例，并非强制要求。

表 3-7　监控主机分级报警颜色示例

报警级别	Ⅳ级	Ⅲ级	Ⅱ级	Ⅰ级
描述	蓝色预警	黄色预警	橙色预警	红色预警

（2）分级报警功能实现

综合分析《煤矿安全监控系统升级改造技术方案》等文件关于分级报警的规定,分级报警的主体应该包括两个,一个是甲烷传感器,它根据自身监测的瓦斯浓度大小和超限的持续时间两个指标在现场进行分级报警,同时向上位机发送自身分级报警的相关信息。分级报警的另一个主体是采煤工作面、掘进工作面等区域,区域的分级报警由上位机实现,需要综合瓦斯浓度大小、超限持续时间和超限范围三个指标进行报警级别判断。

《煤矿安全监控系统升级改造技术方案》未对分级报警的具体报警级别做出规定,同时《煤矿安全监控系统升级改造产品检验方案》要求原则上级数不低于四级。

关于分级报警门限值的设置,特别是Ⅰ级报警门限值的设置各企业理解差异较大,部分企业认为《煤矿安全监控系统及检测仪器使用管理规范》(AQ 1029—2019)中规定的断电门限应该是最高级别的报警门限,Ⅰ级报警门限值不应大于断电门限值;部分企业则认为Ⅰ级报警反映的应是瓦斯浓度大于断电门限值的情况,例如可以将3%作为Ⅰ级报警门限值,因此Ⅰ级报警应大于 AQ 1029 中规定的断电值。

《煤矿安全监控系统升级改造技术方案》未对分级报警各级报警之间的升级和降级逻辑进行规定,《煤矿安全监控系统升级改造产品检验方案》提供了两个逻辑表作为示例,并未做强制要求。

各煤炭企业可以根据自身情况设置分级报警的瓦斯浓度、超限持续时间和超限范围,也可以提出分级报警升级和降级的逻辑。某煤业公司提出了以下分级报警逻辑:

① Ⅳ级:矿井根据监控重点,设定监控区域甲烷传感器的预警、断电值,但甲烷传感器实时数据不超过《煤矿安全规程》及 AQ 1029 标准规定的报警值。实行蓝色预警,RGB 值(0,0,255)。各矿根据具体情况,设定Ⅳ级报警。

② Ⅲ级:报警持续时间小于 10 min,且最高甲烷浓度小于 1.5%、一起甲烷浓度超限(瓦斯异常涌出的来源点 1 处)、相继报警的传感器台数不超过 2 台(含 2 台),实行黄色报警,RGB 值(255,255,0)。

③ Ⅱ级:10 min≤报警持续时间<30 min,最高甲烷浓度小于 1.5%,且一起超限、相继报警的传感器台数不超过 2 台(含 2 台);1.5%>甲烷超限浓度<3.0%,且一起超限、相继报警的传感器台数不超过 2 台(含 2 台);井下煤仓处甲烷传感器监测的甲烷浓度≥1.5%,选煤厂封闭走廊、选煤厂原煤仓的甲烷传感器监测的甲烷浓度≥1.5%。达到三个条件之一为Ⅱ级,实行橙色报警,RGB 值(255,97,0)。

④ Ⅰ级:报警持续时间≥30 min;超过 2 台以上传感器相继报警;甲烷传感器的甲烷浓度≥3%。达到三个条件之一为Ⅰ级,实行红色报警,RGB 值(255,0,0)。

KJ835X 煤矿安全监控系统支持在模拟量定义界面设置甲烷传感器分级报警的各级报警门限和超限时间,如图 3-2 所示。

KJ835X 煤矿安全监控系统结合行业规范和各煤业公司关于区域分级报警要求,设计、开发了区域分级报警功能模块,定义界面如图 3-3 所示,支持针对区域是否启用分级报警功能进行定义,支持选择参与分级报警的甲烷传感器,考虑了相继报警的情况,支持定义区域分级报警发生时关联控制的断电器。区域发生分级报警时实时弹出区域分级报警信息,支持查询区域分级报警信息。

3.2.2.2 逻辑报警

(1)逻辑报警相关规定

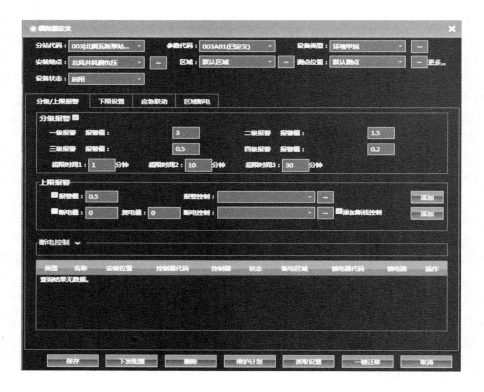

图 3-2　KJ835X 系统模拟量定义界面

图 3-3　区域分级报警定义界面

《煤矿安全监控系统升级改造技术方案》要求推行逻辑报警,根据巷道布置及瓦斯涌出等的内在逻辑关系,实施逻辑报警,促进各类传感器的正确安装、设置、维护,监控系统的正常使用,防止违法行为。具体逻辑关系可由煤矿企业根据实际情况进行设置。

《煤矿安全监控系统升级改造产品检验方案》指出:逻辑报警,指监测到的瓦斯浓度明显违反矿井瓦斯涌出的内在逻辑关系,肯定有违章行为或监测装置失效的情况而应实施的报警。要求按照以下三个方面进行煤矿安全监控系统逻辑报警功能认证:

① 检查系统软件是否具备逻辑报警设置界面,且能同时配置不少于3组逻辑关系。具体的逻辑关系可以根据矿井实际情况进行设置,检查软件是否可以配置各种逻辑关系的报警设置,如:进风巷的瓦斯浓度高于回风巷的瓦斯浓度,有违正常逻辑,应报警。

② 如果系统软件存在逻辑报警设置界面,且可以完成各种逻辑关系的报警设置,随机抽查2种不同的逻辑关系,经查验其逻辑报警按照预期条件动作,则认为系统具备逻辑报警功能。

③ 具体的逻辑关系,应由矿井根据《煤矿安全规程》第四百九十八条等的相关规定,结合本矿井通风瓦斯管理中总结积累的瓦斯涌出规律进行确定,产品检验时无须逐一检查。

(2)逻辑报警功能实现

各煤矿企业可以根据自身安全生产的需要提出相应的逻辑报警功能,各煤矿安全监控系统生产企业也可以基于现场需要开发适用的逻辑报警功能。目前,KJ835X 煤矿安全监控系统开发了进风流瓦斯浓度大于回风流瓦斯浓度、下级区域风量大于上级区域风量、串联通风处甲烷浓度高于被串工作面回风巷甲烷浓度、掘进工作面风机停止后风筒有风、两道风门同时打开、两台风机同时停、甲烷电闭锁测试时馈电无电共计7种逻辑报警功能。

其中,进风流瓦斯浓度大于回风流瓦斯浓度、下级区域风量大于上级区域风量、串联通风处甲烷浓度高于被串工作面回风巷甲烷浓度3种报警模型通过两台传感器实时监测数据比较进行判断,由于现场环境和传感器监测精度不同,模型定义界面支持用户定义逻辑报警判定的"差值"。掘进工作面风机停止后风筒有风逻辑报警用于判断两台局部通风机同时停风筒传感器仍然有风的逻辑错误;甲烷电闭锁测试时馈电无电逻辑报警能够在甲烷电闭锁测试时,甲烷传感器关联的设备开关无电的情况下进行报警,避免进行无效甲烷电闭锁测试。逻辑报警定义界面如图3-4所示。

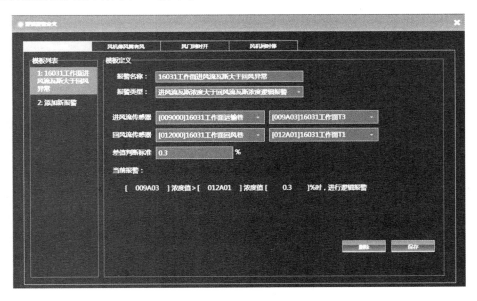

图3-4　逻辑报警定义界面

发生逻辑报警时,系统通过报警弹框的方式弹出报警信息,信息内容包括:报警名称、报警级别、开始时间、结束时间、累计时间、处理人、处理措施及时刻。系统支持对逻辑报警历史信息进行查询,信息内容包括:报警名称、报警级别、关联传感器、开始时间、结束时间、累计时间、处理人、措施及时刻。

3.2.2.3 煤与瓦斯突出报警

(1)煤与瓦斯突出报警相关规定

《煤矿安全监控系统通用技术要求》(AQ 6201—2019)要求系统具有掘进工作面和采煤工作面煤与瓦斯突出报警和断电闭锁功能。

① 系统应具有掘进工作面煤与瓦斯突出报警和断电闭锁功能:

a. 掘进工作面甲烷传感器故障或监测到的甲烷浓度迅速升高或达到报警值($1.0\%CH_4$),掘进巷道回风流甲烷传感器监测到的甲烷浓度迅速升高或达到报警值($1.0\%CH_4$),掘进巷道回风流风速传感器监测到的风速不低于正常值,发出煤与瓦斯突出报警和断电闭锁信号,切断相关区域全部非本质安全型电气设备电源(掘进工作面浓度迅速升高且风速不低于正常值)。

b. 掘进工作面甲烷传感器故障或监测到的甲烷浓度迅速升高或达到报警值($1.0\%CH_4$),掘进巷道回风流甲烷传感器故障或监测到的甲烷浓度迅速升高或达到报警值($1.0\%CH_4$),掘进工作面分风口风向传感器监测到风流逆转,发出煤与瓦斯突出报警和断电闭锁信号,切断相关区域全部非本质安全型电气设备电源(掘进工作面甲烷浓度迅速升高且风流逆转)。

c. 掘进工作面甲烷传感器故障或监测到的甲烷浓度迅速升高或达到报警值($1.0\%CH_4$),掘进巷道回风流甲烷传感器故障或监测到的甲烷浓度迅速升高或达到报警值($1.0\%CH_4$),掘进工作面进风分风口甲烷传感器监测到的甲烷浓度迅速升高或达到报警值($0.5\%CH_4$),发出煤与瓦斯突出报警和断电闭锁信号,切断相关区域全部非本质安全型电气设备电源(掘进工作面甲烷浓度迅速升高且回风、进风甲烷浓度迅速升高)。

② 系统应具有采煤工作面煤与瓦斯突出报警和断电闭锁功能:

a. 采煤工作面甲烷传感器故障或监测到的甲烷浓度迅速升高或达到报警值($1.0\%CH_4$),回风隅角甲烷传感器故障或监测到的甲烷浓度迅速升高或达到报警值($1.0\%CH_4$),回风巷甲烷传感器监测到的甲烷浓度迅速升高或达到报警值($1.0\%CH_4$),回风巷风速传感器监测到的风速不低于正常值,发出煤与瓦斯突出报警和断电闭锁信号,切断相关区域全部非本质安全型电气设备电源(采煤工作面甲烷浓度迅速升高且风速不低于正常值)。

b. 采煤工作面甲烷传感器故障或监测到的甲烷浓度迅速升高或达到报警值($1.0\%CH_4$),回风隅角甲烷传感器故障或监测到的甲烷浓度迅速升高或达到报警值($1.0\%CH_4$),回风巷甲烷传感器故障或监测到的甲烷浓度迅速升高或达到报警值($1.0\%CH_4$),进风巷(靠近工作面)甲烷传感器故障或监测到的甲烷浓度迅速升高或达到报警值($1.0\%CH_4$),进风巷风向传感器监测到风流逆转,发出煤与瓦斯突出报警和断电闭锁信号,切断相关区域全部非本质安全型电气设备电源(采煤工作面甲烷浓度迅速升高且风流逆转)。

c. 采煤工作面甲烷传感器故障或监测到的甲烷浓度迅速升高或达到报警值($1.0\%CH_4$),回风隅角甲烷传感器故障或监测到的甲烷浓度迅速升高或达到报警值

(1.0%CH₄)，回风巷甲烷传感器故障或监测到的甲烷浓度迅速升高或达到报警值(1.0%CH₄)，进风巷(靠近工作面)甲烷传感器故障或监测到的甲烷浓度迅速升高或达到报警值(0.5%CH₄)，进风巷(靠近分风口)甲烷传感器监测到的甲烷浓度迅速升高或达到报警值(0.5%CH₄)，发出煤与瓦斯突出报警和断电闭锁信号，切断相关区域全部非本质安全型电气设备电源(采煤工作面甲烷浓度迅速升高且回风、进风甲烷浓度迅速升高)。

(2)煤与瓦斯突出报警功能实现

根据《煤矿安全监控系统通用技术要求》(AQ 6201—2019)关于煤与瓦斯突出报警的逻辑描述可知，突出报警功能根据区域内甲烷、风速、风向3种参数监测值的变化和传感器的故障情况对煤与瓦斯突出做出判定，根据模型的要求正确设置传感器是突出报警功能实现的前提。

采煤工作面突出报警功能要求在采煤工作面的回风隅角、采煤工作面、回风巷、进风巷靠近工作面处和进风巷分风口5个测点设置甲烷传感器，在回风巷测点设置风速传感器，在进风巷靠近工作面处设置风向传感器。掘进工作面突出报警功能要求在掘进工作面的工作面、回风流和进风分风口处3个测点设置甲烷传感器，在回风流测点设置风速传感器，在进风分风口处设置风向传感器。

突出报警模型根据多个测点"同时"异常对突出做出判断。为防止突出误报警，现场设备安装时应遵循以下原则：

① 采煤工作面风速传感器和风向传感器不与甲烷传感器共用电缆。

② 采煤工作面回风隅角甲烷传感器(T0)和工作面甲烷传感器(T1)不与回风巷甲烷传感器(T2)共用电缆。

③ 掘进工作面风速传感器、风向传感器不与甲烷传感器共用电缆。

④ 掘进工作面甲烷传感器(T1)与回风流甲烷传感器(T2)不共用电缆。

分析 AQ 6201—2019关于煤与瓦斯突出报警的逻辑描述可知，多个测点传感器"同时"异常是突出报警的判断条件，为了界定突出报警条件是否"同时"出现，KJ835X煤矿安全监控系统提出了"适配系数"的概念，异常条件在"适配系数"规定时间范围内出现均视为"同时"出现。如图 3-5 所示，KJ835X煤矿安全监控系统基于"测点组合设置"中已经定义的区域进行突出报警定义，可以针对区域"启用"或"不启用"突出报警模型，可以根据巷道长度和风速定义适配系数，可以根据矿井巷道和通风状况设置发生突出报警时关联控制的断电器。

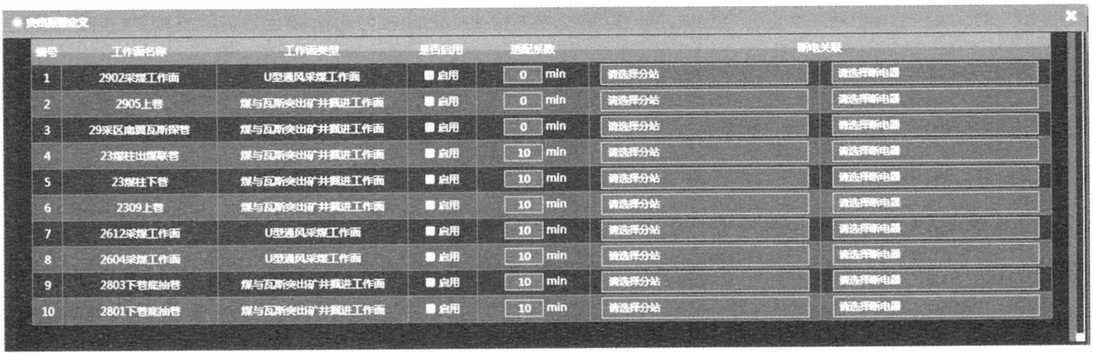

图 3-5　突出报警定义界面

系统在发生突出报警时能够以报警弹框的方式弹出区域名称、报警级别、报警时间、关联断电器等信息,支持对报警历史信息进行查询。

3.2.2.4 多系统融合

《煤矿安全监控系统升级改造技术方案》要求实现井下有线和无线传输网络的有机融合、监测监控与 GIS 技术的有机融合。

多系统的融合可以采用地面方式,也可以采用井下方式。鼓励新安装的安全监控系统采用井下融合方式。在地面统一平台上必须融合的系统有环境监测、人员定位、应急广播,如有供电监控系统,也应融入。可考虑融合的系统有视频监测、无线通信、设备监测、车辆监测等。

多网、多系统融合部分内容详见第 8 章。

3.2.2.5 自诊断、自评估

(1)相关规定

《煤矿安全监控系统升级改造技术方案》要求新一代安全监控系统增加自诊断、自评估功能,实现系统定期的自诊断、自评估,能够预先发现系统在安装使用中存在的问题。自诊断的内容至少应包括:

① 传感器、控制器的设置及定义;

② 模拟量传感器维护、定期未标校提醒;

③ 模拟量传感器、控制器、电源箱等设备及通信网络的工作状态;

④ 中心站软件自诊断,包括双机热备、数据库存储、软件模块通信。

《煤矿安全监控系统升级改造产品检验方案》对新一代安全监控系统自诊断、自评估功能提出如下认证要求:

① 传感器、控制器的设置及定义自诊断检查。模拟各类传感器、控制器异常和改变传感器报警及断电门限,系统应按照《煤矿安全规程》及《煤矿安全监控系统及检测仪器使用管理规范》(AQ 1029—2019)的要求自诊断出传感器、控制器的缺失和传感器门限定义异常,有一处未诊断出即为不合格。

② 模拟量传感器维护、定期未标校提醒功能检查。在井下需要标校的每种传感器中各抽一个传感器进行试验,模拟传感器过期未标定状态,系统应自动提示传感器未标校,标校完成后系统应自动取消提醒。

③ 设备及通信网络的工作状态检查。模拟量传感器工作状态包含:断线、在线;控制器工作状态包含:断线、在线;电源箱工作状态包含:交/直流供电状态、电池供电电量等;网络接口工作状态包含:断线、在线;每种设备各随机抽取一台进行试验,模拟实现模拟量传感器、控制器、电源箱及网络接口的异常,系统应自动提示模拟量传感器、控制器、电源箱及通信网络的工作状态故障;异常排除后系统应自动恢复。

④ 中心站软件自诊断功能检查。

a. 双机热备自诊断功能检验。人为模拟双机热备功能丧失(例如人为将双机热备的通信监听线拔除),查证系统是否会自动提醒双机热备故障;恢复双机热备,查证系统是否会自动恢复。

b. 数据库存储异常自诊断功能检验。人为模拟数据库硬盘溢出和删除数据库,查证系统是否会自动提醒数据库溢出和删除;恢复模拟数据库硬盘溢出和删除数据库,查证系统是

否会自动恢复。

c. 软件模块通信异常自诊断功能检验。将系统数据采集模块关闭,查证系统是否会自动提醒软件模块通信异常;恢复相关软件模块通信故障,查证系统是否会自动恢复。

(2)功能实现

① 传感器、控制器的设置及定义。

为了诊断传感器报警、断电、复电门限值设置是否符合《煤矿安全监控系统及检测仪器使用管理规范》(AQ 1029—2019)的规定,必须首先设置传感器测点类型,并在系统中内置AQ 1029标准库(测点类型与报警、断电、复电门限的对应关系库),系统依据标准库和传感器定义的测点类型对传感器门限设置正确性进行诊断。

由于不同的区域传感器的设置要求不同,为了诊断传感器是否按照AQ 1029的规定进行设置,必须设置传感器所在的区域和区域类型,并在系统中内置AQ 1029对不同类型区域规定的必须设置传感器的标准库,系统依据标准库和传感器的测点类型定义对传感器是否缺失进行诊断。

依据定义断电门限必须设置断电器,设置断电器必须关联馈电传感器的逻辑,对断电器、馈电传感器是否缺失进行诊断,当诊断出设备缺失时定义信息不能保存。

② 模拟量传感器维护、定期未标校提醒。

各类传感器必须按照AQ 1029的规定进行定期标校,为了实现到期未标校提醒功能,系统应能识别记录传感器的标校时间。KJ835X煤矿安全监控系统具有传感器标校状态识别功能,传感器标校时按遥控器使传感器进入标校状态,自动将标校状态上传至上位机。上位机记录传感器标校日期,在传感器下一次标校到期之前的指定时间内进行标校提醒。KJ835X系统基于智能感知技术能够识别设备的安装时间,并以此为基础开发了设备生命周期、设备维护提醒功能,实现设备达到使用期限报废提醒和定期维护提醒。

3.2.2.6 伪数据标注及异常数据分析

《煤矿安全监控系统升级改造技术方案》要求新一代安全监控系统应加强数据应用分析,实现伪数据标注及异常数据分析功能。《煤矿安全监控系统升级改造产品检验方案》要求新一代安全监控系统具有传感器标校期间的数据分析功能和异常数据分析功能。

(1)传感器标校期间的数据分析功能

① 如果传感器具备标校状态输出,则当传感器进入标校状态时,系统应能自动识别,标校完成后传感器应立即自动恢复正常工作;软件界面中的数据列表和曲线图中均应能够自动区分出标校期间的数据信息。

② 如果传感器不具备标校状态输出,在对传感器进行标校期间,系统软件能够根据传感器数据变化情况自动识别出传感器处于标校状态,自动将传感器标校期间的数据标注为标校数据。

(2)异常数据分析功能

系统应具备数据分析模型。检验时,根据数据分析模型模拟异常数据出现,检查系统是否能够自动识别运行过程中的"突变"数据,并进行标注、显示。

无论是标校期间的数据,还是异常数据,均应当实时存储,不得进行删除和隐藏。

KJ835X系统传感器具有标校状态上传功能,当使用遥控器将传感器设置为标校开始或结束状态时,传感器实时上传标校状态,上位机能够依据传感器上传的标校状态准确记录标校开始和结束时间,并在各种数据列表和曲线中进行展示。

KJ835X 系统基于突变数据与正常数据的差异性分析对突变数据进行自动识别,通过馈电传感器单位时间内的翻转次数对馈电传感器受干扰频繁翻转等异常数据进行识别。

3.2.2.7 断电有效性查询展示

根据《煤矿安全监控系统通用技术要求》(AQ 6201—2019),安全监控系统应具有模拟量和开关量馈电异常显示和馈电异常记录查询功能。以模拟量馈电异常显示和馈电异常记录查询功能为例,模拟量馈电异常显示具体要求为,当断电命令与馈电状态不一致时,自动显示馈电异常时刻等,显示内容包括:① 地点;② 名称;③ 单位(可缺省);④ 报警门限(可缺省);⑤ 断电门限(可缺省);⑥ 复电门限(可缺省);⑦ 监测值;⑧ 报警及时刻;⑨ 断电及时刻;⑩ 断电区域(可缺省);⑪ 馈电状态及时刻;⑫ 安全措施等。模拟量馈电异常记录查询功能具体要求为,根据所选择的查询时间,显示查询时间内累计馈电异常次数等,显示内容包括:① 地点;② 名称;③ 断电区域(可缺省);④ 馈电异常累计时间;⑤ 累计次数;⑥ 每次馈电异常时间;⑦ 起止时刻;⑧ 措施;⑨ 查询起止时刻等。

《煤矿安全监控系统升级改造技术方案》要求完善就地断电功能,提高断电的可靠性,并加强馈电状态监测。新一代煤矿安全监控系统在符合 AQ 6201—2019 要求的基础上还应具有模拟量/开关量、断电状态和馈电状态的同屏曲线展示功能,以实现对馈电异常事件的可视化分析。图 3-6 和图 3-7 为 KJ835X 系统的断电馈电状态曲线和模拟量断电馈电状态曲线展示界面。

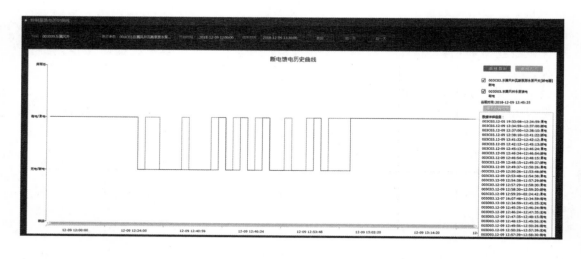

图 3-6 断电馈电状态曲线

3.2.2.8 加密存储、数据库和日志加密存储

《煤矿安全监控系统升级改造技术方案》要求升级改造后的新一代安全监控系统增加加密存储功能。为有利于安全监管监察和企业安全管理,对采掘工作面等重点区域的瓦斯超限、报警、断电信息应进行加密存储,采用如 MD5、RSA 加密算法对数据进行加密,确保数据无法被破解篡改。

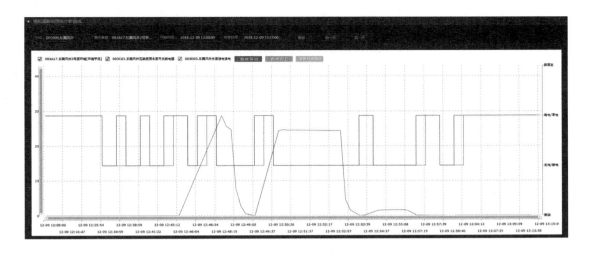

图 3-7　模拟量断电馈电状态曲线

《煤矿安全监控系统升级改造产品检验方案》要求煤矿安全监测实时数据的加密宜优先采用 RSA 加密算法。煤矿安全监控系统应将煤矿安全监测实时数据按照 2016 年 12 月版《煤矿安全生产在线监测联网备查系统数据采集标准 安全监测监控系统（试行）》第 4.2.4 条规定的文件格式进行备份存储；在备份存储时，系统宜使用 RSA 标准算法；加密公钥由相关机构管理并提供。检验时，通过数据查看工具比对备份存储的数据与数据库中的实时数据是否一致，一致时则可判定为合格。密钥由加密公钥管理机构发放给检验机构。

在符合《煤矿安全监控系统升级改造产品检验方案》要求的基础上，部分煤矿安全监控系统采用了报警、断电等重要信息在数据库加密和日志信息全部加密的加密方法。

3.2.3　安全监控系统移动应用 App

随着移动互联网迅速发展，基于手机等移动设备接收信息已成为人们实时掌握信息的重要手段，鉴于安全监控信息的重要性，开发煤矿安全监控系统手机 App 对实时掌握煤矿安全生产态势具有重要意义。

为了保证数据的安全性，App 对数据的访问必须经过全方位安全认证，在实际工作中，可以通过注册等方式对访问的手机进行安全验证，设备注册后可基于注册信息进行登录。

一般而言，为了保证系统性能，App 不需要具备安全监控系统中心站的全部功能，具备列表显示、报警信息实时展示、历史数据查询、实时曲线、历史曲线查询、系统设置等基本功能即可。

KJ835X 系统 App 具备矿井信息、甲烷监控、分站监控、一氧化碳监控、风速监控等业务监控功能，具有文本监控、报警信息、历史数据、实时曲线、历史曲线、订阅、系统设置等功能，并支持用户对 App 显示的测点信息进行筛选、展示。如图 3-8、图 3-9 所示。

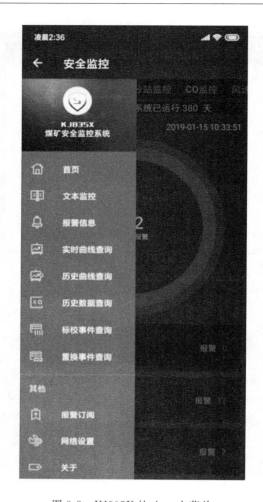

图 3-8　KJ835X 的 App 主菜单

图 3-9　分站监控

3.3　网络安全保障

　　所谓网络安全是指网络系统的硬件、软件及其系统中的数据受到保护,不受偶然的或者恶意的原因而遭到破坏、更改、泄露,系统连续可靠正常地运行,网络服务不中断。

　　煤矿地面监控中心作为煤矿安全监控系统的数据处理中心,根据不同业务管理的需要,提供基于网络化的监控监管服务。面向煤矿主体单位,提供基于局域网的内部访问服务,用于煤矿基层用户的监测监控,也用于煤矿相关主管领导的监控监管;面向煤矿上级监管单位,通过专用网或互联网将数据上传至监管单位。

　　地面监控中心提供具有网络特性的相对开放的、共享的信息访问服务,在一定程度上,使信息网络存在不安全因素和隐患。因此,在地面监控中心采取网络安全防范措施,利用各种安全技术手段和方法,防止通信网络中的硬件、软件等遭受破坏等,确保煤矿安全监控系统地面监控中心的网络运行安全可靠。

3.3.1　网络安全隐患

常见的网络安全隐患主要包括恶意攻击、计算机病毒、计算机软件或系统漏洞等,下面分别进行介绍:

3.3.1.1　恶意攻击

恶意攻击指人为窃取、破坏、非法进入他人的计算机网络系统。就地面监控中心网络系统而言,恶意攻击主要是来自外网用户通过互联网寻找网络系统的弱点,对地面监控中心网络系统进行非法入侵访问、破坏和篡改,以达到破坏、欺骗、窃取数据等目的,造成计算机用户无法正常访问系统,严重时导致计算机系统崩溃,给用户造成巨大的损失。恶意攻击方式如图 3-10 所示。

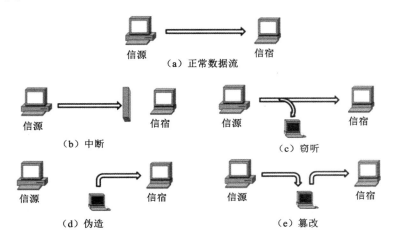

图 3-10　攻击示意图

(1)中断:是对系统的可用性进行攻击,如破坏计算机硬件、线路或文件管理系统。

(2)窃听:是对系统的保密性进行攻击,如搭线窃听、对文件或程序的非法拷贝。

(3)伪造:是对系统的真实性进行攻击,如在网络中插入伪造的消息或在文件中插入伪造的记录。

(4)篡改:是对系统的完整性进行攻击,如修改数据文件中的数据、替换某一程序使其执行不同的功能、修改网络中传送的信息内容。

网络攻击主要分为主动攻击和被动攻击。主攻击是以破坏对方信息和网络为目的,通常采用修改、伪造、欺骗、逻辑炸弹等手段,一旦攻击成功,对方网络系统无法正常工作,严重时会导致网络系统完全瘫痪,造成无法估计的后果和损失。防止主动攻击是非常困难的,需要随时检测通信设备和线路进行物理保护,一般抗击途径是检测,以对攻击造成的损失进行修复。

被动攻击相当于攻击方式中的窃取,主要目的是窃取传输的数据信息,例如个人资料、密电等信息。被动攻击不会对传输信息做任何修改,也不会造成网络系统破坏,但检测非常困难,这种攻击的重点工作是防御。

3.3.1.2　计算机病毒

计算机病毒对网络系统的威胁非常大,具有自我复制计算机指令、程序代码等功能,通过交换存储介质或在网络中发送这种程序进行传播,一旦与其他软件程序接触,通过修改程序将自己的拷贝植入计算机其他程序之中,并对其进行感染,会严重影响网络系统的正常工作。

随着互联网的发展,计算机病毒的种类不断增多、传播速度不断加快,给机房网络系统造成的破坏性在不断增强。随着网络的普及和应用,用户只需要在网站上就可下载所需的应用软件。如果通过不正当网站下载资料,其中可能捆绑了带有计算机病毒的软件,只要打开软件就可能遭受病毒入侵,从而给计算机网络系统带来安全隐患。

3.3.1.3　计算机软件或系统漏洞

计算机软件漏洞可能来自第三方软件或商业免费软件设计时的缺陷或编码时产生的错误,也可能是软件编制人员为方便而在软件上设置了后门;系统漏洞是操作系统存在的漏洞,如 Windows、Unix 等成熟操作系统都存在一些安全漏洞,生产厂商在不断升级系统弥补漏洞的同时也会产生新的缺陷或漏洞。这些缺陷、漏洞或后门的存在,被黑客利用并对计算机系统进行攻击,窃取用户资料,甚至造成计算机系统崩溃,严重威胁计算机系统安全。

3.3.1.4　机房网络安全技术缺陷

为了确保地面监控中心的网络安全,阻止恶意软件的入侵和安装运行,一般在地面监控中心机房都设置了防火墙。然而一些用户在使用第三方软件或者商业免费软件时,需要关闭防火墙,这给病毒、木马等恶意软件或程序提供了入侵机会,这时的防火墙形同虚设,未能起到防止恶意软件入侵的作用。

3.3.2　网络安全防护

针对地面监控中心面临的网络安全问题和存在的隐患,不仅要采取先进的硬件、软件技术措施,而且需结合管理制度加强网络安全维护,确保机房网络安全正常运行。

3.3.2.1　防火墙

对于地面监控中心的网络而言,对内面向各相关煤矿管理部门,对外面向上级监管单位,具有一定的开放性特点,加强机房网络安全管理,需从其特点入手,改变无边界的网络环境,使网络安全处于被管理以及可控制状态。为此,可采用防火墙技术,在机房内部网络与外部网络间部署硬件防火墙,构建一道网络保护屏障,控制网络信息出入的权限,对任何流向外部网络的数据和流向内部网络的数据均可进行检查、鉴别和限制。防火墙系统设置点应在内、外部网络接口位置。

硬件防火墙一般具有一个 Console 口和多个物理接口,每个物理接口都可以划分为独立的安全区域,如内网区域、DMZ 区域和外网区域,一个安全区域可以有多个接口。如图 3-11 所示为某煤矿机房通过部署硬件防火墙进行的安全区域定义和划分。内网的服务器能访问Internet 和 DMZ 区域的服务器;外网的服务器只能访问 DMZ 区域的服务器;DMZ 区域的服务器不能访问内网的服务器。这样部署硬件防火墙,不仅能防止内网服务器主机遭受的攻击,还能保护一些为 Internet 提供服务的服务器,这是硬件防火墙的基本功能。

3.3.2.2　入侵检测技术

入侵检测技术是一种安全机制,它能够动态地监控、预防或抵御系统入侵行为。它通过监控网络系统的状态、行为以及系统的使用情况,来检测分析系统用户是否有权使用,是否存在入侵者利用系统安全缺陷对系统进行入侵的行为。由于入侵检测分析所需

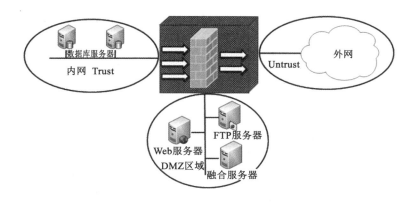

图 3-11 安全区域划分示意图

的数据源可以是系统的审计数据,也可以是网络流量包,这就使它可以单独运行并且对防护目标影响极小,可以适用于所有计算机系统。入侵检测技术的引入,进一步提高了网络系统的安全性。

硬件防火墙是防御系统,以防止发生不可预测的、潜在的、破坏性的侵入;入侵检测技术可实时检测并及时发现一些防火墙没有发现的主动入侵行为及其规律,这样防火墙就可以将这些入侵规律加入规则之中,提高防火墙的防护力度。二者相结合可有力保障内网系统的安全。

针对煤业集团数据中心监控系统种类多、数据量大、涉及信息范围广等特点,部署入侵防御系统也是非常必要的。

3.3.2.3 杀毒软件

通过安装正版杀毒软件,针对网络中所有可能的病毒攻击点设置对应的防病毒软件,配置全方位、多层次的防病毒系统,定期或不定期地自动升级,及时用官方软件补丁修复系统漏洞等,可使系统运行安全稳定。网络病毒可基于通信网络扩散,对网络安全稳定性产生不利影响。为此,可以在网络病毒防护过程中安装杀毒软件,并以此为基础对数据中心统一杀毒和防范,定期更新病毒库。

3.3.2.4 日常管理注意事项

(1)加强地面监控中心的硬件管理

硬件是网络安全管理工作的重要内容,地面监控中心机房维护人员必须根据内部网络的实际情况,开展硬件安全管理工作,重要节点配备一主一备,确保整个机房网络有效运行。

(2)加强地面监控中心的软件管理

软件在计算机系统中占有重要位置,地面监控中心机房管理人员必须高度重视,加强软件管理,系统要及时进行更新。如果计算机系统在运行过程中出现篡改密码或者非正常访问,应立即进行制止,分析用户行为,做好数据备份工作。

(3)加强网络安全维护的管理

在地面监控中心机房网络建设过程中,机房内部管理人员的综合素养和专业技术水平对整个管理工作的效果起着至关重要的影响。加强煤矿地面监控中心机房维护人员的防范意识,制定相应的行业准则和规章制度对维护人员的行为进行约束,加强相关人员的培训工作,定期对维护操作人员的专业知识进行考核,最大限度降低因维护人员的失误而造成的信息泄露。

3.4 数据安全保障

所谓数据安全就是为数据处理系统建立和采用的技术和管理进行安全保护,保护计算机硬件、软件和数据不因偶然和恶意的原因遭到破坏、更改和泄露。

煤矿安全监控系统的监控数据对于分析当前煤矿安全生产的状态,追溯煤矿事故发生的成因有着非常重要的作用。这些监控数据,基于《煤矿安全规程》的要求,需要进行长期的存储和备份。因此,采用合理的方法和有效的技术手段是保障煤矿安全监控系统数据安全的关键。数据安全保障主要体现在身份认证、数据加密、数据备份等方面。

3.4.1 身份认证

身份认证技术是在计算机网络中确认操作者身份的过程中而产生的有效解决方法,在网络环境下,一切信息包括用户的身份信息都是用一组特定的数据来表示的,计算机只能识别用户的数字身份,所有对用户的授权也是针对用户数字身份的授权。通常采用的身份验证技术有静态密码、动态口令、短信密码等。

(1)静态密码认证。当采用静态密码认证身份时,用户先自己预设定专属的密码,当在登录界面中输入正确的密码信息之后,系统会将此用户认证为合法用户。若采用静态密码认证,其密码信息在网络内部传输时易被截取。因此,静态密码相对来说安全系数较低。

(2)动态口令认证。动态口令是通过用户持有的动态密码生成设备,而随时变更密码。动态口令基本上与时间同步变换,在间隔特定时间之后,动态密码就修改一次,此种身份认证技术的安全性相对高。

3.4.2 数据加密

采用数据加密技术对一些数据的访问权限进行限定,通过加密技术可以有效地保障系统的数据安全性。数据安全的核心是数据库的安全。在煤矿安全监控系统中,通过数据加密技术对数据库进行加密能较好地保护系统数据的安全。

数据加密的基本过程是对原来为明文的文件或数据按某种算法进行处理,使其成为不可读的一段代码,通常称为"密文",使其只能在输入相应的密钥之后才能显示原来的内容,通过这样的途径来达到保护数据不被非法窃取、篡改等目的。该过程的逆过程为解密,即将该编码信息转化为其原来数据的过程。

在网络环境下,系统的数据库文件可能被复制、篡改和破坏等,从而会造成难以估计的损失。因此,对系统的数据库核心数据进行加密显得尤为重要,以实现系统存储数据的安全保护。针对数据库系统加密技术的方式有多种,可以从数据加密层次、加密算法等方面进行选择。

3.4.2.1 数据加密层次选择

(1)系统中加密:在系统中无法辨认数据库中的数据关系,将数据先在内存中进行加密,然后文件系统把每次加密后的内存数据写入数据库文件中去,读入时再逆向进行解密,这种加密方法相对简单,只需妥善管理密钥。

（2）DBMS 内核层加密:是指数据在物理存放之前完成加密和解密工作,具有加密功能强且加密功能基本不会影响 DBMS 的功能。其缺点是加密运算在服务器端实现,加重了服务器负载,而且加密算法的选择依赖于开发数据库厂商的支持。

（3）DBMS 外层加密:这种加密是将数据库加密系统做成一个外层工具放在客户端或加密服务器进行加解密运算,优点是不会加重数据库服务器的负担并可实现网上传输加密;缺点是加密功能受到一定的限制。

3.4.2.2　加密算法强度选择

《煤矿安全监控系统升级改造技术方案》要求,为有利于安全监管监察和企业安全管理,对采掘工作面等重点区域的瓦斯超限、报警、断电信息应进行加密存储,采用如 MD5、RSA 加密算法对数据进行加密,确保数据无法被破解篡改。

目前常用的加密算法主要有 DES、RSA、MD5 等。DES 是对称加密算法,RSA 是非对称加密算法,MD5 是消息摘要算法。DES 加密方式的优势是操作速度快、效率高;RSA 加密方式公钥和私钥同时并存,加密效果好;MD5 加密资源消耗少、速度快。但是三者又有各自的缺点,DES 加密方式由于加密方和使用者之间使用的密钥相同,安全系数较低;RSA 加密方式的缺点则是算法复杂,效率较低;MD5 加密是不可逆的,用在传输信息的完整性校验。为了在增加数据信息保存安全性的同时提高安全效率,加密者可以将两种加密算法结合起来共同使用。加密者可以采用 DES 对需要加密的数据信息和私钥进行加密,并一起发送给使用者。使用者使用公钥解密私钥,然后用私钥查看数据信息。这种混合加密的方法,既可以增加数据加密的效率,又可以降低服务器端的负担。

3.4.3　数据备份

数据备份是指为防止系统出现操作失误或系统故障导致数据丢失,而将全部或部分数据集合从应用主机的硬盘或阵列中复制到其他存储介质上的过程。数据备份策略一般包括安全备份、增量备份和差异备份。

（1）完全备份

完全备份就是指对某一个时间点上的所有数据或应用进行的完全拷贝。实际应用中就是用存储介质对所有数据进行完全备份。这种备份方式最大的好处就是只要用存储介质就可以恢复丢失的数据,因此大大加快了系统或数据的恢复时间。

（2）增量备份

增量备份是指在一次全备份或上一次增量备份后,以后每次的备份只需备份与前一次相比增加或者修改的文件。这就意味着,第一次增量备份的对象是进行全备份后所产生的增加和修改的文件;第二次增量备份的对象是进行第一次增量备份后所产生的增加和修改的文件,如此类推。

这种备份方式最显著的优点就是:没有重复的备份数据,因此备份的数据量不大,备份所需的时间很短。

（3）差异备份

差异备份在避免了另外两种备份策略缺陷的同时,又具备了它们各自的优点。首先,它具有增量备份需要时间短、节省磁盘空间的优势。其次,它又具有全备份恢复所需磁带少、恢复时间短的特点。系统管理员只需要两盘磁带,即全备份磁带与灾难发生前一天的差异备份磁带,就可以将系统恢复。

3.4.4 数据备份技术

为保障煤矿安全监控系统无故障、不间断运行,根据国家相关安全行业标准要求,煤矿生产企业必须为煤矿安全监控配置具有冗余功能的热备份系统。下面分别介绍两种双机热备份技术。

3.4.4.1 磁盘阵列双机热备份

磁盘阵列双机热备份主要由两台服务器、共享存储介质设备以及第三方双机热备份软件组成。当主服务器在工作时,另一台备用服务器处于备用状态,备用服务器通过周期性的心跳信号侦测主服务器状态,当主服务器因死机或异常等原因出现故障不能正常持续提供服务时,备用服务器能够在短时间内接管主服务器任务,继续提供服务,达到不停机持续工作的目的。

基于磁盘阵列双机热备份系统结构如图 3-12 所示,每台服务器配置 3 块千兆网卡,其中一块用于连接两台服务器作为心跳线;两台服务器通过串口相连作为备用心跳线,保证服务器心跳线信号的正常;两台服务器分别连接共享存储设备,共享存储设备存放数据库物理文件,保证数据的安全性、可靠性和一致性;同时,两台服务器连接交换机设备实现与应用系统网络通信。

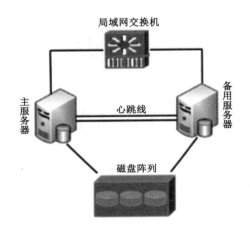

图 3-12 磁盘阵列双机热备份系统结构示意图

3.4.4.2 纯软件双机热备份

通过在两台服务器上安装双机热备份软件,两台服务器相互侦测、监控、响应都通过双机热备份软件来实现,且通过数据库同步的方式将主机数据同步到备用机上,实现两台服务器数据一致性。正提供服务的服务器为主服务器,另一台服务器为备用服务器。备用服务器不停地监视、侦测主服务器,一旦主服务器发生故障,备用服务器就会自动接管主服务器的任务,使整个应用系统能持续正常工作。纯软件双机热备份系统结构如图 3-13所示。

基于磁盘阵列双机热备份系统对硬件要求较高,需要配置独立的共享存储介质,主备服务器为具有光纤接口的服务器,此类双机热备份方案硬件投资较大,价格较贵,适合中大型

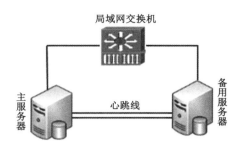

图 3-13 纯软件双机热备份系统结构示意图

矿井。而对于小型矿井的安全监控系统,大多采用的计算机为工控机,不具备此功能。因此,要实现双机热备份功能,采用纯软件双机热备份方式与基于磁盘阵列双机热备份方式不同之处体现在数据同步上,纯软件双机热备份方式不需要昂贵的共享存储介质,只需利用数据库存储技术和网络通信技术,通过软件方式实现主备机数据同步。此类热备份方案投资小,可为小型矿井的应用系统提供数据安全保障。

3.4.4.3 双机热备份技术应用示例

本书以光力科技股份有限公司开发的纯软件双机热备份为例,详细说明软件安装与配置。

(1) 系统准备工作

① 硬件系统:两台配置大致相同的服务器(计算机);在同一个局域网内部,可以互相通信;每台服务器至少配备两块网卡,一块对外提供服务,一块用作心跳(即两台计算机直接用对等线连接)。

② 软件系统:两台服务器上安装相同的操作系统,且操作系统的时间应该设置一致;两台服务器操作系统的系统管理员(Administrator)的密码一致,如服务器 A 用户名 Administrator,密码 111,那么对应服务器 B 用户名也是 Administrator,密码 111;如果启用数据库同步服务,两台服务器都安装相同版本的 SQL Server 数据库,且数据库的用户名和密码要一致(如:服务器 A 数据库用户名 sa,密码 123,则服务器 B 数据库用户名也是 sa,密码 123);注意在创建数据库文件的时候,数据文件不要放在系统盘(C 盘),且数据文件所在盘符的文件必须是 NTFS 格式。两台服务器上的数据库文件版本要一致(数据库升级更新时要注意同步升级两台服务器)。

③ 网络 IP 地址设置:为了区别起见,外网网络接口名称重新命名为"本地连接",两计算机心跳对连的网络接口名称重新命名为"心跳"。双机热备份网络应按煤矿企业的实际情况进行配置,下面列举某煤矿企业双机热备份配置,如表 3-8 所示。

表 3-8 双机热备份网络配置表

设备名称	心跳 IP	本地连接 IP	虚拟 IP
主机服务器 A	10.0.0.1	192.168.1.101	192.168.1.100
主机服务器 B	10.0.0.2	192.168.1.102	

（2）软件运行

成功安装完本软件后，用户可以运行双机热备份软件，软件主界面从上到下分为 6 个部分（图 3-14）：

① 标题：包括软件名称、版本号及软件运行身份（主机监控/备机监控）。

② 菜单：包括参数设置、操作、看护服务、帮助。

③ 运行状态：软件当前运行状态。

④ 服务状态：软件各个服务运行状态及日志。

⑤ 日志：软件运行日志管理。

⑥ 状态栏：包括软件启动时间、当前状态、当前计算机时间。

图 3-14　光力科技双机热备份系统显示界面

（3）软件设置

① 系统参数：软件系统运行参数配置，通过菜单"参数设置"→"系统配置"进入系统配置界面（图 3-15）。完成参数配置后，点击"保存"按钮保存配置，并退出。

② 界面说明：包括基本属性、网络属性、心跳属性三部分。

（4）数据库同步配置

当软件在托管状态下，定时同步本机数据库中记录到远程主机数据库服务器上。其设置界面如图 3-16 所示。

（5）文件同步配置

当软件在托管状态下运行，同步本机指定文件（夹）到远程主机对应文件路径上。其设置界面如图 3-17 所示。

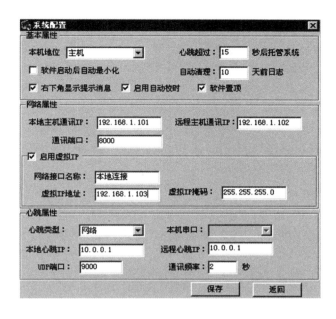

图 3-15　双机热备份系统配置界面

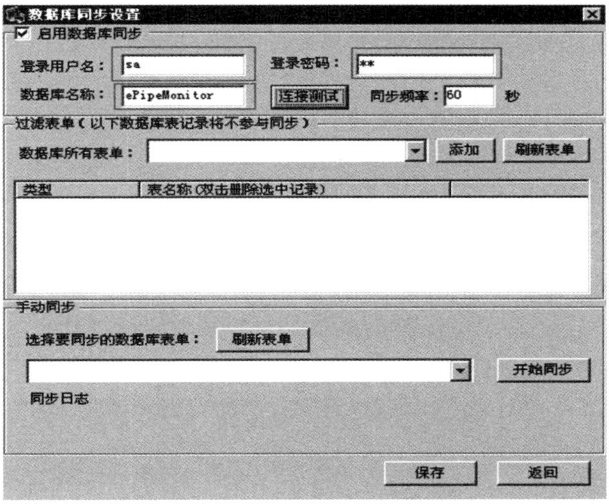

图 3-16　数据库同步设置界面

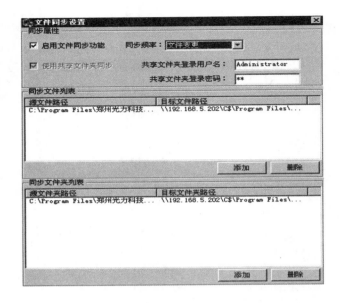

图 3-17　文件同步设置界面

4 计算机网络与数字通信

计算机网络和数字通信技术的迅猛发展、相互融合和综合应用,推动着当代信息产业技术的快速发展,对于煤矿安全监控系统信息传输的发展和应用也起到了非常重要的推动作用。

4.1 计算机网络基础

4.1.1 计算机网络的产生与发展

(1)计算机终端网络

在 20 世纪 50 年代,因计算机主机资源非常昂贵,而通信设备和线路相对便宜,为了共享主机资源和信息的综合处理,形成以单台计算机为中心的联机终端系统,这样的通信系统就是早期计算机网络的雏形。典型应用是由一台计算机和全美范围内 2 000 多个终端组成的飞机订票系统。终端是一台计算机,外部设备包括显示器和键盘,无中央处理器和内存。

(2)计算机通信网络

20 世纪 60 年代中期,计算机网络是以多个计算机主机通过通信线路互联,为用户提供服务,由终端与计算机通信发展到计算机与计算机通信。美国国防部高级研究计划局协助开发的分组交换网络 ARPAnet,对网络技术的发展起到了重要作用。网络的概念发生了根本改变,形成了以能够相互共享资源为目的,远程大规模互联起来的具有独立功能的计算机集合体的基本计算机网络。

(3)开放式的标准化计算机网络

20 世纪 80 年代末至 90 年代,计算机网络发展非常迅速,各大计算机公司推出了自身的网络体系标准,并相继推出了各自的软硬件产品,使得网络体系结构和网络协议的国际标准化的问题越发突显,迫切需要一种开放性的标准化网络环境。为了使不同体系结构的网络能正常通信,ISO 国际标准化组织推出了一种开放性系统互联网络的参考模型,为计算机网络的发展起到了重要作用。

(4)新一代高速发展的计算机网络

20 世纪 90 年代至今,随着计算机网络的高速发展,出现了光纤及高速网络技术,如多媒体网络、智能网络。特别是以 Internet 为代表的互联网,促进了网络技术的飞速发展,实现了全球范围内的网络通信。

4.1.2 计算机网络的定义

计算机网络是计算机技术与现代通信技术相结合的产物,是把分布在不同地理位置的、具有独立功能的多台计算机和外部设备,使用通信线路连接起来,在网络操作系统、网络管理软件及网络协议的管理和协调下,实现资源共享和信息传递的计算机系统。

计算机网络给人们的日常生活带来了极大的便利,在各行各业中发挥着越来越重要的作用。计算机网络不仅可以传输数据,更可以传输图像、声音、视频等多种媒体形式的信息,在人们的日常生活和各行各业中发挥着越来越重要的作用。同时,也推动了计算机网络技术在煤矿安全监测监控系统中的发展和应用。

计算机网络主要包含连接对象(各类计算机或终端设备)、传输介质(双绞线、同轴电缆、光纤、微波等通信介质和网桥、网关、路由器等通信设备)、传输的控制机制(如网络操作系统、网络协议和各种网络应用软件)和网络结构(网络所采用的拓扑结构,如星形、环形、总线形等)等方面。

4.1.3 计算机网络的主要功能

计算机网络的主要功能表现在数据通信、资源共享、提高了系统的可靠性和可用性、易于分布式综合处理 4 个方面。

(1)数据通信

数据通信功能实现了服务器与计算机、计算机与计算机间的数据传输,是计算机网络的基本功能。它使分布在不同地理区域的用户可以相互通信和传输信息,包括文字、邮件、资料、图片、声音、视频等信息。

(2)资源共享

计算机可共享的资源包括计算机系统的硬件、软件和数据资源。硬件资源共享是指在网络内提供对处理、存储、输入输出等资源的共享,如比较高级和昂贵的巨型计算机、大容量存储器、绘图仪、高精度图形设备等;软件资源共享包括处理程序、应用程序等;数据资源共享包括各种数据文件和数据库的共享。

(3)提高了系统的可靠性和可用性

在计算机网络中,计算机之间通过网络互为备用,一旦某台网络计算机出现故障,它的任务就可由网络中其他的计算机负责完成,从而提高了系统的可靠性。当某一台网络计算机负担过重时,网络又可以将新的任务交给较空闲的计算机完成,均衡负载,提高了每台计算机的可用性。

(4)易于分布式综合处理

计算机网络用户面临较大型综合性问题时,可以借助于分散在网络中的多台计算机协同完成,实现分布式综合处理,解决单台计算机无法完成的信息处理任务。

4.1.4 计算机网络分类

计算机网络的分类标准有很多种,通常是按网络覆盖范围进行分类,一般分为广域网(WAN)、城域网(MAN)、局域网(LAN)和个域网(PAN)。

(1)广域网

广域网(Wide Area Network,WAN)又称远程网,是一种跨地区、跨城市、跨国家的远距离、大范围的计算机网络,其覆盖范围一般从几十千米到几千千米。广域网是因特网的核心部分,其任务是长距离运送主机所发送的数据。连接广域网各节点交换机的链路一般都是高速链路,具有较大的通信容量。

(2)城域网

城域网(Metropolitan Area Network,MAN)的覆盖范围一般是一个城市,其传输距离为 5～50 km。城域网可以为一个或几个单位所拥有,也可以是一种公用设施,用来对多个局域网进行互联。目前很多城域网采用以太网技术,以光纤或微波作为传输介质。

（3）局域网

局域网(Local Area Network,LAN)一般用微型计算机或工作站通过高速通信线路相联构成覆盖面相对较小的计算机网络,传输距离在数百米,覆盖范围不超过几十千米。例如,一个学校、一个企业、一幢建筑物内可能就有多个局域网,网络拓扑结构常用简单的总线形、环形或星形结构,传输距离短。

（4）个域网

个域网(Personal Area Network,PAN)就是在个人工作的地方把属于个人使用的电子设备(如便携式电脑等)用无线技术连接起来的网络,因此也常称为无线个人区域网 WPAN (Wireless PAN),其范围在 10 m 左右。

4.1.5　计算机网络拓扑结构

常见的计算机网络拓扑结构如图 4-1 所示。

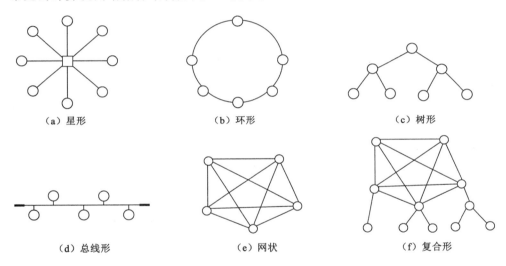

（a）星形　　（b）环形　　（c）树形

（d）总线形　　（e）网状　　（f）复合形

图 4-1　计算机网络拓扑结构示意图

4.1.5.1　星形拓扑结构

星形拓扑结构指所有节点通过通信传输介质与中央控制节点相联,网络中所有的交换和控制功能由中央控制节点完成,即任何中央控制节点间的通信都要经过中央控制节点进行转发,如图 4-1(a)所示。

星形拓扑结构网络的主要优点是拓扑结构简单,便于集中控制和管理,建网容易,故障容易隔离和定位,网络延迟较小;主要缺点是网络的中央控制节点负担过重,一旦控制中心节点出现故障,将会导致全网失效,形成网络系统的"瓶颈"。

4.1.5.2　环形拓扑结构

环形拓扑结构如图 4-1(b)所示。环形拓扑结构网络中的各个节点通过统一口径连接成闭合环路,环状信道流动的方向是单向的,采用存储转发的形式将数据从一个节点传送到环上的下个节点。

环形拓扑结构网络的主要优点是网络结构简单,节点间的通路唯一,传输延时确定,比较容易实现;主要缺点是一旦环网结构中的一个节点出现故障或一段信道失效,都将影响整个网络。因此,在实际应用中通常设置备份环路。当节点过多,数据量大时,还会影响网络的传输效率和响应时间。环形拓扑结构是常用的网络拓扑结构之一。

4.1.5.3 树形拓扑结构

树形拓扑结构如图 4-1(c)所示。树形拓扑结构是从总线形拓扑结构演变而来的,是将节点按层次连接,是一个具有顶点的分级结构,树形拓扑结构由顶点执行整个网络的控制功能。在树形拓扑结构中,任意两个节点都不形成回路,每条线路支持双向传输。一般来说,除叶子节点及其连线外,任一节点或连线的故障都会影响其所在支线路网络的正常工作。

树形拓扑结构网络的主要优点是控制简单、易于扩展、灵活、成本低、易推广;主要缺点是如果根节点故障,无备用设备时,会使整个网络瘫痪。

4.1.5.4 总线形拓扑结构

总线形拓扑结构如图 4-1(d)所示。在总线形拓扑结构网络中,所有节点共享一条数据通道,各个节点设备连接至一条共用总线上。总线形拓扑结构网络采用广播通信方式,一个节点发出的信息可以被网络上的各个节点接收。由于多个节点连接到一条公用信道上,必须采用某种信道分配方法以决定某个节点优先发送数据。

总线形拓扑结构网络主要优点是结构简单、灵活、可靠性高、便于扩充。由于总线上的所有节点都可以接收总线上的信息,易于控制信息流动。但是,因采用单一线路提供所有服务,如果线路出现故障,将影响整个网络的正常工作。当某个工作站节点出现故障时,对整个网络系统影响小。因此,总线形拓扑结构网络是使用最广泛的一种网络结构。

在总线两端连接的器件称为终端阻抗匹配器或称为终结器,主要是与总线进行阻抗匹配,只收传送至终端的能量,可避免产生不必要的反射干扰。

4.1.5.5 网状拓扑结构

网状拓扑结构如图 4-1(e)所示。网状拓扑结构网络又称为分布式网络,两个节点之间存在两条或多条可能的路径,可供选择路由,提高了网络的可靠性。

网状拓扑结构网络的优点是可靠性高,节点间存在冗余链路,某个链路出了故障可以选择其他链路。但网状结构网络复杂,建网成本高,路径控制复杂。

4.1.5.6 复合形拓扑结构

复合形拓扑结构如图 4-1(f)所示。复合形拓扑结构网络由几种不同拓扑结构的网络链接在一起而形成更庞大的网络结构。这种拓扑结构可提高网络可靠性,降低网络链接成本。

4.1.5.7 煤矿安全监控系统网络结构

煤矿安全监控系统的网络结构是系统的分站与传感器(含执行器)之间、分站与分站之间、分站与中心站之间的相互连接关系。煤矿安全监控系统的网络结构同一般的数字通信与计算机网络相比,具有本质安全防爆的要求。为保障系统的安全可靠性,减少系统建设和维护成本,煤矿安全监控系统的网络结构应符合如下基本要求:

(1)有利于系统本质安全防爆要求。

(2)在传感器分散的情况下,结合适当的复用方式,使系统的传输电缆用量最少。

(3)抗电磁干扰能力强。

(4)抗故障能力强,当系统中某些分站发生故障时,力求不影响系统中其余分站的正常工作;当传输电缆发生故障时,不影响整个系统的正常工作。

煤矿安全监控系统网络结构主要有星形、环形、树形、总线形和复合形 5 种。星形网络结构一般应用于监控容量较小的矿井,其余网络结构通常用于监控容量较大的中大型矿井。

(1)星形网络

星形网络结构中地面中心站是网络的中央控制节点,井下分站分别通过传输电缆与地面中心站连接,实现井下设备与地面中心站的通信,如图 4-2(a)所示。

采用星形网络的优点是发送和接收设备简单,传输阻抗易于匹配,各分站之间干扰小,抗故障能力强等;缺点是所需传输电缆多,当系统监控容量大、分站数量多时,系统造价太高,不易安装和维护。因此,星形网络结构在小型矿井应用比较多。

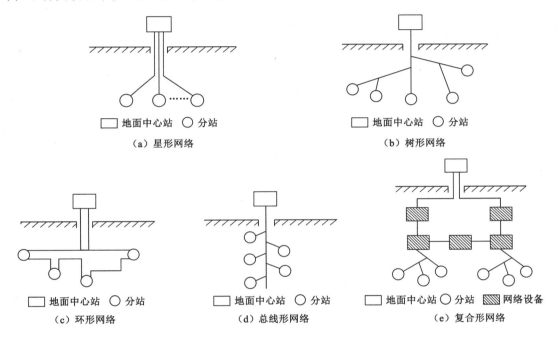

图 4-2 煤矿安全监控系统网络结构示意图

(2)树形网络

树形网络是系统中的每一个分站用一根电缆就近连接到系统传输线缆上,传感器与分站为星形连接的结构,分站将采集到的传感器信息经处理后,通过公用传输线缆上传至地面中心站,如图 4-2(b)所示。

树形网络的优点是使用电缆较少,管理、维修方便,抗故障能力强;缺点是系统传输阻抗难以匹配,传输性能不稳定,不利于本质安全防爆。树形网络结构在中型矿井应用比较多。

(3)环形网络

环形网络系统中各分站与地面中心站之间采用同一根传输电缆串在一起形成一个环。环形网络电缆使用数量多于树形网络,少于星形网络,系统中分站的状态受地面中心站控制,如图 4-2(c)所示。

环形网络的优点是传输阻抗易于匹配,系统抗电磁干扰能力强;缺点是抗故障能力差,当系统电缆在任一处发生故障或任一分站发生故障时,整个系统无法正常工作。

（4）总线形网络

总线形网络系统中各节点（分支中断器或分站）共用一条传输线路，各节点可请求向总线发送信息，当总线上没有信息传送时，请求才会被批准，已发送到总线上的信息所有的分站都能接收，但只有当信息流中的地址与节点地址相同时，才能获准接收，如图 4-2（d）所示。

总线形网络的优点是结构简单，系统传输阻抗易于匹配，建设成本较低，稳定性较好，抗干扰能力强；缺点是节点增加时，造成线路竞争，导致通信速率下降。

（5）复合形网络

在煤矿安全监控系统中，复合形网络结构是采用星形、树形、总线形、环形两种或两种以上的网络结构组合而成的。如图 4-2（e）所示，是由环形网络与树形网络结构结合而成的复合形网络。这种结构中，一般以冗余工业以太环网和 RS485、CAN 总线等网络组成主干传输通道。由于工业以太环网具有通信冗余功能，当线路出现故障时，可在极短时间内自愈，不影响系统稳定运行。因此，复合形网络具有高可靠性；此外，复合形网络结构中的树形网络，具有使用电缆较少、管理维修方便、抗故障能力强等特点。

在煤矿安全监控系统中，传输线缆必须沿巷道敷设，挂在巷道壁上，由于巷道为分支结构，并且分支长度可达几千米，因此，为便于系统安装维护，节约传输电缆，降低系统建设成本，宜采用树形网络结构，也可采用环形、总线形、复合形等其他网络结构。

4.1.6　计算机网络协议及体系结构

4.1.6.1　网络体系结构

计算机网络体系结构就是将通信系统采用层次化结构，将整个网络通信的功能采用分层设计，每层完成特定的功能，其目的是为网络硬件、软件、协议、存取控制和拓扑提供标准。网络体系结构分层的原则如下：

（1）网络中各节点都具有相同的层次。

（2）不同节点的相同层具有相同的功能。

（3）同一节点内各相邻层之间通过接口通信。

（4）每一层可以使用下层提供的服务，并向其上层提供服务。

（5）不同节点的同等层通过协议实现对等层之间的通信。

4.1.6.2　网络协议

计算机网络是由各类计算机和终端组成，通过通信线路互联起来形成的一个复杂通信系统，网络中各节点之间要不断地、有序地交换数据和控制信息，每个节点就必须遵守事先约定好的规则，这些规则明确规定了交换数据的格式以及有关的同步问题，这些为网络中的数据交换建立的标准或约定称为网络协议。

协议的制定和实现采用层次结构，将复杂的协议分解成若干个简单的分层协议，再综合成总的协议。若是同等功能层次间双方必须遵守的规定，称为通信协议；若是计算机不同功能层间的通信规则，规定了两层之间的接口关系及利用下层的功能提供上层的服务，则称为接口或服务。

网络协议主要由语法、语义、同步三要素组成。

（1）语法：指数据与控制信息的结构或格式，确定通信时采用的数据格式、编码及信号电平等。

（2）语义：语义由通信过程的说明构成，它规定了需要发出何种控制信息、完成何种控制动作以及做出何种应答，对发布请求、执行动作以及返回应答予以解释，并确定用于协调和差错处理的控制信息。

（3）同步：是对事件实现顺序的详细说明，指出事件的顺序以及速度匹配和排序。

网络体系结构中采用层次化的优点如下：

（1）各层之间相互独立。高层不需要知道低层的实现细节，只需知道通过层间的接口所提供的服务。

（2）灵活性好，有利于实现和维护。任何一层发生变化，只要层次间的接口关系保持不变，则在本层以上或以下各层均不受影响。此外，对某一层提供的服务还可以进行修改，当某层提供的服务不再需要时，还可以将这层取消。

（3）易于促进标准化。因每一层的功能和提供的服务都有明确的定义，所以易于促进标准化。

4.1.6.3   开放系统互联参照模型

1978 年，国际标准化组织提出了开放系统互联参考模型（Open System Interconnection Reference Model）。将世界上不同厂家、不同型号的计算机系统互联起来，就需要一个统一的互联标准，使各厂家系统彼此开放。所谓开放系统，是指一个系统只要遵循 OSI（Open System Interconnection）标准，就可以与位于任何地方遵循 OSI 标准的系统通信。OSI 体系结构是一种分层结构，它遵循协议分层的原则。开放系统互联参考模型的 7 层结构，如图 4-3 所示。

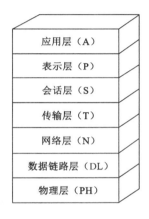

| 应用层（A） |
| 表示层（P） |
| 会话层（S） |
| 传输层（T） |
| 网络层（N） |
| 数据链路层（DL） |
| 物理层（PH） |

图 4-3   开放系统互联
参考模型

OSI 参考模型采用了层次化结构，将整个网络通信的功能分为 7 个层次，每层完成特定的功能，并且下层为上层提供服务。通常将物理层、数据链路层和网络层称为通信子网，它由计算机和网络共同执行通信功能；将传输层、会话层、表示层、应用层称为资源子网，执行开放系统之间的通信控制功能。

（1）物理层

物理层位于 OSI 最低层，传输数据的单位为比特。物理层直接与物理传输介质相联，利用传输介质为通信的网络节点之间建立、维护和释放物理连接，实现比特流的透明传输，为数据链路层提供数据传输服务。

（2）数据链路层

数据链路层位于 OSI 的第二层，它在物理层的基础上，在通信实体间建立通信链路，提供上层数据在数据链路信道无差错的传输，实现链路的管理。数据链路层将比特流划分为帧，并制定识别帧的开始位和结束位，便于检测传输差错及增加传输控制功能。链路层提供数据的流量控制，为网络层提供面向连接的和面向无连接的服务。

（3）网络层

网络层位于 OSI 的第三层，负责为分组交换网上的不同主机提供通信服务，选择合适的网络路由和交换节点，将数据源端经过若干个中间节点传送到目的端，向传输层提供端到端的数据传送服务，确保数据传送的及时性，并实现流量控制、网络互联等功能。网络层具有代表性的标准和协议有:面向连接服务的 X.25,面向无连接服务的 IP、IPX、RIP、OSFP 等。

（4）传输层

传输层位于 OSI 的第四层,建立在网络层之上,为从源端到目的端提供可靠的数据传输。传输层向高层用户屏蔽了通信子网的细节,使高层用户觉得在两个传输层实体之间存在着一条端到端的可靠的通信系统。传输层的主要功能是建立、拆除和管理传输连接;实现传输层地址到网络层地址的映射;完成端到端可靠的透明传输和流量控制。传输层具有代表性的标准和协议有:TCP、UDP 等。

（5）会话层

会话层位于 OSI 的第五层,管理主机之间的会话进程,负责建立、管理、终止进程之间的会话,协调它们之间的数据流。在这里,用户与用户之间的逻辑上的联系称为会话。实际上会话层是用户进程的接口。会话层的主要功能是,在建立会话时,核实对方身份是否有权参加会话;在两个通信的应用进程之间建立、组织和协调交互,提供会话活动管理和会话同步管理等功能。会话层具有代表性的标准和协议有:ASP、NFS、SQL 等。

（6）表示层

表示层位于 OSI 的第六层,建立在会话层之上,主要解决两个通信系统中交换信息的表示方法差异问题。表示层管理所用的字符集与数据码、数据在屏幕上的显示或打印方式、颜色的使用、所用的格式等。表示层的主要功能是完成信息格式的转换,对有剩余的字符流进行压缩与恢复,数据的加密与解密等。表示层常用的标准和协议有 ASCII、JPEG、MPEG、TIFF 等。

（7）应用层

应用层位于 OSI 的第七层。在应用层用户可以通过应用程序访问网络服务,为应用进程访问网络环境提供接口或工具,并提供直接可用的全部 OSI 服务。应用层常用的标准和协议有:FTP、HTTP、Telnet、SNMP 等。

4.1.6.4　TCP/IP 协议与 OSI 参考模型

将不同的网络彼此连接在一起,形成一个更大的网络,相互连接的网络系统称为互联网（Internet）。在互联网众多协议中,应用最广泛的是 TCP/IP（Transmission Control Protocol/Internet Protocol,传输控制协议/网际协议）协议,由美国国防部高级研究计划局自 20 世纪 60 年代开发,致力于解决不同计算机网络的互联问题,是 Internet 的核心协议,已成为通用的标准协议。其特点如下:

（1）开放的协议标准:可以免费使用,并且独立于特定的计算机硬件与操作系统。

（2）独立于特定的网络硬件:可以运行在局域网、广域网中,更适用于互联网。

（3）统一的网络地址分配方案:使整个 TCP/IP 设备在网络中都具有唯一的 IP 地址。

（4）标准化的高层协议:可以提供多种可靠的用户服务。

TCP/IP 协议遵循 4 层网络模型:自下而上依次为网络接口层、网络层、传输层和应用层。TCP/IP 网络模型的 4 层与 OSI 参考模型的对应关系如图 4-4 所示。

（1）网络接口层:对应 OSI 参考模型中的物理层和数据链路层。TCP/IP 模型没有详细定义网络接口层的具体功能,只是提出了通信主机必须采用某种协议连接到网络上,并且能够传输网络数据分组,也没有定义具体的协议。根据不同的主机与网络拓扑结构,局域网

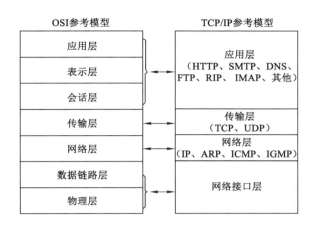

图 4-4 OSI 参考模型与 TCP/IP 参考模型的对比

基本采用 IEEE 802 系列的协议,如 IEEE 802.3 以太网协议、IEEE 802.4 令牌总线协议等;广域网采用 X.25、PPP 等协议。

(2)网络层:对应 OSI 参考模型中的网络层。包括网际协议 IP、地址解析协议 ARP、网际控制报文协议 ICMP、网际组报文协议 IGMP,这些协议用于处理数据信息的包装、寻址、路由及主机地址解析。

(3)传输层:对应 OSI 参考模型中的传输层,包括面向连接的传输 TCP 协议和面向无连接的用户数据报 UDP 协议,这些协议提供流量控制、差错控制和排序服务。

(4)应用层:对应 OSI 参考模型中的会话层、表示层和应用层,使应用程序运行在传输层之上,为用户直接提供服务。包括的主要协议有文件传输协议 FTP、简单邮件传送协议 SMTP、域名服务协议 DNS、超文本传输协议 HTTP 等。

从图 4-4 中可以看出,OSI 参考模型与 TCP/IP 参考模型有许多类似之处,按层次设计思想,能在相应的层次找到相应的功能,以传输层为界,其上层都依赖传输层提供端到端的与网络环境无关的传输服务。不同之处在于,两者划分的模型层次不同,OSI 参考模型先有模型再有协议,对服务和协议做了明确的区分,而 TCP/IP 模型是先有协议后有模型,没有充分明确地区分服务和协议。

4.1.7 局域网

局域网(Local Area Network,LAN)是一个在一定区域内(如一个学校、企业和机关内),通过同轴电缆、双绞线、光纤和无线通信将各种通信设备互联起来组成的计算机通信网,实现资源共享、数据通信与交换以及数据的分布处理。局域网应用范围非常广泛,主要用于办公自动化、企业管理系统、生产控制系统等;根据局域网拓扑结构的不同,常见的有总线形、星形、环形、树形等。

4.1.7.1 IEEE 802 标准

局域网出现之后,发展非常迅速,为了使局域网产品标准化,实现各个厂家产品的兼容,1980 年 2 月成立了 IEEE 802 委员会,专门从事局域网标准化工作,该委员会制定了一系列局域网标准,称为 IEEE 802 标准。

在 IEEE 802 系列标准中,定义了物理层和数据链路层,并将数据链路层分成逻辑链路控制层(Logical Link Control,LLC)和介质访问控制层(Media Access Control,MAC)。逻辑链路控制层的主要功能是提供一个或多个相邻层之间的逻辑接口,称为服务访问点(Service Access Point,SAP)。介质访问控制层的主要功能是发送时将数据组成帧,接收时拆卸帧,同时管理链路上的通信。除了两个子层之外,IEEE 802 标准还部分包括了控制网络互联的功能,这部分保证了不同的 LAN 和 MAN 之间协议的兼容性,使得不同网络间可以进行数据的交换。

局域网上的通信任务非常复杂,不可能采用单一技术制定单一标准来满足各种需求,因此 IEEE 802 委员会制定了一系列 IEEE 802 标准。

(1) IEEE 802.1 局域网概述、体系结构、网络管理和网络互联。

(2) IEEE 802.2 逻辑链路控制 LLC。

(3) IEEE 802.3 CSMA/CD 访问方法和物理层规范,主要包括如下几个标准:

① IEEE 802.3 CSMA/CI 介质访问控制标准和物理层规范:定义了 10Base-2、10Base-5、10Base-t、10Base-f 4 种不同介质 10 Mbps 以太网规范;

② IEEE 802.3u 100 Mbps 快速以太网标准。

③ IEEE 802.32 光纤介质千兆以太网标准规范。

④ IEEE 802.3ab 传输距离 100 m 的 5 类无屏蔽双绞线介质千兆以太网标准规范。

(4) IEEE 802.4 Token Passing BUS——令牌总线。

(5) IEEE 802.5 Token Ring——令牌环,访问方法和物理层规范。

(6) IEEE 802.6 城域网访问方法和物理层规范。

(7) IEEE 802.7 宽带技术咨询和物理层课题与建议实施。

(8) IEEE 802.8 光纤技术咨询和物理层课题。

(9) IEEE 802.9 综合声音/数据服务的访问方法和物理层规范。

(10) IEEE 802.10 安全与加密访问方法和物理层规范。

各个标准的内部关系如图 4-5 所示。

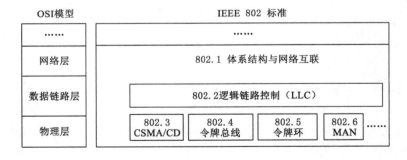

图 4-5　IEEE 802 标准的内部关系图

4.1.7.2　以太网

以太网(Ethernet)是局域网里使用最多的一种网络模型,用一条无源总线将局域网的所有用户连接起来实现通信,是总线拓扑结构,所以也称为总线局域网。

在以太网的发展过程中,先后出现过 4 种重要的局域网技术。早期采用的媒体访问控制方法为 IEEE 802.3 标准的载波监听多路访问/冲突检测(CSMA/CD)技术,它采用同轴电缆作为网络媒介,传输速率达到 10 Mbps。

随着通信技术的飞速发展,出现了数据传输速率达到或超过 1 000 Mbps 的高速以太网。首先是传输速率达到了 100 Mbps 的快速以太网,采用双绞线或光纤作为传输媒介;接着是传输速率达到 1 000 Mbps 的千兆以太网,采用光缆或双绞线作为传输媒介;目前市场上已出现了万兆以太网,采用光纤作为传输媒介,传输速率可达 10 Gbps。尽管千兆以太网和万兆以太网提升了以太网协议的结构和速率,但它们均保留了原有以太网的帧结构,能够完全兼容以太网与快速以太网,方便地升级现有网络。

(1) 10 Mbps 以太网

以太网标准由美国施乐公司于 1975 年开发成功,由于它具有结构简单、工作可靠、易于扩展等优点,成为当前应用最广泛、最成熟的网络模型。IEEE 802.3 以太网,是一种总线形局域网,理论传输速率为 10 Mbps,实际传输速率为 2～3 Mbps,不适用于大型网络,常见的以太网有 4 种类型:10Base-5,粗电缆以太网标准,适用于总线结构的局域网;10Base-2,细电缆以太网标准,适用于总线结构的局域网;10Base-T,双绞线以太网标准,适用于星形结构的局域网;10Base-F,光缆以太网标准。基于 10 Mbps 以太网的基本特性如表 4-1 所示。

表 4-1　10 Mbps 以太网的基本特性

特性	10Base-5	10Base-2	10Base-T	10Base-F
速率/Mbps	10	10	10	10
传输方法	基带	基带	基带	基带
最大网段长度/m	500	185	100	2 000
站间最小距离/m	2.5	0.5		
最大长度/m	2 500	925	500	
传输介质	50 Ω 粗缆	50 Ω 粗缆	UTP	多模光缆
网络拓扑	总线形	总线形	星形	星形

10Base-T 是常用的标准以太网标准,其中"10"表示信号的传输速率为 10 Mbps;Base 表示信道上传输的是基带信号;T 表示使用双绞线电缆作为传输介质。

(2) 快速以太网

快速以太网技术由标准以太网 10Base-T 发展而来,在 1995 年基于 100 Mbps 的快速以太网标准 IEEE 802.3u 正式颁布,保留了传统以太网的所有特征:相同的数据格式、访问控制方法和组网方法,在基本布线系统不变的情况下将以太网的传输速率扩大为 100 Mbps。快速以太网组网最大优点是结构简单、实用、成本低并易于普及,因而成为目前应用最为广泛的局域网标准。

快速以太网主要有三种类型:100Base-T4、100Base-TX 和 100Base-FX,对比如表 4-2 所示。

其中,100Base-T4 采用 4 对双绞线,其中 3 对用于传送数据,1 对用于检测冲突信号;100Base-TX 的介质接口运行在 2 对 5 类无屏蔽双绞线或屏蔽双绞线上,其中 1 对用于发送数据,1 对用于接收数据;100Base-FX 标准指定了 2 条多模或单模光纤,1 条用于发送数据,1 条用于接收数据。

表 4-2　快速以太网物理层标准

名称	传输介质	线缆对数	最大分段长度/m	特点
100Base-T4	3/4/5 类 UTP	4 对	100	3 类 UTP
100Base-TX	5 类 UTP/RJ-4 接头 1 类 STP/DB-9 接头	2 对	100	全双工
100Base-FX	62.5 μm 单模/125 μm 多模光纤， ST 或 SC 光纤连接器	1 对	2 000	全双工、长距离

（3）千兆以太网

1996 年 7 月，IEEE 802.3 工作组成立了 IEEE 802.3z 千兆以太网任务组。千兆以太网在 100 Mbps 快速以太网基础之上，将传输速率提高 10 倍，使其达到每秒千兆位比特。同时，在 1 000 Mbps 速度下进行全双工和半双工通信，并向下兼容 10 Mbps 以太网和 100 Mbps 快速以太网，能将 10 Mbps、100 Mbps 和 1 000 Mbps 三种不同传输速率组成一个网络，是现有以太网最有效的升级方式。

目前在煤矿安全监控系统地面网络及井下光纤环网组建过程中，已普遍采用千兆以太网。千兆以太网协议主要包括 1000Base-LX、1000Base-SX、1000Base-CX、1000Base-T 4 种，如表 4-3 所示。

表 4-3　千兆以太网物理层标准

名称	传输介质	线缆对数	最大分段长度	特点
1000Base-LX	光缆	1 对	5 km/550 m	单模光纤（10 μm）/多模光纤（50 μm 和 62.5 μm）
1000Base-SX	光缆	1 对	550 m	多模光纤（50 μm 和 62.5 μm）
1000Base-CX	铜缆	2 对	25 m	屏蔽双绞线 STP
1000BaseμT	铜缆	4 对	1000 m	5 类 UTP 双绞线

其中，1000Base-LX 支持多模光纤或单模光纤，1000Base-SX 只能支持多模光纤；1000Base-CX 使用铜缆作为网络传输介质；1000Base-T 使用 5 类 UTP 双绞线作为网络传输介质。

（4）万兆以太网

2002 年 6 月，IEEE 802.3ae 10 Gbps 以太网标准发布，将以太网速率提高至 10 Gbps。万兆以太网帧格式与 10 Mbps、100 Mbps 和 1 000 Mbps 以太网的帧格式一样，并保留了 IEEE 802.3 标准规定的以太网最大帧和最小帧。因此，用户将现有以太网升级时，仍可与低速的以太网通信。万兆以太网物理层标准如表 4-4 所示。

表 4-4　万兆以太网物理层标准

名称	传输介质	线缆对数	最大分段长度	特点
10GBBase-SR	光缆	1 对	300 m	多模光纤（0.85 μm）
10GBBase-LR	光缆	1 对	10 km	单模光纤（1.3 μm）
10GBBase-ER	光缆	1 对	40 km	单模光纤（1.5 μm）

表 4-4(续)

名称	传输介质	线缆对数	最大分段长度	特点
10GBBase-CX4	铜缆	4 对	15 m	4 对双芯同轴电缆
10GBBase-T	铜缆	4 对	100 m	6A 类 UTP 双绞线

其中,10GBBase-SR 支持多模光纤;10GBBase-LR 和 10GBBase-ER 支持单模光纤;10GBBase-CX4 使用 4 对铜缆作为网络传输介质;10GBBase-T 使用 6A 类 UTP 双绞线作为网络传输介质。

4.2　数据通信基础

4.2.1　数据通信的基本概念

（1）数据和信息

数据是指预先约定的具有某种含义的数字或字母（符号）以及它们的组合。例如,约定二进制数字"1"表示电路连通,二进制数字"0"表示电路断开,这里数字"0"和"1"就是数据。数据中包含了信息,是涉及信息的表现形式,信息是通过解释数据而产生的。

从形式上可将数据分为模拟数据和数字数据两种。模拟数据的取值是连续的,例如,矿用传感器采集到的环境甲烷浓度、管道温度、风机负压等数据都是连续的数值;数字数据的取值是离散的数值,如计算机输入的二进制数据只有"0"和"1"两种状态,都是离散值。模拟数据经过处理可以转换成数字数据。

（2）信号

在数据通信系统中,数据在传输过程中都要转换成适合于信道传输的电磁波编码,这种在信道中传输的电磁波编码称为信号,所以信号是数据在传输介质中的电磁波表示形式。对应于模拟数据和数字数据,信号可分为模拟信号和数字信号。

模拟信号是一种随时间连续变化的电磁波,这种电磁波可以按照不同频率在各种介质上传输,如电话信号是通过在电话线上传播的电信号,利用送话器的声/电转换功能,把语音信号的变化转换成语音电流的变化,这种变化的电信号是连续的,如图 4-6(a)所示。

数字信号是不连续的、离散的脉冲序列,一般由脉冲电压 0 和 1 两种状态组成,数字脉冲在一个固定时间内保持一个值,然后快速变换为另一个值,利用其某一瞬间的状态来表示要传输的数据。数字信号每个脉冲称为一个二进制数或位（bit）,每个位由数值 0 或 1 来表示,如图 4-6(b)所示。

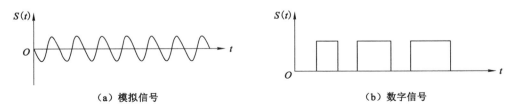

（a）模拟信号　　　　　　　　　　　　（b）数字信号

图 4-6　信号示意图

在煤矿安全监控系统中,监控信号包括模拟量(如甲烷浓度、温度)和开关量(主要设备的开停)两大类。其中,表示模拟量的信号可以是模拟信号或数字信号。数字信号同模拟信号相比具有以下特点:

① 抗干扰能力强;

② 传输中的差错可以控制,传输质量高;

③ 可以传递各种消息,灵活通用;

④ 便于计算机存储、处理、传输;

⑤ 便于本质安全防爆隔离等。

《煤矿安全监控系统升级改造技术方案》要求,模拟量传感器到分站之间的传输要全面实现数字化,进一步提升新一代煤矿安全监控系统的传输性能。因此,煤矿安全监控系统宜采用数字信号传输,包括分站至主站之间,以及传感器及执行机构至分站之间。

4.2.2 数据通信系统

数据通信系统是以计算机系统为中心,利用通信线路将分布在各地的数据终端设备与计算机系统连接起来,实现数据传输、交换、存储和处理的系统。它主要由发送部分、传输部分(传输媒介)、接收部分组成,其中发送部分和接收部分主要是完成数据的前后处理,传输部分主要是完成数据的传输。数据通信系统的基本模型如图 4-7 所示。

图 4-7 数据通信系统的基本模型

4.2.2.1 信源和信宿

信源是信息的发送端,是发出传输信息的设备;信宿就是信息的接收端,是接收所传送信息的设备。大部分信源和信宿设备是计算机或其他 DTE(Data Terminal Equipment)设备。

4.2.2.2 信道

信道是指用于传输信息的通道,由通信介质及其附属设备(收发设备)组成。根据传输媒介不同,可分为有线信道和无线信道。由有线传输介质(如双绞线、同轴电缆、光纤等)构成的信道称为有线信道;由无线传输介质(如卫星、微波等)构成的信道称为无线信道。

4.2.2.3 信号转换装置

信号转换装置的作用是将信源发出的信息转换成适合在信道上传输的信号。对应不同的信源和信道,信号转换装置有不同的组成和转换功能。接收端的信号转换装置可以是译码器或解调器;发送端的信号转换装置可以是编码器或调制器。

编码器的功能是把信源或其他设备输入的二进制数字序列转换成其他形式的数字信号或不同形式的模拟信号,以便接收端能正确识别信号。译码器是接收端完成编码的反过程。编码器和译码器的主要作用都是降低信号在传输过程中可能出现差错的概率。

调制器是把信源或编码器输出的二进制脉冲信号转换成模拟信号,以便在模拟信道上进行远距离传输。解调器的作用是反向调制,即把接收端接收的模拟信号还原为二进制脉冲数字信号。

在大多数情况下,网络的多数信息是双向传输的,信源当作信宿,信宿也当作信源。因此,编码器与译码器合并通称为编码译码器,调制器与解调器合并通称为调制解调器。

4.2.2.4　主要技术指标

在数据通信系统中,通常人们比较关注通信质量,衡量通信质量的技术指标主要有以下几个:

(1)传输速率

数据传输速率是描述数据通信系统的重要指标之一,主要表示方法包括传码速率和传信速率等。

① 传输速率

在计算机通信系统中,传输速率是指在单位时间内传输的二进制位数,以每秒多少个比特数计,单位为比特/秒(bit/s)、千比特/秒(kbps)或兆比特/秒(Mbps),又称比特率。如在煤矿安全监控系统中,系统的传输速率一般用 1 200 bps(1.2 kbps)、2 400 bps(2.4 kbps)、4 800 bps(4.8 kbps)等来表示。数字信号的速率通常用"bit/s"来表示。

② 调制速率

调制速率是指每秒传输的脉冲数,即波特率,单位为波特/秒(Baud/s),也是信号在调制过程中状态每秒转换的次数。一个波特的信号状态,不仅表示一位数据,也代表了多位数据。模拟信号的传输速率常用"Baud/s"来表示。

(2)信道带宽

信道带宽是衡量其通信能力大小的指标,信号的带宽是指信号的各种频率所占用的频率范围,单位为赫兹(Hz)。例如,人的语音频率在 300～3 400 Hz 范围内,在传统通信线路上的电话信号的标准带宽为 3 100 Hz;在通信线路用于传输数据信号时,信道的带宽使用最大传输速率来表示,单位为 Baud/s。

.(3)误码率和误组率

误码率和误组率都是衡量数据通信可靠性的指标,由于数字信号在传输过程中不可避免会受到外界的噪声干扰,使传输的信号出现一定的畸变导致接收出现差错。

① 误码率

误码率是指在一定时间内接收到出错的比特数与总的发送比特数之比,是评定数据传输设备和信道质量的一项基本指标。如在煤矿安全监控系统中,其误码率应不大于 10^{-9}。误码率是评价煤矿安全监控系统性能的基本指标之一。

② 误组率

误组率是指接收出现差错的码组数与总的发送码组数之比,在采用块或帧检验和重发纠错的应用中可反映重发的概率,也能反映出该数据链路的传输效率。

(4)信道容量

信道容量是信息在单位时间内无差错传输的最大信息量,即信道的最大传输速率。信道容量的单位是比特/秒。

① 模拟信道的信道容量

香农定律给出了模拟信道的信道容量计算公式。该定律指出:在信号平均功率受限的

高斯白噪声信道中,计算信息极限传输速率 C 的理论公式为:

$$C = B \log_2 \left(1 + \frac{S}{N}\right)$$

式中,B 为信道带宽;S/N 为平均信号噪声功率比;S 为信号功率;N 为噪声功率。

② 数字信道的信道容量

数字信道用来传输二进制或多进制的数字信号,根据奈奎斯特准则,带宽为 B 的信道所能传送的信号最高码元速率为:

$$C = 2B \log_2 M$$

式中,M 为进制数。

4.2.3 数据通信方式

4.2.3.1 并行传输和串行传输

在计算机内部组件之间、计算机与各种外部设备之间、计算机与各计算终端之间的通信,按每次通信过程中传输的位数,可将传输方式分为并行传输和串行传输。并行传输是指一组数据在多个信道上同时传输,每次传输 8 位二进制数据位,需 8 根数据线,如图 4-8(a)所示。并行传输通常用作计算机与近距离外部设备之间的近距离传输。其优点是传输速度快,缺点是成本较高,因此,并行传输适用于短距离且传输速度要求高的场合。

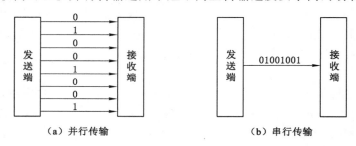

图 4-8 并行传输与串行传输

串行传输是指数据在一个信道上逐个传输,每次传输一个二进制数据位,如图 4-8(b)所示。由于计算机内部都采用并行通信,在数据发送之前,需要将计算机中的字符进行并串转换,在接收端再通过串并转换,还原成计算机的字符结构,这样才能实现串行通信。串行传输优点是从发送端到接收端只需要一条传输信道,成本低,易于实现。

在远距离通信中,一般采用串行通信方式,串行传输是煤矿安全监控系统普遍采用的一种通信方式。

4.2.3.2 异步传输和同步传输

(1)异步传输

在异步传输方式中,不论字符所采用的代码为多少位,为了在接收端区分每个字符,在发送每个字符的前面都加上一个起始位,长度为一个码元,极性为"0",表示一个字符的开始;后面加一个停止位,长度可选为 1、1.5 或 2 个码元长度,其极性为"1",表示一个字符的发送结束,如图 4-9(a)所示。

字符可以连接发送,也可以单独发送;不发送字符时,线路上发送停止信号。因此,每个字符的起止可以是任意的,但在同一字符内部各码元长度是相等的。接收端可以根据字符

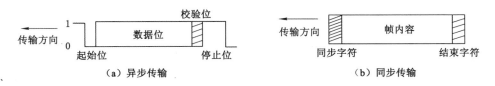

图 4-9　异步传输和同步传输示意图

之间的停止位到起始位的跳变来识别一个新字符的起始位信号,从而正确区分每个字符,这种字符同步的方法又称起止式同步。

异步传输方式的优点是实现字符同步比较简单,收发端的时钟不需要精确同步;缺点是不适宜高速率传输,每个字符都增加了起始位和停止位,导致信息的传输效率低。

(2)同步传输

在同步传输方式中,是以固定的时钟节拍来发送数据信号的,在串行数据码流动中,各个字符之间的相对位置是固定的,因此不必对每个字符增加起始位和停止位信号。在同步通信中,发送的数据一般以"帧"为单位,通常一帧包含多个字符。在一帧的前后分别加上若干个同步字符和校验字段、传输结束符来表示一帧的开始和结束,如图 4-9(b)所示。

与异步通信方式相比,同步传输减少了在发送每一字符时的起始位和停止位,只需在发送的一帧前后加上若干用于同步的控制字符。因此,常用于传输信息量大,传输速率高的场合,但传输设备较异步通信复杂。

由于煤矿安全监控系统分站每次传输的数据量较小,宜采用异步通信方式,以降低传输设备的成本和减小体积,并保证一定的编码效率。

4.2.3.3　单工、半双工和全双工传输

根据数据的传输方向和时间的关系可分三种传输方式,分别为单工、半双工和全双工数据传输。

(1)单工传输

单工传输是传输双方只能由一方将数据传送给另一方,数据信号只能沿一个方向传输,如图 4-10(a)所示。发送方只能发送而不能接收数据,接收方只能接收而不能发送数据,比如有线电视、无线广播等。

(2)半双工传输

半双工是指传输双方都可以接收和发送数据,但不能同时通信,只能错开通信时间。一方发送数据时,另一方接收数据;反之亦然,如图 4-10(b)所示。比如对讲机就是典型的半双工传输方式。部分煤矿安全监控系统厂家采用的 RS485 主从通信方式,也是一种半双工通信方式。

(3)全双工传输

全双工传输是指传输双方可以同时接收和发送数据,比如,电话就是一种全双工设备,其通话双方可以同时进行对话,如图 4-10(c)所示。全双工传输方式传输效率高,但结构复杂,成本高,适用于计算机之间的高速通信系统。

全双工通信可采用四线或二线传输,四线线路实现全双工数据传输;二线线路采用频分利用、时分复用或回波抵消技术时,可以实现全双工数据传输。

在煤矿安全监控系统中,各个分站、传感器每次需要发送或接收的数据量较小,因此,系

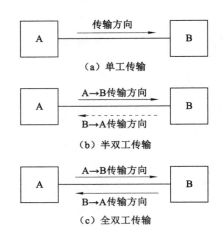

图 4-10　单工、半双工和全双工传输示意图

统宜采用半双工传输，也可采用全双工传输。

4.2.4　数据传输技术

4.2.4.1　数据编码技术

在数据通信系统中，通信双方传输的数据需要借助电磁波、光等物理信号进行传输，物理信号可以是连续的模拟信号或离散的数字信号，要传的数据可通过编码形成其中的一种信号进行传输。因此，信号的传输有多种数据传输形式，包括模拟信号传输模拟信号、数字信号传输数字信号、模拟信号传输数字信号、数字信号传输模拟信号。

（1）模拟信号编码

采用模拟信号传输数字信号时，需要利用调制解调设备，把数字信号（基带脉冲）转换成模拟信号，用基带脉冲对载波波形的某些参量进行控制，使这些参量随基带脉冲而变化，这一过程叫作调制。已调制的信号从发送端通过传输线路到接收端，在接收端进行解调还原成数字信号，这种调制传输的方式也叫频带传输。而将数据以矩形脉冲信号直接传输的，叫基带传输，基带传输是数字传输的最基本形式。

在频带传输中调制的基本方法有 3 种：振幅（A）、频率（F）和相位（P）；相对应的，数字信号转换成模拟信号有 3 种调制技术：振幅调制（ASK）、频率调制（FSK）和相位调制（PSK）。

① 振幅调制

振幅调制（Amplitude Modulation，AM）也称幅移键控法（Amplitude-Shift Keying，ASK），是以数字信号控制正弦载波振幅的信号调制方式。当传输的基带信号为"1"时，振幅调制信号的振幅为保持某个电平不变，表示有载波信号输出；当传输的基带信号为"0"时，振幅调制信号的振幅为零，表示没有载波信号输出，如图 4-11（a）所示。

② 频率调制

频率调制（Frequency Modulation，FM）又称频移键控法（Frequency-Shift Keying，FSK），是以数据信号控制正弦载波频率的调制方法，用不同的载波频率表示二进制数 0 和 1，如图 4-11（b）所示。

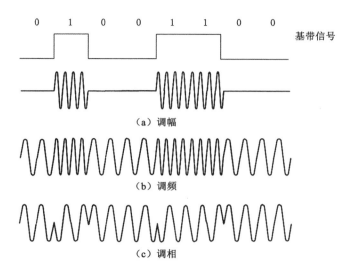

图 4-11　基本调制方法

③ 相位调制

相位调制(Phase Modulation,PM)又称相移键控法(Phase-Shift Keying,PSK),是以数字信号控制正弦载波相位的调制方法,用不同的载波相位表示二进制数 0 和 1,如图4-11(c)所示。

上述调制方法的优点是可以利用现有的模拟信道进行通信,实现容易,价格比较便宜;缺点是传输速率低,误码率高。

基带传输与频带传输相比具有传输过程简单、设备成本低、便于本质安全防爆、便于树状结构系统使用等优点,而调频和调相具有抗干扰能力强的优点。因此,煤矿安全监控系统宜采用基带、调频和调相传输。

(2)数据的数字信号编码

数字信号是不连续的、离散的脉冲序列,每一个脉冲序列代表一个码元。在数据终端发送的二进制数据信号,可用两个不同的码元分别表示二进制数 0 和 1,利用其特性有利于传输。因此,用于表示二进制数据信息的码元的形式不同,可以产生不同的编码方法。如单极性不归零码、单极性归零码、双极性不归零码、双极性归零码、曼彻斯特码和差分曼彻斯特码等。

① 单极性不归零码和双极性不归零码

如图 4-12(a)所示,在每一个码元时间间隔内,有电流发出表示二进制字符"1",无电流发出则表示二进制字符"0",称为单极性不归零码;在每一个码元时间间隔内,有正电流发出表示二进制字符"1",有负电流发出表示二进制字符"0",则称双极性不归零码,如图 4-12(c)所示。

以上两种编码信号是在一个码元全部时间内发出或不发出电流,或在全部码元时间内发出电流或负电流,属于全宽码,即每一位编码占用全部的码元宽度,即不归零码。

② 单极性归零码和双极性归零码

如图 4-12(b)所示为单极性归零码,在每一个码元时间间隔内,当发"1"时,发出正电

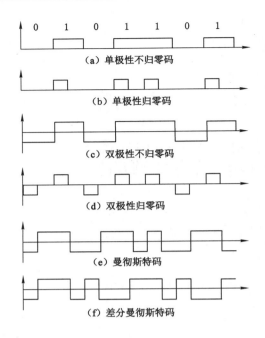

图 4-12 典型数据的数字信号编码

流,但发电流时间短于一个码元的时间,即发一个窄脉冲;当发"0"时,仍然完全不发送电流。这样发"1"时有一部分时间不发电流,幅度降为零电平,称为归零码。

如图 4-12(d)所示为双极性归零码,在每一个码元时间间隔内,当发"1"时,发出正的窄脉冲;当发"0"时,发出负的窄脉冲。

③ 曼彻斯特码

曼彻斯特码是一种双相码,如图 4-12(e)所示。用高电平到低电平的转换边表示"1",而用低电平到高电平的转换边表示"0",中间位的电平转换边表示数据代码,也作为定时信号使用,以太网中用曼彻斯特编码。

④ 差分曼彻斯特码

差分曼彻斯特码也是一种双相码,如图 4-12(f)所示。差分曼彻斯特码的码元中间的电平转换边只作定时信号,而不表示数据,这是与曼彻斯特码的不同之处。数据的表示在于每一位开始处是否有电平转换,有电平转换表示"0",无电平转换表示"1"。在标记的环网中,使用差分曼彻斯特码。

以上各种编码各有其优缺点:

① 脉冲宽度越大,发送信号的能量相应越大,有利于提高接收端的信噪比。

② 脉冲时间宽度与传输频带宽度成反比关系,归零码的脉冲比全宽码窄,因此在信道上占用的频带宽,归零码在频谱中包含了码元的速率,也就是说,发送频谱中包括有码元的定时信息。

③ 双极性码与单极性码相比,减少了直流分量和低频分量,如果数据序列中 0 和 1 的位数相同,那么双极性码就没有直流分量,这是有利于传输的。

④ 曼彻斯特码和差分曼彻斯特码在每一个码元中均有跃变,也没有直流分量,利用这

些跃变自动计时,便于同步。

在新一代煤矿安全监控系统中,在相同传输速率情况下,不归零信号比归零信号的脉冲持续时间长,抗干扰能力强、传输距离远;矩形信号较其他波形信号设备简单。因此,煤矿安全监控系统宜采用不归零矩形脉冲数字信号传输。

4.2.4.2　多路复用技术

在数据传输系统中,为了提高通信信道的利用率,在一个传输信道上传输多路信号而不相互干扰,这种通信方式称为多路复用。在煤矿安全监控系统中,矿用传输电缆作为多路监控信号的传输介质,多路复用方式可分为频分复用、时分复用和码分复用等。

（1）频分复用

频分复用(Frequency-Division Multiplexing,FDM)技术是按频率划分成若干个互不交叠的子信道,每个子信道占用不同的频率范围。采用 FDM 调制技术,在分站端将调制信号搬移到信道相应的频段上;在地面中心站采用滤波器将多路信号分开,再进行解调和处理,从而完成信息发送与接收。

频分复用技术的优点主要有:信道复用率高,分路方便;缺点是信道上各信号之间存在干扰,对频分复用系统的线性要求高。

（2）时分复用

时分复用(Time-Division Multiplexing,TDM)技术是利用各路信号在信道上占用的时间间隔的特征来分开各路信号。将时间分成均匀的时间间隔,将各路信号的传输时间分配在不同的时间间隔内,从而达到互相分开的目的。

时分复用技术的优点是实现简单,易于大规模集成,成本低,不会产生信号间的串话。时分复用技术的缺点是容易产生码间串扰,且信道利用率低。

（3）码分复用

码分复用也叫码分多址(Code-Division Multiple Access,CDMA),是移动通信中的一种信号处理方式,指每个用户可在同一时间使用同样的频带进行通信,但是采用基于码型的分割信道方法,即利用一组正交序列区分各路信号,不同的用户具有不同的正交码,各个码型互不重叠,通信各方不会相互干扰。码分复用技术具有抗干扰性好、保密性好、复用系统容量灵活等优点,主要用于无线通信系统。

（4）频分复用、时分复用和码分复用的比较

在矿井监控的特殊条件下,三种复用方式的比较如表 4-5 所列。通过比较可以看出,频分复用各项指标均不如时分复用和码分复用;码分复用虽在信道自适用分配方面优于时分复用,但在模拟量和开关量共同传输和设备复杂性方面都劣于时分复用。因此,煤矿安全监控系统宜采用时分复用方式,也可采用频分复用和码分复用等方式。

表 4-5　频分复用、时分复用和码分复用比较

复用方式	本安防爆	模拟量和开关量共同传输	各路信号之间干扰	自适应能力	设备复杂程度	复用路数
频分复用	差	差	大	无	简单	低
时分复用	好	好	小	无	简单	高
码分复用	好	一般	小	有	复杂	高

4.2.5　差错控制技术

所谓差错控制就是对数据传输设备、数据通信线路和通信控制器等产生的差错进行控制。数据通信系统的任务就是无差错地传输和处理数据信息,然而数据通信系统的各个构成组件不可避免地存在差错,通常通信设备及组件出现误差的可能性很小,主要差错来自于数据通信线路。通常使用误码率来反映一条通信线路的可靠性。

4.2.5.1　差错控制的基本方式

数据传输常用的差错控制方式有以下几种的差错控制方式:

(1) 自动请求重发(ARQ)

发送端发送的信号码元具有检错能力,接收端对所接收的信号码元检测是否有错误,然后通过反馈信道把判决结果回送给发送端,要求发送端重传出错信息,直到接收端正确接收为止。这种差错控制方式的优点是编码简单、易于实现,适用于对实时性要求不高的场合。

(2) 前向纠错(FEC)

前向纠错指发送端将信息码元按一定规则附加上冗余码元,构成纠错码。接收端根据一定的译码规则进行变换,用来检测所收到信号中的错码,并自动进行纠正。

前向纠错方式不需要反馈信道,实现简单,特别适合于实时通信系统,但所需的编译码设备复杂,冗余位多,编码效率低。当错误超过码字的纠错能力时无法纠错。

(3) 混合纠错(HEC)

混合纠错结合了自动请求重发和前向纠错两种方式。接收端检验到发送端的信号码元的差错个数在纠错能力之内,则自动进行纠错;如果超过纠错能力,则通过反馈重发的方式以纠正错误。

(4) 信息反馈(IRQ)

接收端把收到的信号码元全部由反向信道送回发送端,发送端自己比较发送的信号码元与送回的信号码元,从而发现是否有错误,并把认为错误的信号码元的原始数据再次发送,直至发送端没有发现错误为止。这种方式不需要对被传输的信号码元进行差错控制。

IRQ 方式的优点是不需要纠错和检错,实现简单;缺点是需要有和前向信道相同的反向信道,实时性差。因此,IRQ 方式仅用于传输速率低、有双向传输线路且数据信道差错率低、控制简单的通信系统。

4.2.5.2　差错检测

在数据通信系统中,比较实用的检错方法主要有奇偶校验码和循环冗余校验码,这些检错码实现简单,检错效果好,得到了较为广泛的应用。

(1) 奇偶校验码

奇偶校验码是一种最简单的检错码,它是通过增加冗余位来使得码字某些位中"1"的个数保持为偶数(或奇数)的编码方法。奇偶校验码可分为奇校验码和偶校验码。其编码规则是,将所要传送的数据信息进行分组,再在各信息码元后面附加 1 位校验码元,使得该码组中信息码元与校验码元合在一起"1"的数目为奇数或者偶数。以奇校验码为例,在 ASCII码中字母"B"的二进制比特为"100010",按照信息分组规则,分成 7 个信息码元(k1, k2,…, k7),"1"的个数为偶数。因此,为确保加入 1 位校验码(k8)后的码字所含"1"的总数为奇数,校验位必须为"1"。

奇偶校验码简单实用,检错能力有限,只能检出单个或奇数个错误,不宜检测突发性差错。在此基础之上发展出了垂直奇偶校验码、水平奇偶校验码、水平垂直奇偶校验码、记数校验码等,适用于突发性差错检测。

(2) 循环冗余校验码

循环冗余校验码的检错能力强、实现简单,是网络数据通信中应用非常广泛的一种差错检测方法。收发双方采用同一个生成多项式,发送方把要传输的数据块组成一个多项式并将它除以生成多项式,得到一个余数作为 CRC 校验码,组成数据帧,然后将数据帧通过传输信道发给接收方。接收方收到带有"校验码"的数据帧后,用约定好的与发送方相同的生成多项式做多项式除法,若能除得尽,则表明传输无错;反之,除不尽,有余数,则表示传输有错,接收方将通知发送方重传数据。

在煤矿井下,水大、尘大、电磁干扰严重、监控系统监控距离远,监控信号在传输过程中必然会受到各种干扰而导致差错的发生,采用差错控制可以有效保障监控系统传输质量。在计算机通信和工业控制领域通常采用奇偶校验和循环冗余校验,以此来提高编码效率和降低设备的复杂性。因此,煤矿安全监控系统的差错控制方法宜采用奇偶校验码或循环冗余校验码。

4.2.6 数据传输介质

传输介质是通信网络中传输数据时发送方和接收方之间的物理通路。通常把传输介质分有线传输介质和无线传输介质。在煤矿安全监控系统中,有线传输介质主要包括双绞线、同轴电缆、光纤等,双绞线和同轴电缆主要采用铜金属材料作为介质,光纤采用非金属材料作为介质;无线传输介质主要包括红外、激光等。

不同类型的传输介质具有不同的特性,对网络数据通信质量的影响很大。下面分别介绍常用的数据传输介质。

4.2.6.1 双绞线

双绞线由两根具有绝缘保护的铜质导线组成。两根互相绝缘的铜导线按一定的缠绕密度互相扭绞,可以减少相互间的辐射电磁干扰。传统的电话通信中的模拟信号传输使用的是双绞线,也可用于数字信号的传输。

(1) 双绞线

双绞线又分屏蔽双绞线(Shielded Twisted-Pair Cable,STP)和非屏蔽双绞线(Unshielded Twisted-Pair Cable,UTP),是局域网通信中常见传输介质,如图 4-13 所示。两者的区别是屏蔽双绞线电缆的外层包裹金属的屏蔽层,抗干扰能力强,传输信号的稳定性好,但线缆价格比较高,安装的要求也较高。

(a) 非屏蔽双绞线电缆(UTP)　　　　(b) 屏蔽双绞线电缆(STP)

图 4-13 双绞线结构图

电气工业协会/电信工业协会(EIA/TIA)对非屏蔽双绞线(UTP)定义了 7 种类型:

① 1 类线,可用于电话传输,通话质量较好,但是通信速率较低,不适用于数据传输。

② 2 类线,可用于传输声音和数据,传输速率在 4 Mbps 以上。

③ 3 类线,主要用在电话系统中,对于数据传输,其传输速率在 10 Mbps 以上。

④ 4 类线,传输速率可以达到 16 Mbps。

⑤ 5 类线,对于数据传输,其传输速率为 100 Mbps 的快速以太网,4 对双绞线是连接桌面设备的主要传输介质。

⑥ 6 类线,适用于 100 Mbps、1 000 Mbps 的局域网中。

⑦ 7 类线,传输速率可以达到 10 Gbps。

（2）双绞线的制作与应用

将两根具有绝缘保护层的导线按一定的密度互相绞在一起形成一个线对,以降低信号的干扰。常用的双绞线使用 8 芯铜导线,按照橙、绿、蓝、棕 4 种颜色分成 4 组互相对绞而成,铜导线的直径为 0.4～1 mm,扭绞方向逆时针,绞距为 3.81～14 cm。如表 4-6 所示。

表 4-6　导线色彩编码

线对	1	2	3	4
色彩码	白/蓝、蓝	白/橙、橙	白/绿、绿	白/棕、棕

要使双绞线能够与监控主机、交换机等设备相连,还需要 RJ-45 接头。在制作接头时,必须符合国际标准,美国电子工业协会和美国电信工业协会制定的双绞线制作标准,包括 T568A 和 T568B,标准对线序排列有明确规定,如表 4-7 所示。

表 4-7　导线色彩编码

引针号	1	2	3	4	5	6	7	8
T568A 标准	白/绿	绿	白/橙	蓝	白/蓝	橙	白/棕	棕
T568B 标准	白/橙	橙	白/绿	蓝	白/蓝	绿	白/棕	棕

4.2.6.2　同轴电缆

同轴电缆芯线为铜导线,向外依次为绝缘层、金属屏蔽层和最外层的保护层,如图 4-14 所示。这种结构中的金属屏蔽层具有良好的信号屏蔽性能,抗干扰性能强,广泛用于较高速率的数据传输,适用于总线形网络。根据同轴电缆的特性阻抗数值的不同,可分为基带同轴电缆和宽带同轴电缆。

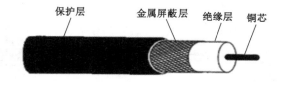

图 4-14　同轴电缆结构图

（1）基带同轴电缆

基带同轴电缆是一种阻抗特性 50 Ω 的电缆,用于传输数字信号。IEEE 将使用细缆的以太网命名为 10Base-2 标准,说明该介质最大传输距离不超过 200 m。基带同轴电缆布线安装容易,价格较低。

在局域网的应用中已不再采用基带同轴电缆。虽然它在传输距离和信道带宽等性能方面都优于双绞线,但是网络维护比较困难,总线上一个节点的故障会导致所有节点通信瘫痪,所以已被使用双绞线介质的星形结构网络替代。

（2）宽带同轴电缆

宽带同轴电缆是一种阻抗 75 Ω 的电缆,传输距离较远,一般用于传输距离在 500 m 以内的情况,是公用天线电视系统 CATV 的标准传输电缆,IEEE 将使用粗缆的以太网命名为 10Base-5,它具有可靠性好、传输距离远等特点。

（3）同轴电缆的优点

① 同轴电缆可以工作在较宽的频率范围内。

② 基带同轴电缆仅用于数字传输,并使用曼彻斯特编码,数据传输速率最高可达 10 Mbps。宽带同轴电缆既可用于模拟信号传输又可用于数字信号传输。

③ 同轴电缆适用于点到点和多点连接。

④ 基带电缆的最大传输距离限制在几千米,宽带电缆的传输距离则可达几十千米。

⑤ 同轴电缆的抗干扰性能比双绞线强。

⑥ 同轴电缆的价格比双绞线贵。

（4）同轴电缆制作

同轴电缆制作时除需一段电缆外,还需要 BNC 头、T 型头终端适配器。首先根据需要来剪裁同轴电缆,使用剥线钳剥去适当长度的外皮、屏蔽层、金属绝缘层等部分,并将 BNC 头装在同轴电缆的端口,然后插在 T 型头上。设备连接完成后,在同轴电缆的两端一定要加上端接匹配器。

4.2.6.3 光缆

光纤是一种光传输介质,是光导纤维的简称。在网络中均采用两根光纤组成传输系统,它是网络传输介质中应用最广泛的一种。用光纤传输电信号时,在发送端先要将其转换成光信号,在接收端又要由光检测器还原成电信号。

（1）光纤的结构

光纤通常由透明的石英玻璃或塑料拉成细丝制作纤芯,外面由包层和保护层等构成,如图 4-15 所示。

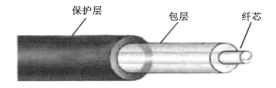

图 4-15 光纤结构图

纤芯用来传导光波信号,利用光的全反射原理实现光波信号的传导。包层较纤芯有较低的折射率。当光线从高折射率的媒介射向低折射率的媒介时,在包层介质的表面产生的折射角将大于入射角。因此,如果把入射光的角度调整得足够大,那么折射角也相应足够大,就会出现全反射,由于光波不断被重复反射,光波信息也就沿着光纤不断传输下去。如图4-16所示。

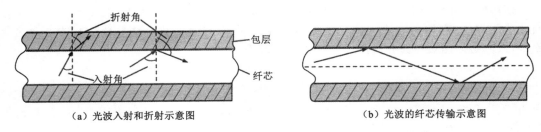

（a）光波入射和折射示意图　　　　　　　　（b）光波的纤芯传输示意图

图 4-16　光波传导示意图

（2）光纤种类

根据发光光源和传输方式的不同,光纤可分为单模光纤和多模光纤。

单模光纤采用激光二极管作为光源,只能传输一种波长模式的光信号。单模光纤色散很小,传输信号质量很高,非常适用于远距离传输信号。如果数据需要远距离的传输,而且对传输速率要求达到 1 000 Mbps 以上,应考虑采用单模光纤。

多模光纤采用发光二极管作为光源,可以同时传输多种波长的光信号。多模光纤的色散较大,限制了传输信号的稳定性,而且随距离的增加这种衰减会更加严重。因此,多模光纤传输的距离比较近,一般只有几千米。但是多模光纤比单模光纤价格便宜,对于传输距离或数据速率要求不高的场合可以选择多模光缆。

（3）光纤的主要优点

① 光纤有较大带宽,通信容量大;

② 传输速率高,每秒能超过千兆比特;

③ 传输距离长,衰减小;

④ 光信号不受电磁干扰,适合在电气干扰严重的环境中使用;

⑤ 光信号不易被窃听和截取数据,安全性好。

目前,光缆通常用于高速的主干网络,在组建高速网络时光缆是最好的选择。在煤矿安全监控系统中矿用光缆需用作矿用工业以太网的传输介质。

（4）传输介质的制作

常用的光缆有 8.3 μm 芯 125 μm 外层单模、62.5 μm 芯 125 μm 外层多模、50 μm 芯 125 μm 外层多模、100 μm 芯 140 μm 外层多模。

连接每条光缆时都要磨光端头,通过电烧烤或其他方法与光学接口连在一起,确保光通道不被阻塞,光纤不能拉得太紧,也不能形成直角。连接方法如下:

① 永久性连接（又叫热熔）,使用放电的方法将两根光纤的连接点融化并连接在一起。

② 应急连接（又叫冷熔）,应急连接是将两根光纤固定并粘接在一起。

③ 活动连接,利用各种光纤连接器件（插头和插座）,将站点与站点或站点与光缆连接起来。

4.2.6.4　矿用通信电缆

在煤矿安全监控系统中,主要采用矿用通信电缆作为监控信号的传输媒体,这种有线传输媒介称为传输电缆,它是煤矿安全监控系统重要组成部分之一。其线缆结构与普通电缆一样,主要由芯线、绝缘层、保护层等组成。电缆内有多对芯线,每对芯线两股互扭在一起,可抵消彼此间的电磁影响,消除串音。每对高频对称电缆可传输 60 路载波信号,但不能用来传输宽频带视频信号。

矿用通信电缆的选用原则与矿用电力电缆相同,如在立井井筒或倾角 45°以上井筒,要求使用钢丝铠装矿用通信电缆;倾角 45°以下的斜井筒或大巷,要求使用钢带铠装矿用通信电缆;工作面使用橡胶绝缘或聚乙烯绝缘矿用通信电缆。

4.2.7　数据通信协议

4.2.7.1　典型的有线通信协议

（1）RS485 通信协议

RS485 通信协议是当前工业中常用的现场总线,采用双绞线作为传输介质,主从的工作模式,差分式数字传输方式。从 OSI 参考模型的角度来看,RS485 标准只定义了物理层,也就是说,RS485 标准只对接口的电气特性做出规定而不涉及接插件电缆或协议,用户可以根据自己的特定要求建立高层通信协议。该协议具有硬件设计简单、控制方便、通信效率高、成本低廉等优点。

RS485 通信协议有两线制和四线制两种接线,四线制只能实现点对点的通信方式,现很少采用,现在多采用的是两线制接线方式,这种接线方式为总线式拓扑结构,在同一总线上最多可以挂接 32 个节点。

利用 RS485 总线构成的网络,其设备间只能通过主从工作方式通信,这种网络只允许存在一个主设备,其余都是从设备;由于主站的单点故障问题,整个系统可靠性较差;并且存在传输距离短、容纳的节点数少、通信速率慢、不能多主传输等缺点。因此,在煤矿安全监控系统中应用时,需合理设计 RS485 总线,以便满足高质量、可靠的通信网络要求。

（2）CAN 总线

CAN 总线是 1986 年德国电气供应商 Bosch 提出的一种串行通信协议,采用光纤、同轴电缆或者双绞线作为传输介质,与一般的通信总线相比,CAN 总线具有突出的、可靠性、实时性和灵活性。

与 RS485 总线的主从式通信方式不同,CAN 总线为多主工作方式,网络上任意一个节点均可以在任意时刻向网络上的其他节点发起通信,而不分主从,节点之间有优先级之分,因而通信方式更灵活;CAN 采用非破坏性位仲裁技术,优先级发送,可以大大节省总线冲突仲裁时间;CAN 还可实现点对点、一点对多点及全局广播等几种方式传送和接收数据。

（3）LonWorks 总线

LonWorks 总线是美国 Echelon 公司推出的监控网络,在工业领域获得了广泛应用。它具有网络结构灵活、传输介质开放、实时性强、节点数多、传输速率快等优点。可在双绞线、同轴电缆、光纤等各种通信介质上传输,并且可在同一网络中与多种不同介质混合使用。可根据组网需要组成总线形、环形、树形、混合形等多种结构,既可支持主从方式工作,又可支持无主方式工作。

4.2.7.2　典型的无线通信协议

（1）ZigBee 无线传输协议

ZigBee 是基于 IEEE 802.15.4 标准的低功耗局域网协议,其特点是功耗低、成本低、数据传输速率低、可自组网、协议简单,主要适用于自动控制和远程控制领域,可以嵌入各种设备。但是其也有一定的缺点，即传输距离小，在不使用功率放大器的前提下，ZigBee 节点的有效传输距离一般为 10～75 m，并且它的传输速率相对较低。

ZigBee 无线网络信号传输质量的好坏与周围环境有很大关系，针对井下巷道狭窄、弯多、倾斜度大的实际情况，设置终端节点和协调器时应避免拐弯，若无法避免，则尽量缩短两者之间的距离；节点尽量远离各电源线和地线，避免信号干扰。

（2）Wi-Fi 无线传输协议

Wi-Fi 是一种可支持数据、图像、语音和多媒体且输出速率高的短程无线传输技术，可实现几百米范围内的无线环境监测与信息采集。

Wi-Fi 具有以下方面的优势：① 传输速率快，便于实现矿井温度、湿度、音频甚至监测视频等多种参数的快速采集和转发；② 覆盖范围很广，其覆盖半径可以达到几百米；③ 组网方便，只要安装相对应的无线接入点（AP）即可建立起无线局域网；④ 易扩展，一个 Wi-Fi 接入点可以支持上百个节点接入，如果需要更多的节点，只需要补充接入点的数量。

（3）RFID 无线传输协议

RFID 又称无线射频识别，使用无线射频方式识别和读取信息，在采集和处理信息过程中直接接触被识别物体。根据实际情况的不同，RFID 系统也会有不同的组合，但基本都是由电子标签、读写器和天线三部分组成。

RFID 根据不同工作频率分为低频、高频、超高频、微波；根据不同供电方式分为无源、有源、半有源。无源 RFID 读写距离近；有源 RFID 读写距离远，但需要电池，比无源 RFID 成本高。RFID 电子标签没有无线、自组网功能，要实现自组网，每个无线传感器、分站都要具有阅读器功能，成本增加。

（4）WaveMesh 无线传输协议

WaveMesh 是一种移动自组网网络协议，针对低功耗、低成本的无线移动自组网设计的协议栈，定义了链路层和网络层协议，是一种完全分布式、对等的网状网络；采用了私有多径路由协议，充分利用网络中路由的冗余，使得网络具有优异的自愈性、稳定性和极佳的数据吞吐量，网络不需要初始化；采用私有路由协议支持规模大、拓扑结构变化快的移动网络，是移动组网环境下的理想协议。

WaveMesh 是真正的全连接的 Mesh 网络，网络中的每一个节点的功能和地位都相同，每一个节点都可以睡眠，每一个节点同时担任"终端＋路由器"的工作。数据传输采用多个无线信道，其中一个主信道和多个辅助信道。

5　监控分站与传感器

监控分站与传感器组成的监控网络,是煤矿安全监控系统的核心,主要功能是实时动态采集和感知煤矿环境参数、设备状态等信息,如甲烷浓度、一氧化碳浓度、风速、温度、负压、烟雾、馈电状态、风门状态等各种模拟量和开关量;实现甲烷超限声光报警、断电和甲烷风电闭锁控制等;并配备便携式或固定式信息采集终端,对现场采集的信息进行处理和融合,通过有线、无线等网络传送到系统软件平台。

5.1　监控分站

监控分站主要用于接收来自传感器的信号,并按预先约定的复用方式远距离传送给传输接口,同时,接收来自传输接口的多路复用信号。分站还具有线性校正、超限判别、逻辑运算等简单的数据处理能力,对传感器输入的信号和传输接口传输来的信号进行处理,控制执行器工作。

5.1.1　基本工作原理

监控分站是井下监控终端和监控中心之间的通信枢纽,尽管各厂家型号不同,但原理基本相同。分站总体结构采用结构化与模块化的设计方法,保证设备的通用性与灵活性;分站硬件设计主要包含了电源模块、CPU 模块、显示模块、信号采集模块、红外遥控模块、控制输出模块、数据存储模块、总线通信模块、以太网通信模块共 9 个模块。分站工作原理如图 5-1 所示。

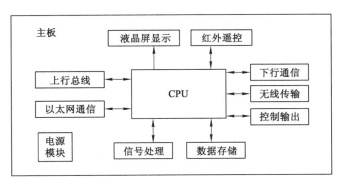

图 5-1　分站工作原理图

工作时,首先根据分站各通道上所接入的传感器类型,利用以太网或 RS-485 通信方式接收地面监控中心初始化数据对分站通道进行定义、设置,也可用红外遥控器现场完成。工作中,分站通过数据采集模块对输入通道进行不间断的信号采集,使系统内部的各模拟开关根据设置、定义的指令自动切换到相应的转换电路上。来自传感器的信号经过相应的变换、处理后,供分站进行数据的采集、运算、分析、判断。

5.1.2 基本功能

监控分站的基本功能是完成信息采集、处理、传输、执行控制,具体可分为外部功能和内部功能两方面。

5.1.2.1 外部功能

外部功能即监控分站对连接的外部设备的功能,主要包括数据采集、数据传输、控制输出等功能。

(1) 数据采集

分站应具有模拟量采集功能,模拟量输入信号应优选数字信号,实现甲烷浓度、一氧化碳浓度、风速、温度、风压等模拟量采集及显示功能。分站应具有开关量采集、显示功能,开关量输入信号可以为电流型、电压型或数字信号,实现设备开停、风门开关、风筒开关、馈电状态、烟雾等开关量采集及显示功能。分站还应具有累计量采集、显示功能。

(2) 数据传输

分站应具有与传输接口双向通信及工作状态指示功能,将多个监测点的信号通过网络传输给地面中心站。

(3) 控制输出

分站应具有甲烷浓度超限声光报警和断电/复电控制功能及甲烷风电闭锁功能。

① 甲烷浓度超限声光报警和断电/复电控制功能

a. 甲烷浓度达到或超过报警浓度时,声光报警。

b. 甲烷浓度达到或超过断电浓度时,切断被控设备电源并闭锁;甲烷浓度低于复电浓度时,自动解锁。

c. 与闭锁控制有关的设备(含甲烷传感器、分站、电源、断电控制器等)未投入正常运行或故障时,切断该设备所监控区域的全部非本质安全型电气设备的电源并闭锁;当与闭锁控制有关的设备工作正常并稳定运行后,自动解锁。

② 甲烷风电闭锁功能

a. 掘进工作面甲烷浓度达到或超过1.0%时,声光报警;掘进工作面甲烷浓度达到或超过1.5%时,切断掘进巷道内全部非本质安全型电气设备的电源并闭锁;当掘进工作面甲烷浓度低于1.0%时,自动解锁。

b. 掘进工作面回风流中的甲烷浓度达到或超过1.0%时,声光报警,切断掘进巷道内全部非本质安全型电气设备的电源并闭锁;当掘进工作面回风流中的甲烷浓度低于1.0%时,自动解锁。

c. 被串掘进工作面入风流中甲烷浓度达到或超过0.5%时,声光报警,切断被串掘进巷道内全部非本质安全型电气设备的电源并闭锁;当被串掘进工作面入风流中甲烷浓度低于0.5%时,自动解锁。

d. 局部通风机停止运转或风筒风量低于规定值时,声光报警,切断供风区域的全部非本质安全型电气设备的电源并闭锁;当局部通风机及风筒恢复正常工作时,自动解锁。

e. 局部通风机停止运转,掘进工作面回风流中甲烷浓度大于3.0%时,对局部通风机进行闭锁使之不能启动,只有通过密码操作软件或使用专用工具方可人工解锁;当掘进工作面回风流中甲烷浓度低于1.5%时,自动解锁。

f. 与闭锁控制有关的设备(含分站、甲烷传感器、设备开停传感器、电源、断电控制器等)故障或断电时,声光报警,切断该设备所监控区域的全部非本质安全型电气设备的电源并闭锁;与闭锁控制有关的设备接通电源 1 min 内,继续闭锁该设备所监控区域的全部非本质安全型电气设备的电源;当与闭锁控制有关的设备工作正常并稳定运行后,自动解锁。不得对局部通风机进行故障闭锁控制。

5.1.2.2　内部功能

内部功能即监控分站内部系统实现的功能。主要内部功能如下:

(1) 分站应具有初始化参数设置和掉电保护功能,初始化参数可通过主站或编程器输入和修改。

(2) 分站应具有自诊断和故障指示功能,并将自诊断结果发送给地面中心站。

(3) 现场操作输入,分站通过遥控器或按键操作完成传感器设置、数据查询等工作。

(4) 数据显示,分站能够显示所连接各传感器监测信息、控制器状态信息等。

(5) 数据存储,分站将多个传感器采集的数据首先存储于分站数据存储器中。

(6) 数据处理,分站对采集的数据首先进行超限判断(甲烷浓度、一氧化碳浓度、温度等参数)。

(7) 故障分析与报警,分站对超限结果进行声光报警,并且可对其他设备的网络连接、工作状态、分站工作状态故障进行分析和显示。

(8) 供电输出,分站应具有电源接入、备用电源接入功能,实现接入分站的传感器、控制器的本安供电,以及当电网停电后,通过备用电池维持断电后正常供电。

5.1.3　新一代监控分站的特色功能要求

根据技术方案要求,新一代监控分站的功能和性能在以下几个方面需要提升,以适应煤矿安全生产监控的需要。

(1) 数字化传输

新一代煤矿安全监控系统中分站类设备与主干网之间的非工业以太网传输方式仅能使用至 2020 年 12 月 31 日。因此,进行煤矿安全监控系统升级改造,分站设备选型时,尽量不要选用不具备以太网传输方式的过渡期分站,而应当选择分站内置网络交换功能,至少具有 2 个以太网光口、2 个 RJ-45 电口,且支持分站间网络级联。

分站与主干网间采用以太网传输方式,将传统的 RS485 通信传输的半双工方式,提升到 TCP/IP 通信传输的全双工方式,网络传输性能和使用效率大大提升,原来很多需要查询、等待、无法并行操作的功能得以实现,如分站程序远程在线升级、通信异常恢复后分站内存储数据上传、分站间数据通信等。此外,分站内置的交换机模块富裕的端口可供其他系统接入,如人员定位、应急广播系统用基站接入分站内交换机模块中,实现传输网络的复用,减少设备投入、线缆铺设等工作。

(2) 增强抗电磁干扰能力

煤矿安全监控系统及组成设备采用抗干扰(EMC)技术设计,分站 EMC 设计测试要求参照 GB/T 17626 系列标准,地面设备 3 级静电抗扰度试验,评价等级为 A;2 级电磁辐射抗扰度试验,评价等级为 A;2 级脉冲群抗扰度试验,评价等级为 A;交流电源端口 3 级、直流电源与信号端口 2 级浪涌(冲击)抗扰度试验,评价等级为 B。

随着煤矿机械化发展,井下大型电气设备、变频设备使用越来越多,井下传感器、传输线缆受到的电磁干扰也随之增多。因此,应增强设备抗电磁干扰能力,使其在电磁环境中保持设备固有性能及完成规定功能的能力,具有一定程度的抗扰度,避免传感器出现"冒大数"、通信中断等异常情况。

（3）提高断电可靠性

完善就地断电功能,提高断电的可靠性,并加强馈电状态监测。推行区域断电,根据瓦斯涌出、超限发展的态势,由局部断电延展到区域性断电,以防止引燃引爆瓦斯。

新一代监控分站应具有监测数据分类、分级处理功能,将实时采集到的报警、断电数据作为重要事件,进行信息主动上传、优先上传,方便调度人员第一时间获取井下超限报警、断电信息,并通过馈电状态监测、掌握断电有效性状况。

新一代监控分站应支持分站间级联控制功能,实现快速异地断电功能,并在主机故障的情况下不影响异地控制功能。分站间级联控制断电功能如图 5-2 所示,即在分站与分站、主干网间采用以太网传输方式,当区域 1 内分站 A 接入的甲烷浓度超限断电时,无须经过地面主机,分站 A 可以同设置级联控制关系的区域 2、区域 3 的分站 B、分站 C 直接通信,实现分站 B、分站 C 接入设备断电控制。分站间级联控制断电,可以实现异地断电时间不超过 5 s,优于标准要求的异地断电时间不超过 40 s。

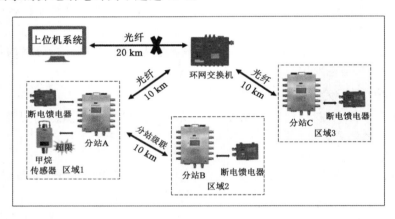

图 5-2　分站间级联控制断电示意图

（4）提升设备智能性

新一代监控分站应具备传感器接线错误、定义错误等自动识别、上传的功能,支持传感器即插即用安装的要求。分站自动识别接入传感器的属性信息,配置项简单,避免传统的传感器接入分站,需多次往返传感器与分站间进行配置、定义等操作。

传感器-分站-系统应具有关键传感器的关键参数自动同步的功能,如甲烷传感器的报警值、断电值、复电值等参数设置的一致性对比和数据同步。参数设置不一致时,系统软件能及时发出不一致提醒,并可通过上位机操作实现数据一致;及时发现井下人员误操作,或违规设置传感器报警、断电等参数。

分站应具有断线续传功能,分站内置存储模块空间应不小于 64 MB,满足通信中断期间不少于 24 h 的分站密采数据上传。分站应支持远程在线升级,无须设备升井或人员现场操作,监控人员在调度室即可完成分站程序升级、版本更新,并且分站升级期间监测数据不中断、断电控制有效。

（5）支持无线接入

分站具有无线接入功能，模拟量传感器至分站的无线传输应支持 Wave Mesh、ZigBee、Wi-Fi、RFID 协议的一种或多种。

无线通信作为有线通信的补充，完成有线系统无法完成的工作，以大量传感器以及网络节点为基础，对目标进行动态的定位、跟踪、检测，极大地保障了人们的安全。新一代监控分站需提供良好的无线接入接口，方便更多品类的设备接入，如新型的便携式无线甲烷检测报警仪、无线甲烷检测报警矿灯等无线设备，共同完成安全监控工作。

5.1.4　KJ370-F(A)分站简介

以光力科技股份有限公司的 KJ835X 煤矿安全监控系统用 KJ370-F(A)矿用本安型分站为例，介绍新一代智能监控分站。

5.1.4.1　设备简介

KJ370-F(A)矿用本安型分站，完全按照《煤矿安全监控系统升级改造技术方案》的要求完成升级并取得煤矿安全标志，具有模拟量采集、数字量采集、开关量采集、传输、存储、控制等功能，外形结构如图 5-3 所示。分站使用时需配接 KDW1140/24B 矿用隔爆兼本安型直流稳压电源，所有接口（模拟量输入、开关量输入、控制量输出及系统传输通信等）均需接入取得煤矿安全标志、防爆合格证的矿用产品。

图 5-3　KJ370-F(A)矿用本安型分站

5.1.4.2　性能特征

（1）采用 4.3 英寸真彩 TFT 液晶显示屏，可同时显示所有监测通道信息，信息显示集成度高，接入传感器信息一览无余，方便数据查看、分析。

（2）内置智能传感器分析功能，支持智能传感器的自动诊断、自动标校管理、智能分析等，实现传感器工作状态异常自动提醒，零点定期自动标校、锁定。

（3）内置高性能交换机，具备网络级联功能，支持自动拓扑、自动发现和分站间直接通信,大大提升通信传输效率。

（4）支持分站独立实现井下异地断电和分站间的关联控制,异地断电无须经过上位机软件便可实现,异地断电时间可控制在 5 s 以内。

（5）支持上位机远程升级分站程序的功能,分站程序升级不影响分站正常采集、传输等功能,不会造成分站断线等异常情况。

（6）具有初始化参数设置和掉电保护功能,避免传感器重新上电后内部参数需重新设定的情况,上电后即可正常工作。

（7）具有灵活的"三分闭锁"通道定义配置功能,支持多种控制逻辑设定,便于风机三分闭锁功能实现。

（8）支持分站通信中断后断点续传功能,满足通信中断期间不少于 24 h 的分站密采数据上传。

（9）支持无线设备接入功能,最多支持 32 个无线传感器设备接入。

5.1.4.3 主要技术参数

（1）供电电源

额定工作电压 12 V DC,允许波动范围 9~24 V DC;

（2）输入信号制式

模拟量:200~1 000 Hz(4 路);

数字量:RS485 总线(4 路)容量为 32;

开关量:1 mA/5 mA 的开关量信号(4 路)。

（3）控制输出

4 路电平信号:输出高电平时不小于 9 V,输出低电平时不大于 0.5 V;

1 路 RS485,波特率:2 400 bps(可设置),工作电压信号峰值不大于 5 V。

（4）传输性能

RS485 接口,1 个;

以太网 RJ45 接口,2 个;

以太网光信号接口,2 个;

无线传输接口,1 个。

（5）最大监控容量

分站所能接入传感器为 32 个、执行器为 8 个。

5.2 矿用电源

矿用电源是安全监控系统的重要部件之一,为监控系统装置供电。矿用电源一般要求是隔爆兼本安型直流电源,通常是将井下供电的交流电经变换而得到。为了维持不间断供电,往往还配有后备电池,以满足断电后监控设备正常供电。

5.2.1 基本工作原理

以光力科技股份有限公司的 KDW1140/24B 矿用电源为例,设备工作原理框图如图 5-4 所示。电源按功能模块可划分为本安电源模块、备用电源模块及交流电源模块三大部分。电源箱关键部件有矿用变压器、开关电源、连接母板、本安输出模块电路板、镍氢电池组、电源管理主板、隔爆开关等。

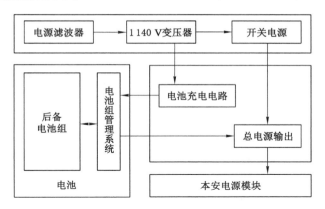

图 5-4　KDW1140/24B 矿用电源的工作原理框图

（1）矿用变压器

工作时,输入交流电通过交流接线端子连接到变压器输入端,变压器输入端为多抽头输入,每个输入端均串接有保护熔断器。现场接线时根据所使用的交流电压选择正确的保护熔断器。变压器有两个输出绕组,其中一个绕组连接开关电源,开关电源转换为 24 V DC 后供电到电源管理主板,然后由电源管理主板输出至连接母板。另一个绕组输出到电源管理主板,为后备电池提供充电电源。

（2）连接母板

① 安装本安模块

所有的本安模块安装在连接母板上,分别安装 24 V 本安模块、18 V 本安模块和 12 V 本安模块。

② 本安电源监测

对 18 V 及 24 V 本安模块的输出电压及电流进行实时监测,并通过 RS485 接口与电源管理主板进行通信,最终由电源管理主板上传分站。

（3）电源管理主板

电源管理主板是电源内部控制的核心,有以下功能:

① 充电

利用变压器输出绕组 30 V AC 经过整流、滤波后变换为 31.5 V 的充电电压,对电源内置镍氢电池组进行充电。

② 交流/直流供电状态检测及切换

检测有无交流电,并将电源供电状态上传分站,当现场交流断电后电源管理主板通过程序控制自动切换至直流供电,交流复电后,等待交流持续存在 90 s,若期间没有发生交流断电,则切换回交流供电;若期间发生交流断电,则继续直流放电。镍氢电池组内有电池充放电保护电路,当出现超温、过充电、过放电等现象时能及时地保护电池。

③ 对备用电源远程充放电管理、维护

当电源长期工作在交流供电时,操作人员通过上位机发出强制直流放电命令,电源接收命令并进行备用电源电池放电,对备用电池进行放电维护。当电池放电低于 24 V 时,电源不再响应强制直流放电命令,将主动切换至交流供电,并对电池进行充电。在执行强制放电命令时,操作人员可随时发送强制复电命令,从而结束电池放电动作。

（4）本安输出模块电路板

本安输出模块电路包含 3 种类型,分别为 24 V 本安输出模块 4 个、18 V 本安输出模块 4 个和 12 V 本安输出模块 1 个。本安输出模块包含 2 个组成部分,两者通过插针连接在一起。非本安电源经过直流变换后,变为 24 V、18 V、12 V,再经过二级过流保护、二级过压保护,然后输出。

（5）镍氢电池组

镍氢电池组为 24 V/12 Ah 后备电池,镍氢电池管理主板负责监测电池内部单节电池电压、电池充放电电流,并提供保护功能。电源充电管理板通过板间 RS485 与电池组通信,获取电池电压、电量等信息,并通过 RS485 总线上传关联分站显示。

5.2.2　基本功能、特点

矿用电源应用于煤矿井下,须适应井下复杂的环境状况。煤矿井下空间狭小,工作场所分散;环境中一般含有甲烷类易燃、易爆性气体和硫化氢等腐蚀性气体,环境湿度大,有淋水、粉尘等;井下供电电网电压波动范围较大(电压范围 75%～110%)。因此,矿用电源应具有如下功能、特点:

（1）本安型输出

为了防止电气设备因温度升高和电火花而引起煤矿井下瓦斯和煤尘爆炸,用于煤矿环境下的电气设备必须是防爆型的。煤矿本质安全型防爆电气设备具有体积小、质量轻等特点,特别是设备发生故障时产生的电火花能力很低,不会引爆井下爆炸性气体混合物。因此,矿井监控系统电源一般为隔爆兼本安型,或者为浇封兼本安型。

（2）体积小、质量轻

由于煤矿井下空间狭小,设备安装运输困难,因此需要矿用电源尽可能体积小、质量轻,方便使用。

（3）供电电网电压适应能力强

煤矿井下电气设备多、功率大,如采煤机、掘进机、输送机、抽采泵等启动、停止时,井下交流供电电网的电压波动范围较大,这就要求矿用电源具有良好的宽电压波动范围适应能力,在 75%～110% 的输入交流电压范围内能正常工作。

（4）保护功能强

矿用电源在井下较恶劣的环境中工作,可能会造成设备过载或电缆短路。因此,矿用电源要有防潮、防水、防尘、防腐的防护功能。同时,矿用电源还要有短路、过载、过流、输入过电压和欠电压保护功能。

（5）对多输入交流电压等级的适应能力

煤矿井上下交流电网电压等级较多,如 127 V、220 V、380 V、660 V、1 140 V 等,矿用电源的输入电压一般选 127 V、220 V、660 V、1 140 V。因此,要求矿用电源具有对多输入交流电压等级的适应能力。

（6）具有恒压-恒流输出特性

为满足本质安全防爆要求,电源的最大输出电压、电流均需受到限制。为保证电源的带载能力,本质安全型电源的输出应具有恒压-恒流或限压-限流的输出特性。

（7）故障自动恢复功能

由于煤矿井下环境的特殊性,短路或开路故障经常发生,一般要求在快速排除故障后,电源能自动恢复供电,而不用人工干预恢复供电。设备防爆性能检验时,试验标准要求矿用电源在经受短路或开路故障时能及时保护,并在故障消除后能正常恢复供电。

（8）后备电池电源

为保证煤矿井下在交流电网停电后,安全监控等关键设备能正常工作,矿用电源必须配置备用电源,并确保电源能维持正常工作时间不小于 4 h。串联或者并联的电池组保持厂家、型号、规格的一致性;电池或者电池组必须安装在独立的电池腔内;电池应配置充放电安全保护装置。

5.2.3　新一代矿用电源的特色功能要求

（1）安全监控系统电源应采用隔爆兼本质安全型不间断电源。

（2）当电网停电后应满足正常工作时间不小于 4 h 的要求（满负荷情况下）。

（3）禁止使用铅酸蓄电池（包括铅晶电池）的电源,蓄电池可采用镍镉电池、镍氢电池或锂电池。

（4）电池组应安装在独立的电池腔内。采用锂离子电池,应放置在独立的隔爆腔内,且该隔爆腔内不放置除电池管理系统中检测单体电池温度的传感器元件,以及防止锂离子蓄电池安装时发生短路的熔断器以外的其他电气元件。

（5）不间断电源具有电源管理功能。即电源具有 RS485 通信接口（或 CAN、Profibus 接口等）,通过与分站连接通信,可远程实现电源电池维护功能;可监测各路本安输出电源的电压与电流、电池充放电状态和电池电量。

（6）最大远程本安供电距离实行分级管理,分别为 2 km、3 km、6 km（满足单台甲烷传感器使用 $1\times4\times7/0.52$ 电缆、供电距离 6 km 正常工作要求）。

5.2.4　KDW1140/24B 矿用电源简介

5.2.4.1　设备简介

KDW1140/24B 矿用隔爆兼本安型直流稳压电源,主要为井下所挂接的分站及传感器供电。该电源具有多路输出,且安全隔离,每路电源均有过压、过流、短路等保护,备用电池使用环保型镍氢电池组,设备如图 5-5 所示。

5.2.4.2　性能特征

（1）电源输出具有限流、限压和短路保护功能,且故障撤销后自动恢复,保证电源输出的稳定性、可靠性。

（2）备用电池为镍氢电池组,且具有过充、过放、过温、短路等保护功能,备用电源在交流断电后满载情况下能连续工作 4 h 以上,循环使用寿命长,是传统铅酸电池的 3 倍以上。

（3）电源具有对备用电池远程充放电管理、维护等功能,监控人员可通过地面上位机进行强制电池放电及交流复电。

（4）电源具有交直流状态、备用电源电量、电压等信息上传功能,通过隔离式 RS485 将信息上传至分站并显示。

（5）支持交流电 1 140 V 供电,电源适用范围广。

5.2.4.3　主要技术参数

（1）交流输入

图 5-5   KDW1140/24B 矿用电源

① 输入额定电压:127 V/220 V/380 V/660 V/1 140 V AC;

② 允许偏差:−25%～+10%。

(2) 直流输出

9 路(1 路 12 V、4 路 18 V、4 路 24 V)本安输出性能应符合表 5-1 的规定。

表 5-1   电源本安输出性能表

输出电压标称值	12.0 V/18.0 V//24.0 V
额定输出电流	300 mA/200 mA/130 mA
过压保护动作值	12.5 V/18.5 V/24.5 V
过流保护动作值	1.6 A/0.8 A/0.47 A
周期与随机偏移峰的峰值	≤250 mV

(3) 备用电源

① 转换时间:≤10 ms;

② 最大充电电流:1 000 mA;

③ 电池过放保护值:21 V;

④ 工作时间:不小于 4 h(额定负载时)。

5.3   传感器基础

传感器是煤矿安全监控系统的"感觉器官",它是能感受规定的被测量并按照一定的规律转换成可用输出信号的器件或装置。传感器是测量装置,能完成检测任务;它的输入量是某一被测物理量,如气体浓度(CH_4、CO、O_2、CO_2)和风速、温度、风压等环境参数,以及生产设备运行状态参数;它的输出量是某种物理量,这种量要便于传输、转换、处理、显示等,这种量可以是电量、光;输入输出有对应关系,并且应有一定的精确度。

　　煤矿用传感器应符合国家标准规范要求,传感器及其关联设备均应通过国家授权的防爆机构联检,与传感器配套的关联设备应具有有效期内的矿用安全标志证书。安全监测系统应配置稳定性至少 15 d 以上的传感器等关联设备。严禁使用未经国家授权的安全生产检测检验机构进行安全联检的关联设备。

5.3.1　传感器组成、分类

5.3.1.1　传感器的组成

　　传感器一般由敏感元件、转换元件、测量电路三部分组成,有时需要用辅助电源,其组成结构如图 5-6 所示。

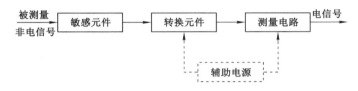

图 5-6　传感器组成结构图

　　(1)敏感元件:传感器中能直接感受被测量的变化,并输出与被测量成确定关系的某一物理量的元件。敏感元件是传感器的核心,也是研究、设计和制作传感器的关键。

　　(2)转换元件:传感器中能将敏感元件输出的物理量转换成适于传输或测量的电信号的器件。另外,并不是所有的传感器都能明显地区分敏感元件和转换元件两部分,有的传感器转换元件不止一个,需要经过若干次的转换,有的则是两者合二为一。

　　(3)测量电路:又称转换电路或信号处理电路,将转换元件输出的电路参数进一步转换和处理,如放大、滤波、线性化、补偿等,以获得更好的品质特性,便于后续电路实现显示、记录、控制与传输等功能。

　　(4)辅助电源:供给传感器工作的电源。一般来说,煤矿用传感器多数是转换成电信号输出,也有其他信号输出形式的,如光通量、声波等。有的要经过几次转换,但最后都是以电信号形式输出后再进行整理。

5.3.1.2　传感器的分类

　　煤矿井下用传感器种类繁多,分类方法也很多。

　　(1)按被测参数分类:有矿用风速、压力、温度、浓度等传感器,这种分类方法比较容易,根据测量对象选择传感器。

　　(2)按测量原理分类:安全监控系统用传感器常见测量原理有电化学式、电离式、电阻式、磁阻式、热效式、超声波、激光、红外线等。

　　(3)按应用类型分类:分为环境类监测、生产类监测传感器,如甲烷传感器、风速传感器、温度传感器、一氧化碳传感器等环境监测传感器,以及开关状态、煤位、电量检测等生产类监测传感器。

5.3.2　传感器的常用概念

　　(1)测量范围和量程

测量范围是指传感器所能测量到的最小输入量与最大输入量之间的范围。量程是指传感器测量范围的上限值与下限值的代数差,其中上限值又称为满量程值。

例如,矿用高低浓度甲烷传感器的测量范围为 $0\sim40.0\%$,一氧化碳传感器的测量范围为 $0\sim500$ ppm(10^{-6})等。传感器在选型、设计、使用时需注意测量范围,如果被测量超出传感器所规定的测量范围,将会造成较大的误差或导致传感器的损坏。

(2) 测量误差和精度

测量误差是指某被测量的测量值与该被测量的真值之间的差值。精度是指传感器在规定条件下允许的最大绝对误差相对于传感器满量程输出的百分数,表示传感器的测量结果与被测实际值的接近程度。传感器的测量误差越小,精度越高。

例如,《煤矿用高低浓度甲烷传感器》(AQ 6206—2006)规定的高低浓度甲烷传感器应满足的测量误差如表 5-2 所示。

表 5-2　煤矿用高低浓度甲烷传感器的测量误差

测量范围/%CH$_4$	测量误差
$0.00\sim1.00$	$\pm0.10\%$ CH$_4$
$1.00\sim3.00$	真值的 $\pm10\%$
$3.00\sim4.00$	$\pm0.30\%$ CH$_4$
$4.00\sim40.0$	真值的 $\pm10\%$

(3) 灵敏度

传感器的灵敏度是指达到稳定工作状态时,输出变化量 Δy 与引起该变化的输入变化量 Δx 之比。灵敏度表达式为

$$k = \frac{\Delta y}{\Delta x}$$

对于线性传感器,其灵敏度为常数,曲线的斜率就是灵敏度 k。而对于非线性传感器,灵敏度用 $\frac{\Delta y}{\Delta x}$ 表示,也可以用某一小区域内拟合直线的斜率表示。

一般要求传感器的灵敏度较高并在满量程内是常数为佳,这就要求传感器的输入输出特性为线性。

(4) 最小检测量和分辨率

最小检测量是指传感器能确切反映被测量的最小极限量。最小检测量越小,表示传感器检测微量的能力越高。全量程中最小检测量的最大值与满量程输出的百分数称为分辨率。

(5) 重复性

由于传感器的老化和磨损,在相同的工作状态下重复地输入一个相同的值时,传感器的输出是不同的。重复性是指传感器在相同的工作状态下,多次地输入同一个值时,其输出的一致性程度。重复性是反映传感器精密程度的重要指标。同时,重复性的好坏也与许多随机因素有关,它属于随机误差,要用统计规律来确定。

(6) 稳定性

稳定性,是指在规定的工作条件和时间内,传感器的零点、标定点和报警点保持在允许

变化范围内的性能。煤矿用传感器一般由设备连续工作 15 d 的基本误差不超过规定,来衡量传感器的工作稳定性。

稳定性表示传感器在一个较长的时间内保持其性能参数的能力。随着时间的推移多数传感器的特性会发生改变。这是因为敏感元件或构成传感器的部件,其特性会随时间发生变化,从而影响了传感器的稳定性。

（7）响应时间

响应时间,又称 T_{90} 时间,是指传感器输出达到稳定值 90% 的时间。例如,行业标准要求高低浓度甲烷传感器的响应时间应不大于 20 s。

（8）防护等级

传感器的防护等级,是指设备的防尘、防水特性级别,由"IP＋两个数字"表示,第 1 个数字表示设备防尘、防止外物侵入的等级,第 2 个数字表示设备防湿气、防水侵入的密闭程度,数字越大表示其防护等级越高。

《煤矿安全监控系统升级改造技术方案》要求提升传感器的防护等级,将采掘面传感器的防护等级由 IP54 提升到 IP65,设备防尘、防水特性如表 5-3 所示。

表 5-3　传感器防尘、防水特性表

防护等级	防尘特性	防水特性
IP54	完全防止外物侵入,虽不能完全防止灰尘侵入,但灰尘的侵入量不会影响传感器的正常运作	从各个方向飞溅而来的水都不应引起损害
IP65	完全防止外物及灰尘侵入	从各个方向对准壳体的喷嘴射出的水都不应引起损害

5.3.3　传感器的信号输出制式

5.3.3.1　模拟量与开关量

在煤矿安全监控系统中,被测物理量可分为模拟量和开关量两大类。

（1）模拟量与信号传输

模拟量是指量值连续变化的物理量,如甲烷浓度、风速、温度、压力等参数。模拟量的量值可以用电压的大小、电流的大小、频率的高低来表示,将这种反映模拟量大小的非编码信号称为模拟信号,其信号波形随模拟信息的变化而变化,幅度连续。如图 5-7 所示的信号为模拟信号,其信号波形在时间上也是连续的。模拟量的量值也可以用一组码字的编码来近似表示,将这种反映模拟量大小的编码信号称为数字信号,其特点是幅值被限制在有限个数值之内,它不是连续的而是离散的。如图 5-8 所示为用数字信号表示模拟量。

（2）开关量与信号传输

开关量是一种阶跃变化的物理量,通常只取两种状态,如设备开停、风门开关、风筒风量开闭等。开关量可以用电流的有无、电压的有无和极性来表示,通常将这种反映开关量状态的非编码信号称为开关信号。如图 5-9 所示,可以用电流 I 或电压 U 表示开关信号。同样,开关量也可用一组码字中的取值（0 或 1）来表示,称这种反映开关量状态的编码为数字信号,如图 5-10 所示。

与模拟信号传输相比,数字信号传输具有以下优势:① 抗干扰能力强,传输稳定性好;

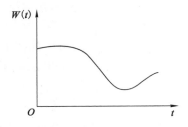

图 5-7　模拟信号表示模拟量

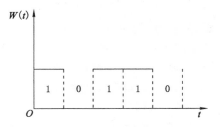

图 5-8　数字信号表示模拟量

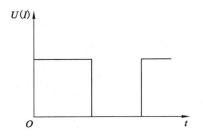

图 5-9　用电压 U 或电流 I 表示开关量

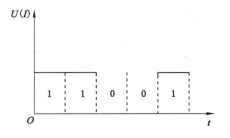

图 5-10　数字信号表示开关量

② 传输中的差错可以设法控制,传输质量好;③ 可以传递各种信息,使用灵活、通用性好;④ 便于用计算机进行系统管理。由于煤矿井下电磁干扰严重、传感器种类繁多,数字传输在煤矿安全监控系统的信息传输中得到越来越广泛的应用。

5.3.3.2　信号输出制式

（1）模拟信号传输

模拟量传感器的模拟信号主要有电压型、电流型和频率型 3 种,输出标准制式有:电压型 0～1 V、0～5 V;电流型 1～5 mA、5～20 mA;频率型 5～15 Hz、200～1 000 Hz 等。

① 电压型。电压型模拟信号的电压随被测物理量的变化而变化,由于传感器输出的电压信号经传输电缆至分站,因此分站输入的电压信号受电缆长度、线径、材质、接触电阻和负载电流的影响。在实际应用中,为减小传输电缆和负载电流对分站输入电压信号的影响,通常在传感器的输出端串接一个可变电阻,通过调节这个可变电阻,使可变电阻值与电缆环路电阻之和为一个常数;在负载电流一定的情况下,电压降为常数,则可通过补偿解决。但由于电缆长度和接触电阻受工作面回采和巷道环境等影响,需要经常调整可变电阻,大大增加了维护工作量,因此煤矿井下不宜采用电压型模拟信号传输。

② 电流型。电流型模拟信号的电流随被测物理量变化而变化。规定输出信号下限不为 0,是为了监测传感器的工作状态;传感器在正常工作时,其输出信号不会为 0,若出现传感器输出信号为 0 的情况,则说明传感器工作不正常,可能发生断线、停电、传感器故障等问题。

传感器输出的电流信号也需要电缆传输至分站,但由于电流信号主要受电缆绝缘电阻所造成的漏电流影响,并且矿用电缆的绝缘电阻较大,所造成的漏电流很小,因此分站输入的电流信号受信号电缆长度、线径、材质、接触电阻和负载电阻的影响很小,可用于煤矿井下模拟信号传输。

③ 频率型。频率型模拟信号的频率随被测物理量变化而变化,在整个频率范围内其正脉冲和负脉冲宽度均不得小于 0.3 ms,频率信号的输出分有源和无源两种。

有源输出高电平电压应不小于+3 V(输出电流为 2 mA 时),有源输出低电平电压应不大于+0.5 V(输出电流为 2 mA 时)。无源输出截止状态的漏电阻应不小于 100 kΩ,无源输出导通状态的电压降应不大于+0.5 V(电流为 2 mA 时)。同样,规定输出信号下限不为 0,也是为了监测传感器的工作状态。

频率信号是以单位时间内脉冲个数来表示被测量的大小,因此在门限允许的范围内,脉冲幅度的变化对频率信号的接收影响不大。无论是电流脉冲还是电压脉冲,受信号电缆长度、线径、材质、接触电阻、负载电阻和绝缘电阻的影响都很小,并且具有一定的抗电磁噪声能力。此外,频率信号还便于使用性价比高的光电耦合器进行本安隔离,但光电耦合器是非线性器件,不能用于电流型和电压型信号的本安隔离。因此,模拟信号常采用频率信号传输。

（2）数字信号传输

模拟量传感器至分站的有线数字信号传输,一般采用 RS485 通信协议、CAN 总线,较少采用工业以太网;无线传输采用 Wave Mesh、ZigBee、Wi-Fi、RFID。

数字信号传输制式在第 4.2.7 节中已详细阐述。

（3）开关信号传输

开关信号的输出可以是机械接点式,也可以是半导体电路或其他电气元件式,这些统称为输出接点。输出接点可以是有源接点,也可以是无源接点。开关量输出信号制式和输出信号规格,如表 5-4 所示。

表 5-4　开关量输出信号制式

信号制式	输出信号	
	开关状态 1	开关状态 2
无源	导通状态的低电压应小于 0.5 V	截止状态漏电阻应大于 100 kΩ
有源	高电平电压大于 3 V	低电平电压应小于 0.5 V
电流型	0 mA	5 mA（±5%）
	1 mA	5 mA（±5%）
	4 mA	10～20 mA（±10%）
电压型	0 V	5 V（±5%）
频率型	5 Hz	15 Hz（±5%）
	200 Hz	1 000 Hz（±5%）
数字型	RS485,传输速率 1 200 bps、2 400 bps、4 800 bps、9 600 bps,电平不小于 3 V	

5.4　甲烷传感器

5.4.1　基本原理及技术要求

甲烷传感器是连续监测矿井环境中甲烷浓度的装置,一般具有显示及声光报警功能。

随着监测监控技术发展,煤矿用甲烷传感器的种类也在增多。系统设计时应根据使用场所、测量范围、测量精度等要求选择不同类型的甲烷传感器。甲烷传感器按照不同的分类标准,分类情况如下:

(1) 按照测量范围分类:低浓度(0~4%)、高浓度(0~40%)、全量程浓度(0~100%)。

(2) 按照使用场所分类:环境用、抽采管道用。

(3) 按照通信方式分类:有线传输、无线传输。

(4) 按照测量原理分类:催化燃烧式、热导式、红外光谱、激光检测。

在煤矿安全监控系统中,低浓度甲烷传感器主要是催化燃烧式,多用于环境气体监测;高浓度、全量程甲烷传感器主要采用热导式、红外光谱、激光检测,可用于环境监测和抽采管道气体监测。下面介绍煤矿常见甲烷传感器的工作原理。

5.4.1.1 催化燃烧式

(1) 检测原理

催化燃烧式甲烷传感器的工作原理是:在传感元件(含敏感元件)表面的甲烷(或可燃性气体),在催化剂的催化作用下,发生无焰燃烧,放出热量,使传感元件升温,进而使传感元件电阻变大,通过测量传感元件电阻变化就可测出甲烷气体的浓度。在矿井安全监测装置中,测量低浓度的甲烷传感器普遍使用载体催化元件。

载体催化元件一般由一个带催化剂的传感元件(黑元件)和一个不带催化剂的补偿元件(白元件)组成。黑元件由铂丝线圈、Al_2O_3 载体和表面催化剂组成;黑元件和白元件的结构尺寸完全相同,但白元件表面没有催化剂,仅起到环境温度补偿作用。铂丝线圈用来给元件加热,提供加温催化燃烧所需的温度,同时甲烷燃烧释放出的热量使其升温,通过测量电阻变化,测得空气中甲烷浓度大小。载体催化甲烷传感器检测原理如图 5-11 所示。

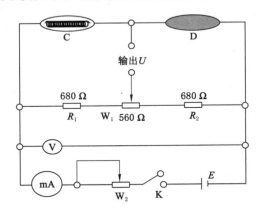

图 5-11　载体催化甲烷传感器检测原理

在甲烷浓度为零的新鲜空气中,其传感元件与补偿元件的电阻相等,即 $R_C = R_D$。此时,电桥处于平衡状态,输出电压 $U = 0$。若环境温度变化或通过传感元件与补偿元件的电流变化,使传感元件与补偿元件的电阻发生变化,但由于变化后传感元件与补偿元件的电阻仍相等,不会使电桥失去平衡。当空气中含有甲烷时,吸附在传感元件表面的甲烷在传感元件表面催化燃烧,燃烧放出的热量与甲烷浓度成正比,在燃烧热量的作用下,传感元件温度上升,传感元件铂丝电阻也随之增大 ΔR,通过测量 ΔR 的变化,就可以测量空气中甲烷浓度。

（2）技术要求

① 正常工作环境条件：为保证低浓度载体催化式甲烷传感器能够正常工作，要求其工作在温度 0～40 ℃，相对湿度小于 98%，大气压力为 80～116 kPa，风速不大于 8 m/s 的环境中。

② 传感器资质要求：传感器及与其关联的设备应经国家授权的防爆检验机构联检，与传感器配套的关联设备应具有有效期内的矿用产品安全标志证书。

③ 超量程保护功能：在甲烷浓度超过测量范围上限时，传感器应具有保护载体催化元件的功能，并应使传感器的显示值和输出信号值均维持在超限状态。

④ 显示值稳定性：在 0.00～4.00%CH₄ 范围内，当甲烷浓度保持恒定时，传感器的显示值或输出信号值（换算为甲烷浓度值）的变化量应不超过 0.04%CH₄。

⑤ 传感器的基本误差应符合表 5-5 的规定。

表 5-5 传感器的基本误差

测量范围%CH₄	基本误差
0.00～1.00	±0.10%CH₄
1.00～3.00	真值的±10%
3.00～4.00	±0.30%CH₄

⑥ 工作稳定性：传感器连续工作 15 d 的基本误差应不超过表 5-5 的规定。

⑦ 响应时间（T_{90}）：传感器的响应时间应不大于 20 s。

⑧ 报警功能：具有报警功能的传感器应能在测量范围内任意设置报警点，报警显示值与设定值的差值应不超过 ±0.05%CH₄。

⑨ 防护等级：IP65。

（3）影响传感器性能的因素

① 催化剂中毒

硫化合物（H_2S、SO_2）、磷化合物（H_3P）以及有机硅蒸气等强烈吸附在催化剂上，与 Pd 反应生成新的化合物，造成催化剂活性降低，严重时会使催化剂完全失去活性，这种现象被称为催化剂中毒。

催化剂中毒分为暂时性中毒和永久性中毒。硫化物和氯化物中毒是暂时性中毒，中毒后可以恢复；Si、Sn 等中毒是永久性中毒，是不可恢复的。一些矿井中有 H_2S、SO_2 气体，有时井下爆破作业、防爆胶轮车尾气中会有 SO_2 等气体，造成甲烷传感器的催化元件失效。

② 灵敏度变化

高温烧结、催化剂活性物质的粒子变大、升华为气态等，都会造成元件的催化活性降低，以致传感器灵敏度下降。催化剂升华还会使置于同一气室的补偿元件载体上吸附微量催化剂，使甲烷能够在补偿元件上催化燃烧，从而使电桥输出灵敏度下降。

若催化元件长期工作在高浓度甲烷空气混合物中，甲烷由于缺氧不能充分燃烧，产生的碳粒子会堆积在催化剂表面或催化层的孔隙中，使催化剂粒子和载体粒子之间的结合力降低，导致催化层断裂、脱落，表面积减小，催化活性下降，元件灵敏度下降。

此外,影响催化元件灵敏度的还有激活、催化剂中毒等。因此,载体催化甲烷传感器必须每隔 15 d 定期用校准气校准。当催化元件灵敏度降到初始值 50% 时,可认定元件报废。

③ 气体流量

进入检测气室的气体流量会影响催化元件灵敏度,如图 5-12 所示。因此,对于扩散式甲烷传感器,在传感器标校通标准气体时,通气流量应与甲烷传感器在井下安装地点的风速相吻合;否则,会造成测量误差。

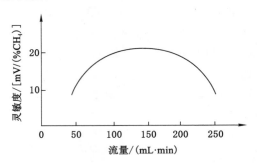

图 5-12　元件灵敏度与流量变化关系

④ 线性度

在低浓度范围内,催化燃烧产生的热量随甲烷浓度的增加而增大。但由于元件温度增加时,其热量也增大,从而导致元件温度不随催化燃烧热量增大而线性增大。因此,当甲烷浓度不大于 4.0% 时,元件的输出与甲烷浓度具有良好的线性关系;但当甲烷浓度大于 4.0% 时,元件的输出与甲烷浓度很难保持线性关系。

⑤ 井下潮湿空气和煤尘对元件的影响

煤矿井下煤尘多、水汽大,造成传感器进气口堵塞,进气量变小,影响测量精度。因此,元件和外罩要经常清洗、干燥、标定。

5.4.1.2　热导式

(1)检测原理

热导式高浓度甲烷传感器主要用于抽采管道中甲烷和高瓦斯采掘工作面的甲烷浓度监测,在甲烷风电闭锁装置中热导元件与载体催化元件结合,构成高低浓度甲烷传感器。

热导式甲烷传感器的工作原理是利用甲烷气体的热导率高于新鲜空气的热导率的物理特性,通过热敏元件检测含有甲烷的混合气体的热导率变化,进而测得甲烷的浓度。热导式甲烷传感器工作原理如图 5-13 所示。

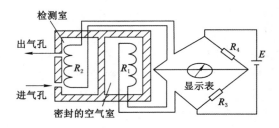

图 5-13　热导式甲烷传感器工作原理

热导式甲烷传感器的内部有两个气室,一个是检测室、一个是参比室,在参比室内部密封着参比(基准)气体,而检测室可以进入待测气体。两个气室内部的元件分别缠绕着细铂丝,与外部定值电阻组合,形成电桥回路,恒定电流分别流过两组铂丝使之发热,同催化燃烧式传感器类似,在不存在可燃气体的时候,回路是平衡的,产生"零"数值;一旦测量室中的待测组分发生浓度变化时,测量室中的热导率会随着变动,从而使测量室中铂丝的温度发生变化。将这种温度变化以电阻值变化的形式提取出来,计算出甲烷气体的浓度值。

(2)值得注意的问题

① CO_2和水蒸气等气体影响

由热导式传感器检测原理可知,空气中其他气体的浓度变化会影响甲烷浓度的检测,测量选择性差。例如,二氧化碳浓度增加会使热导率降低,水蒸气(湿度)的增加会使热导率升高,因此,仪器要能排除二氧化碳和水蒸气的影响。

② 环境温度的影响

由于气体的热导率随温度的增大而增大,环境温度对仪器零点稳定和灵敏度影响很大,因此,热导式甲烷传感器必须对环境温度进行补偿,保持气室温度恒定。

③ 流速的影响

测量气室的热交换取决于热传导、热对流、热辐射,温度不高时热传导和热对流决定了热交换。气室尺寸和气体流速会对热对流产生影响,进一步对甲烷的测量造成影响。因此,要保证气室内气体流动速度相对稳定。

④ 不适宜低浓度测量

由于空气中甲烷浓度的微量变化很难通过甲烷空气混合物热导率的变化测得,热导式传感器零点漂移严重,不适宜测量低浓度瓦斯,目前主要用于测量(4~100)%CH_4高浓度甲烷。

(3)技术要求

传感器应以百分体积浓度表示测量值,采用数字显示测量分辨率应不低于0.1% CH_4,测量量程有(4.00~40.00)%CH_4和(4.00~100.00)%CH_4两种。传感器显示值稳定性要求在(4.00~100.00)%CH_4范围内,甲烷浓度恒定时,传感器显示值变化量不超过0.4%CH_4。在20 m/s流速条件下,其指示值偏移量不大于±0.1% CH_4;传感器响应时间不大于20 s,工作稳定时间不少于21 d。传感器使用电缆的单芯截面积为1.5 mm^2时,传感器与关联设备的传输距离应不小于2 km。传感器基本误差应符合表5-6的要求。

表5-6　热导式高浓度甲烷传感器的基本误差

测量范围/%CH_4	基本误差	
4.00~40.00	真值的±10%	
4.00~100.00	(4.00~40.00)%CH_4	真值的±10%
	(40.00~100.00)%CH_4	测量上限的±10%

5.4.1.3　红外光谱

(1)检测原理

红外光谱法是基于不同极性分子在光谱作用下由于振动和旋转变化而表现为不同的吸收峰,测量吸收光谱可知气体类型、浓度大小。例如,CO_2有 2.78 μm、4.28 μm、14.3 μm 三个吸收峰值,CO 的吸收峰值在 4.65 μm 处;CH_4 吸收峰值在 3.33 μm 处,而杂质气体中影响较大的水蒸气和 CO_2 则无明显吸收光谱特性。利用非色散红外检测(NDIR)技术可以测量气体的浓度。红外传感器的工作原理如图 5-14 所示。

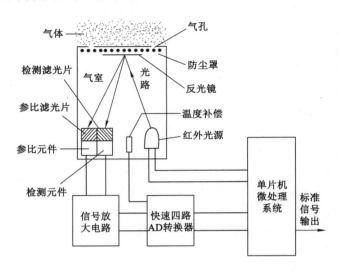

图 5-14　红外传感器的工作原理

待测气体以扩散方式,透过气孔进入测量气室。红外光源发出的红外光在气室中经反光镜反射后透过滤光片到达红外检测元件。滤光片有两种,分别允许通过特定波长的红外光;参比滤光片允许通过的红外波长为不会被气室中气体所吸收的红外光,而检测滤光片允许通过的红外波长为待检测气体对应吸收的红外波长。红外检测元件由紧靠在一起的一组检测性能相同的元件组成,一个为检测元件,一个为参比元件,分别检测两种波长的红外光。

由于进入参比元件的红外光的波长不能被气室中的气体所吸收,所以参比元件出来的电信号不会随气室中待测气体浓度的变化而变化。而检测元件接收的波长为待测气体所能吸收的红外波长,所以检测元件出来的电信号随待测气体浓度的变化而变化,通过测量这两路信号比值的变化率,从而计算出气体的浓度值。

欧美等发达国家多年来一直在研究如何将红外吸收光谱技术应用于甲烷浓度检测,在 2004 年推出了煤矿用红外甲烷传感器。光源的选择直接影响红外甲烷传感器灵敏度等性能。

(2) 技术要求

煤矿用非色散红外甲烷传感器技术要求如下:

① 传感器分类

A 类传感器:用于环境监测,测量范围(0～10)%CH_4;

B 类传感器:用于环境监测,测量范围(0～100)%CH_4;

C 类传感器:用于瓦斯抽采管道监测,测量范围(0～100)%CH_4。

② 传感器显示

传感器应以百分体积浓度表示测量值并用数字显示,测量范围在$(0 \leqslant X < 10)\% CH_4$时,其分辨率应不低于$0.01\% CH_4$;测量范围在$(10 \leqslant X < 100)\% CH_4$时,其分辨率应不低于$0.1\% CH_4$。

③ 显示值稳定性

在$(0 \leqslant X < 10)\% CH_4$测量范围,甲烷浓度恒定时,传感器显示值或输出信号值(换算为甲烷浓度值)变化量不超过$0.04\% CH_4$。

在$(10 \leqslant X < 100)\% CH_4$测量范围,甲烷浓度恒定时,传感器显示值或输出信号值(换算为甲烷浓度值)变化量不超过$0.04\% CH_4$。

④ 传感器基本误差

传感器测量基本误差应符合表5-7的规定。

表 5-7 传感器测量基本误差

测量范围/%CH₄	基本误差/%CH₄	
	A、B类传感器	C类传感器
0.00~1.00	±0.06	±0.07
1.00~100.00	真值的±6%	真值的±7%

⑤ 工作稳定性

传感器连续工作60 d时间内,其基本误差应符合表5-7的规定。

⑥ 响应时间(T_{90})

A、B类传感器的响应时间应不大于25 s;C类传感器的响应时间应不大于50 s。

⑦ 报警功能

传感器应具有报警功能,A、B类传感器为超上限报警,并在$(0 \leqslant X < 5)\% CH_4$范围内可任意设置报警点,报警显示值与设定值的差值应不超过$\pm 0.05\% CH_4$。C类传感器为超下限报警,并在$(25 \leqslant X < 35)\% CH_4$范围内可任意设置报警点,报警显示值与设定值的差值应不超过$\pm 0.05\% CH_4$。

5.4.1.4 激光检测

激光甲烷传感器是基于可调谐激光吸收光谱(TDLAS)技术的高性能甲烷传感器。TDLAS是利用半导体二极管激光的波长扫描和电流调谐特性对气体进行测量的一种技术,通过获得被测气体的特征吸收光谱范围内的吸收谱线,从而对被测气体进行定性或定量分析。激光检测与红外检测原理基本相同,都是利用气体分子光谱吸收来测量。

煤矿用全量程激光甲烷传感器,基于 TDLAS 和谐波检测技术,应用二次谐波测量低浓度甲烷,直接吸收法测量高浓度甲烷,同时通过温度补偿、压力补偿,从而实现对甲烷的高精度实时测量。

(1)甲烷吸收谱线

甲烷气体分子在中红外波段有 4 个固有频率,分别为 3.31 μm、3.43 μm、6.53 μm、7.66 μm,对应于这些频率的中红外激光器的价格较为昂贵,煤矿安全监控普及存在困难。

甲烷分子的泛频和组合频的吸收波长分别为 $1.66~\mu m$ 和 $1.33~\mu m$,这两个频率属于近红外波段,激光器相对较为便宜,但缺点是其吸收强度约为固有频率的 $1/2~000$,这对微弱信号检测能力提出了要求。$1.66~\mu m$ 波段的甲烷吸收强度比 $1.33~\mu m$ 更强,在 $1~653.7$ nm 波长附近吸收强度较大,且周围没有其他气体吸收谱线干扰。因此,激光甲烷传感器多选择 $1~653.7$ nm 的激光器。

通过 TDLAS 技术将激光器光源所发出的激光波长控制在 $1~653$ nm 左右,当甲烷气体通过气室后激光光线会被甲烷气体所吸收,根据 Lambert-Beer 定律分析光电探测器所接收到的光电信号就可以判断出甲烷气体的浓度。

（2）Lambert-Beer 定律

对于光强为 I_0 的一束单色入射光,当通过长度为 L 的吸收气体后,在不考虑散射的情况下,其投射光强 I 可以表示为:

$$I = I_0~e^{-\alpha CL}$$

式中,I_0 表示通过吸收介质前的光强;I 为透射光强;α 为吸收系数;C 为介质浓度;L 为气体段长度。

（3）谐波检测技术

谐波检测技术的基本原理是通过高频调制某个依赖于频率的信号,使其扫描待测特征信号,以调制频率或调制频率的倍频作为参考信号进行信号处理。谐波检测的理论基础是傅立叶变换理论,当待测对象满足一定的数学模型条件时,可用得到的与理论计算相吻合的结果进行计算,因此,当已知某一气体的吸收系数时,就可以应用谐波检测技术来分析气体的浓度。

根据数学推导可知,利用窄带光源谐波检测气体浓度时,经过测量气体吸收后的调制信号二次谐波分量与被测气体浓度呈线性关系,因此只要提取二次谐波分量即可通过计算获得气体浓度大小。采用二次谐波和一次谐波的比值作为系统的输出,可以消除光源波动等共模噪声,提高测量精度。

（4）环境温度补偿

研究发现,吸收气室内的甲烷气体吸收线的谱线特性容易受到环境温度波动的影响,对于同一浓度的甲烷气体,传感器吸收信号值与温度的变化趋势一致,温度越高,信号值越低。为了准确地测量痕量甲烷气体浓度,传感器必须进行相应温度补偿,才能达到煤矿应用的测量误差要求。

（5）环境压力补偿

气体受环境压力影响较大,为了提高系统测量的精度,需要在信号处理终端对压力进行软件补偿,我们首先使用最小二乘法对测得的电参量、浓度信息进行拟合,然后把压力信息融合进去,从而实现系统压力的软件补偿。

煤矿用激光甲烷传感器,具有测量精度高、响应速度快、调校周期长、抗水尘污染能力强、抗其他杂质气体干扰等突出优势,是煤矿井下甲烷气体监测的理想选择。

目前,煤矿激光甲烷传感器的行业标准正在起草中,其产品认证检测可参照红外甲烷传感器检验标准进行。各类甲烷检测方法技术指标对比情况如表 5-8 所示。

表 5-8 各类甲烷检测方法技术指标对比表

项目	类型			
	催化燃烧式	热导式	红外光谱	激光检测
测量原理	催化燃烧	热导	非色散红外	波长调制吸收光谱
测量范围 /%CH$_4$	$(0\sim4)\%CH_4$	$(4\sim100)\%CH_4$	$(0\sim100)\%CH_4$	$(0\sim100)\%CH_4$
测量误差	$(0.00\sim1.00)\%CH_4$, $\pm0.10\%CH_4$ $(1.00\sim3.00)\%CH_4$, 真值的$\pm10\%$ $(3.00\sim4.00)\%CH_4$, $\pm0.30\%CH_4$	$(4.00\sim40.00)\%CH_4$, 真值的$\pm10\%$; $(40.00\sim100.00)\%CH_4$, $\pm10\%F.S$;	$(0.00\sim1.00)\%CH_4$, $\pm0.06\%CH_4$ $>1.00\%CH_4$, 真值的$\pm6\%$	$(0.00\sim1.00)\%CH_4$, $\pm0.06\%CH_4$ $>1.00\%CH_4$, 真值的$\pm6\%$
响应时间	$15\sim20$ s	20 s	25 s	$15\sim20$ s
长期稳定性	15,中等	15,一般	60,好	60,好
抗干扰能力	易受杂质气体影响,硫化物造成传感器中毒失效	易受环境中CO_2、水蒸气和温度等影响	测量受水蒸气和微尘的影响	测量基本不受影响
校验周期	$1\sim2$ 周	2 周	1 个月	3 个月及以上
使用寿命	$1\sim2$ 年	2 年	$2\sim3$ 年	$\geqslant3$ 年
零点漂移	中等	漂移大	较易,需要不定时校准零点	不易
是否易中毒	易发生高浓度甲烷、硫化物中毒现象	不易中毒	不易中毒	不中毒
价格	低	中	略高	高

5.4.2 典型的甲烷传感器

(1) GJC4 矿用低浓度甲烷传感器

GJC4 矿用低浓度甲烷传感器用于煤矿井下空气中瓦斯含量检测,为矿用本质兼隔爆型设备。它可以连续自动地将井下甲烷浓度转换成标准电信号输送给关联设备,并具有就地显示甲烷浓度超限声光报警等功能,具有稳定可靠、使用方便等特点。

传感器由催化元件、信号放大器电路、A/D 变换器、单片机以及显示电路和输出电路等部分组成。当甲烷气体进入传感器时,在一定的甲烷浓度范围内,传感元件产生正比于甲烷浓度的电压信号,此电压信号经过放大器放大后,由 A/D 转化器转化成相对应的数字信号,由单片机计算出相应的浓度,并与报警点、断电点相比较,通过显示电路输出显示浓度和相关信号,传感器工作原理框图如图 5-15 所示。

GJC4 矿用低浓度甲烷传感器主要技术指标如表 5-9 所示。

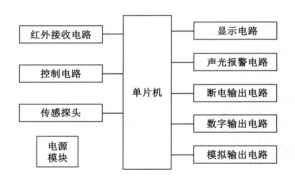

图 5-15　传感器工作原理框图

表 5-9　GJC4 矿用低浓度甲烷传感器技术指标

测量范围	(0～4.00)%CH₄
基本误差	(0.00～1.00)%CH₄,±0.10%CH₄ (1.00～3.00)%CH₄,真值的±10% (3.00～4.00)%CH₄,±0.30%CH₄
供电电压	9～24 V DC
工作电流	≤80 mA(额定电源 18 V DC)
输出信号制式	电流型:4～20 mA 频率型:200～1 000 Hz 数字型:RS485
响应时间	不大于 20 s
断电输出	0/5 mA 电流脉冲
报警点	测量范围内任意设置
断电点	测量范围内任意设置
防护等级	IP65
防爆型式	矿用本质安全兼隔爆型
防爆标志	Exd ia I Mb

（2）GJC4/100 煤矿用高低浓度甲烷传感器

GJC4/100 煤矿用高低浓度甲烷传感器是采用热导原理和热催化原理（俗称黑白元件）的探头制成的固定式智能甲烷测量仪器。该仪器适用于煤矿井下各作业场所测量空气中的甲烷浓度，具有红外线遥控调校以及超限声、光报警功能。

当检测甲烷浓度小于 3.7%CH₄ 时，催化元件工作；当甲烷浓度大于 3.7%CH₄ 时，热导元件工作；当甲烷浓度下降至小于 2.7%CH₄ 时，催化元件恢复工作。电信号经 A/D 转换器变成智能信号后送至单片机进行数据运算、处理、显示，并根据报警值和断电值的设置进行相应的处理。传感器电路原理框图如图 5-16 所示。

GJC4/100 煤矿用高低浓度甲烷传感器主要技术指标如表 5-10 所示。

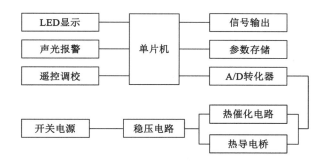

图 5-16　高低浓度甲烷传感器电路原理框图

表 5-10　GJC4/100 煤矿用高低浓度甲烷传感器技术指标

测量范围	(0～100.00)％CH₄
基本误差	(0.00～1.00)％CH₄,±0.10％CH₄ (1.00～3.00)％CH₄,真值的±10％ (3.00～4.00)％CH₄,±0.30％CH₄ (4.00～40.00)％CH₄,真值的±10％ (3.00～4.00)％CH₄,量程的±10％
供电电压	9～24 V DC
工作电流	≤100 mA(额定电源 18 V DC)
输出信号制式	电流型:4～20 mA 频率型:200～1 000 Hz 数字型:RS485
响应时间	不大于 20 s
断电输出	0/5 mA 电流脉冲
报警点	测量范围内任意设置
断电点	测量范围内任意设置
防护等级	IP65
防爆型式	矿用本质安全兼隔爆型
防爆标志	Exd ib I Mb

（3）GJH100 矿用红外甲烷传感器

GJH100 矿用红外甲烷传感器是采用红外原理、嵌入式微控制器智能控制、数码管显示的本质安全型传感器。主要适用于煤矿井下采掘工作面、回风巷道、机电硐室等瓦斯爆炸性气体环境中,能对瓦斯浓度进行连续测定。该仪器能测定、显示瓦斯瞬时浓度,超限报警,可输出与被测瓦斯含量成正比的频率信号。仪器具有量程宽、性能稳定和可靠性高等特点。可与各种煤矿安全监测系统和断电仪配套使用。

红外甲烷传感器由传感器元件、稳压电源、红外接收电路、单片机电路、显示电路、报警电路等部分组成。传感器的工作原理如图 5-17 所示。

红外甲烷传感器使用的是完全不同于传统催化原理的红外线检测技术,克服了催化原

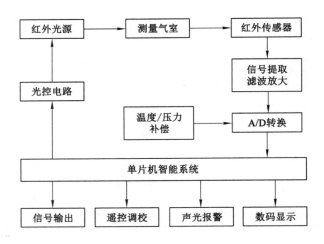

图 5-17 红外甲烷传感器工作原理图

理传感器标定周期短、容易中毒等缺点，具有测量准确、反应速度快、标定周期长、测量范围宽、功耗低、使用寿命长等特点。

GJH100 矿用红外甲烷传感器主要技术指标如表 5-11 所示。

表 5-11 GJH100 矿用红外甲烷传感器技术指标

测量范围	$(0\sim100.00)\%CH_4$
基本误差	$(0.00\sim1.00)\%CH_4，\leqslant\pm0.06\%CH_4$ $(1.00\sim100.00)\%CH_4，\leqslant$ 真值的 $\pm6\%$
供电电压	$9\sim24$ V DC
工作电流	$\leqslant90$ mA(额定电源 18 V DC)
输出信号制式	电流型：$4\sim20$ mA 频率型：$200\sim1\,000$ Hz 数字型：RS485
响应时间	不大于 20 s
报警点	测量范围内任意设置
断电点	测量范围内任意设置
防护等级	IP65
防爆型式	矿用本质安全型
防爆标志	Exia I Mb

(4) GJG100J 煤矿用高浓度激光甲烷传感器

GJG100J 煤矿用高浓度激光甲烷传感器采用激光吸收光谱测量技术，用于煤矿环境和抽采管道甲烷浓度监测，是具有测量准确、响应速度快、标校周期长、不受水蒸气和其他交叉气体干扰的高性能甲烷检测仪表，如图 5-18 所示。

该传感器主要由激光器及其驱动电路、光电转换及放大电路、信号采集及分析系统、检测气室和显示电路等组成。其工作原理框图如图 5-19 所示。

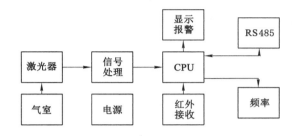

图 5-18 GJG100J 煤矿用高浓度激光 　　　图 5-19 GJG100J 煤矿用高浓度激光
　　　　　甲烷传感器 　　　　　　　　　　　　甲烷传感器工作原理框图

　　激光气体检测模块独立封装,可整体拆卸更换,维护方便;具备温度自适应和补偿功能,
测量结果不受环境温度影响;具有压力补偿功能,测量结果不受环境压力变化的影响;本地
支持 5 位高亮红色数码管显示,具备声光报警功能。

　　GJG100J 煤矿用高浓度激光甲烷传感器主要技术指标如表 5-12 所示。

表 5-12　GJG100J 煤矿用高浓度激光甲烷传感器技术指标

测量范围	$(0\sim100.00)\%CH_4$
基本误差	$(0.00\sim1.00)\%CH_4$,$\leqslant\pm0.05\%CH_4$ $(1.00\sim100.00)\%CH_4$,$\leqslant$真值的$\pm5\%$
供电电压	$9\sim24$ V DC
工作电流	$\leqslant60$ mA(额定电源 18 V DC)
输出信号制式	频率型:$200\sim1\,000$ Hz 数字型:RS485
响应时间	不大于 15 s
报警点	测量范围内任意设置
断电点	测量范围内任意设置
报警功能	支持分级报警(四级)
防护等级	IP65
防爆型式	矿用本质安全型
防爆标志	Exia I Ma

（5）GJJ100W 矿用无线激光甲烷传感器

GJJ100W 矿用无线激光甲烷传感器主要用于监测煤矿井下甲烷含量，该传感器是一种智能型监测仪表，如图 5-20 所示。调零、调精度、调报警值等功能均可通过遥控器来实现。该传感器具有多种标准信号制式输出功能，联检后能与煤矿安全监控系统、风电甲烷闭锁装置及甲烷断电仪配套使用，可用于高瓦斯、突出矿井的回风隅角甲烷的在线监测。

该传感器由激光甲烷探头、CPU 以及显示报警、红外接收、电池和充放电管理电路等部分组成。当甲烷气体进入激光甲烷探头时，通过分析激光被气体的选择性吸收特性，经信号处理计算出相应的浓度，并通过显示电路、输出电路显示浓度和输出相关信号。充放电管理电路管理电池组充电和放电。传感器可以由关联设备供电或本身电池供电，供电切换电路优先使用关联设备供电。原理框图如图 5-21 所示。

图 5-20　GJJ100W 矿用无线激光甲烷传感器

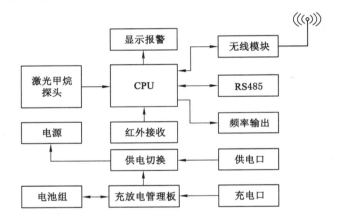

图 5-21　GJJ100W 矿用无线激光甲烷传感器工作原理框图

GJJ100W 矿用无线激光甲烷传感器采用拓宽的温度、压力自动补偿，能轻松应对采掘面高热环境；具有备用电源，且备用电源具有限压、限流及低电量报警功能，支持智能无线组网和级跳功能。其主要技术指标如表 5-13 所示。

表 5-13　GJJ100W 矿用无线激光甲烷传感器技术指标

测量范围	$(0 \sim 100.00)\% CH_4$
基本误差	$(0.00 \sim 1.00)\% CH_4$，$\leq \pm 0.05\% CH_4$
	$(1.00 \sim 100.00)\% CH_4$，$\leq$真值的 $\pm 5\%$
工作电源	工作电压：9～24 V DC
	额定工作电流：$\leq$80 mA
备用电源	工作电压：12～16.8 V DC
	充电电压范围：9～25 V DC
	工作时间：不小于 24 h（最大工作电流情况下）

表 5-13(续)

输出信号制式	频率型:200～1 000 Hz
	数字型:RS485
无线传输参数	工作频率:430～436 MHz
	组网协议:Wave Mesh
	发射功率:≤100 mW
	接收灵敏度:−80 dBm
	传输距离(空旷无障碍):≤100 m
低电量报警	传感器的电池电量小于20％时,传感器有本地光报警提醒功能,并上传低电量报警信息
响应时间	不大于 15 s
报警点	测量范围内任意设置
断电点	测量范围内任意设置
报警功能	支持分级报警(四级)
防护等级	IP65
防爆型式	矿用本质安全型
防爆标志	Exia I Ma

5.5　风速、风向传感器

　　风速是煤矿井下巷道环境中的重要参数。矿用风速传感器是连续监测矿井通风巷道中风速大小的装置。常用风速传感器测量原理主要有以下几种:超声波式、热电耦式、激光多普勒式和皮托管式(又称压差式)等。用于煤矿的风速传感器主要有超声波旋涡式、超声波时差式和皮托管式 3 种。

　　风向是指煤矿井下巷道风流方向,正常的矿井通风系统中,巷道风流方向是朝一个方向相对保持稳定的,当矿井进行反风试验时,或井下出现风流短路、瓦斯逆流等异常情况时,巷道风流方向可能会发生改变。因此,有必要对井下采掘工作面等重要地点的风向进行监测。基于超声波时差式和皮托管式的风速传感器可同时实现风速、风向的监测。

5.5.1　风速、风向传感器原理

5.5.1.1　超声波旋涡式风速传感器

　　(1) 工作原理

　　超声波旋涡式风速传感器,是基于卡门涡街、超声波检测原理实现的,先将风速转换成与风速成正比的旋涡频率,然后通过超声波将旋涡频率转换成超声波脉冲,再将超声波脉冲转换成电脉冲,从而测得风速。

　　超声波旋涡式风速传感器的工作原理如图 5-22 所示。在旋涡发生杆(即阻力体)的后部一侧安装超声波发射换能器,连续发射等幅的超声波束;另一侧安装一个相同的接收换能器。当风速为零时,接收换能器接收到一束未经调制的等幅超声波束。当有风速时,在发生杆后面形成旋涡,旋涡与超声波束相遇时,由于旋涡的旋进方向、压力和流体密度的周期变化,导致通过旋涡部分的超声波束的声能被折射和反射,使到达接收器的声能减弱;在下一个旋涡没有到达前,接收器信号又恢复到原来幅值。只要有一个旋涡通过超声波束区,超声波束就被调制一次,形成调幅波。接收换能器接收调幅波信号后进行放大、解调、滤波等电信号处理,就可以检测出旋涡个数,从而测得风速。

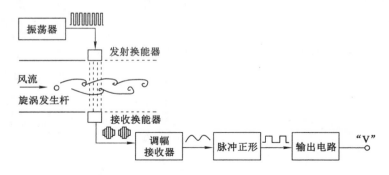

图 5-22　超声波旋涡式风速传感器的工作原理

　　同一发生杆,风速越大,形成的卡门涡街就越强,对超声波束调制就越大。但是在低风速区,由于受到雷诺数的限制,无法形成旋涡,因此无法实现低风速的检测。

　　(2) 技术特点

　　超声波旋涡式风速传感器具有如下优点:

　　① 无可动部件,无机械磨损,性能稳定,使用寿命长。

　　② 输出信号本身是与风速呈线性关系的脉冲频率信号,没有零点漂移,且敏感元件变化不会直接影响输出,测量精度高。

　　③ 输出信号不受流体的温度、湿度、压力、成分、密度、黏度等影响。

　　超声波旋涡式风速传感器存在如下不足:

　　① 旋涡发射器需正对风流方向,因此只能单向测量风速。

　　② 对低风速敏感度较低,测量下限有限,一般测量下限约为 0.4 m/s。

　　③ 环境适应能力较差,粉尘沉积旋涡发生腔影响超声波传递,造成测量不准,需要人员经常性维护。

5.5.1.2　超声波时差式风速传感器

　　(1) 工作原理

　　超声波时差式风速传感器的测量原理是超声波在介质中传播时,介质的移动速度会加载到超声波的速度上,在相同的传播距离内,顺向传播的时间会小于逆向传播的时间,两者的时间差就是介质传播相同距离所花费的时间的两倍,如图 5-23 所示。通过测量超声波传播时间差,可计算出介质传播的速度,即风速。

　　(2) 技术特点

　　超声波时差式风速传感器具有以下特点:

　　① 无机械传动,不干扰流体的状态,损耗小、寿命长。

　　② 只基于时间、距离和角度的检测,不受流体压力、温度和湿度的影响。

　　③ 测量范围广,最宽可达 0～75 m/s,测量精度更高,可达±0.1 m/s。

　　④ 能实现 360°全向风速测量,实现正反向风速测量。

　　超声波时差式测风技术在气象领域已广泛应用,但煤矿井下测风应用案例相对较少。主要有以下几个原因:

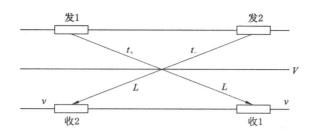

图 5-23　顺风和逆风超声波传播时间

① 煤矿井下环境复杂,巷道中粉尘、湿气和淋水等都会影响传感器正常测量。

② 测量稳定性要求高,对风速测量下限、精度都比民用气象领域要求更高。

③ 传感器结构复杂,造价高、体积大。

超声波时差式风速传感器,在测量低风速时的准确度和稳定性优于其他类型的风速传感器,并且可以实现全向测风,使用过程维护工作量小,是未来煤矿风速、风向检测的发展趋势。

5.5.1.3　皮托管式风速传感器

（1）工作原理

皮托管式风速传感器的工作原理是通过压电芯片将风流压力转换为电信号,实现对风速的测量。皮托管可以通过测量气流的静压和全压来确定气流速度,皮托管常见的结构有两种,即 L 型皮托管和 S 型皮托管。

煤矿井下环境恶劣,具有高温、高湿、高粉尘浓度等特点,暴露在空气中的引压管在长期使用过程中极易堵塞。S 型皮托管使用时,环境中的粉尘进入皮托管后,在粉尘上升过程中,随着压力的减小粉尘会逐渐下沉,不会进入皮托管根部和压差传感器内部,具有较好的防堵性能。因此,煤矿一般使用防堵性能更好的 S 型皮托管。S 型皮托管由 2 根外形相同的金属管定向焊接而成,其结构如图 5-24 所示。

图 5-24　S 型皮托管结构示意图

测量装置有 2 个方向相反的开口,2 个开口截面平行。测量时正对气流来向的开口为全压口,测量气流的全压;背对气流来向的开口为静压口,测量气流的静压。气流全压与静压的差为动压,进而计算出风流风速。

风向判断是利用 S 型皮托管的对称结构和可测量正负压力的高精度差压传感器实现的。差压传感器测量的压力差为 A 管压力与 B 管压力的差。当风流方向为正向时,皮托管的 A 管为全压管、B 管为静压管,差压传感器测得的压力为正值;当风流方向为反向时,皮托管的 B 管为全压管、A 管为静压管,差压传感器测得的压力为负值。根据差压值的正负即可准确判断当前的风向状态。

（2）技术特点

皮托管式风速传感器是目前煤矿常见的矿用风速风向传感器，其没有机械活动部件，结构简单，测量结果基本稳定可靠，受煤矿井下的水蒸气和粉尘的影响较小。

然而，皮托管式风速传感器对高风速段测量容易实现，对低风速段测量则较为困难，目前最低能够测量的风速是 0.3 m/s。另外，传感器在安装和使用过程中要求进风口必须和巷道风流基本保持平行，否则会影响测量的准确性，增大传感器的维护成本。

5.5.2 风速、风向传感器技术要求

《矿用风速传感器》(MT/T 448—2008)规定了矿用风速传感器的技术要求。按风速检测范围，可分为Ⅰ型（0.4～15 m/s）、Ⅱ型（0.5～30 m/s）两种类型。传感器应以 m/s 表示测量值，其显示值的分辨率应为 0.1 m/s。传感器的基本误差应符合表 5-14 规定。

目前，矿用风向传感器的技术要求尚未出台正式行业标准。

表 5-14　矿用风速传感器基本误差

测量原理	测量范围/(m/s)	基本误差/(m/s)
超声波旋涡原理	0.4～15	±0.3
	0.5～25	±0.4
皮托管（压差）原理	0.4～15	±0.2
	0.5～25	±0.3

5.5.3　典型的风速、风向传感器

5.5.3.1　GFW15 矿用风速传感器

GFW15 矿用风速传感器，采用超声波旋涡式测量原理，风速探头选用稳定性良好的超声波元件，超声波被风速调制解调经波形整形电路处理后输出与风速对应的频率信号，再送给单片机电路进行运算处理，然后输出对应的频率信号，并进行风速值的就地显示。单片机将程序存储器、数据存储器、微处理器以及输入输出接口融为一体，其性能好，可靠性高。传感器外形示意图如图 5-25 所示。

GFW15 矿用风速传感器主要技术指标如下：

（1）传感器的测量范围为：0.4～15 m/s。

（2）传感器分辨率为：0.1 m/s。

（3）基本误差：不超过±0.3 m/s。

（4）防爆型式：矿用本质安全型。

（5）防爆标志：Exib Ⅰ Mb。

传感器安装时，把传感器牢固地安装在测量位置，不能晃动，风速探头与风流方向保持平行，注意探头进风方向，有三角柱体一侧为进风口。使用中应定期（两周一次）清除探头表面的积尘，以免影响测量精度。

5.5.3.2　GFXW20/60 矿用风速双风向温度传感器

GFXW20/60 矿用风速双风向温度传感器，适用于煤矿井下各井巷中通风系统的风速、风向、温度和风量的 4 个参数监测，采用最新的流速检测技术，风速测量范围扩展至 0.2～

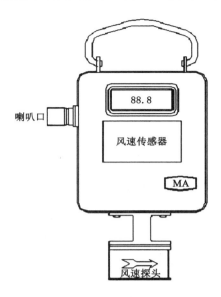

图 5-25　GFW15 矿用风速传感器外形示意图

20 m/s,同时具备风向监测功能。该传感器具有测量下限低、测量精度高、运行稳定等优点,如图 5-26 所示。

图 5-26　GFXW20/60 矿用风速双风向温度传感器

　　GFXW20/60 矿用风速双风向温度传感器由风速风向测量探头、温度测量探头、旋转结构和仪器主体构成,通过航空插座与外部关联设备连接。传感器工作原理如图 5-27 所示。
　　GFXW20/60 矿用风速双风向温度传感器性能特征如下:

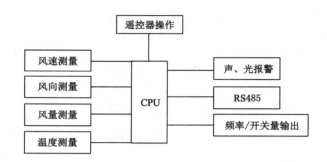

图 5-27　GFXW20/60 矿用风速双风向温度传感器工作原理框图

（1）风速测量范围宽，准确度高，可满足煤矿各井巷通风系统要求，即使井巷中的风速低至 0.2 m/s 时也可精确测量。

（2）可在线监测煤矿井巷中的风速、风向、温度和风量，并具有风速超限报警功能，就地显示测量值及声光报警。

（3）具有温度补偿，不受环境因素的影响，可在复杂环境中稳定工作。

（4）无可动部件，坚固耐用，仪器表体具有防腐作用，可在高温潮湿环境中长期稳定工作。

（5）风速探头可进行 90°旋转，适应多种巷道安装方式。

GFXW20/60 矿用风速双风向温度传感器技术参数如下：

（1）风速测量范围：0.2～20.0 m/s。

（2）风向：（正向）/－（反向）（显示"－"号时表示反向，不显示表示正向）。

（3）温度测量范围：－10.0～60.0 ℃。

（4）基本误差如表 5-15 所示。

表 5-15　GFXW20/60 矿用风速双风向温度传感器基本误差

参数	测量范围	准确度
风速/(m/s)	0.2～20	不超过±0.2
温度/℃	－10.0～60.0	不超过±1.0

（5）额定工作电压：18 V DC。

（6）电压允许波动范围：9～24 V DC。

（7）工作电流：≤100 mA。

（8）防护等级：IP65。

（9）输出信号：200～1 000 Hz 频率（风速、风量、温度），风向为开关量（电压型和三态电流型），RS485（风速、风量、风向、温度）。

（10）防爆型式：矿用本质安全型，防爆标志：Exia Ⅰ Ma。

5.5.3.3　GFY15（A）矿用双向风速传感器

GFY15（A）矿用双向风速传感器采用差压原理，其无转动部件，性能可靠，可连续监测矿井总回风巷和各进、回风巷等地的实时风速、风向和风量。传感器外形结构如图 5-28 所示,工作原理框图如图 5-29 所示。传感器为连续检测风速和风量的设备,其将风速引起的压差信号变成电信号,经单片机处理后输出显示。

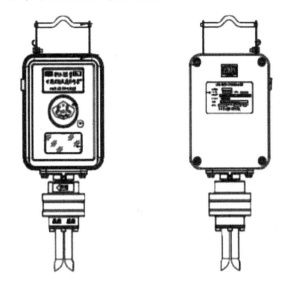

图 5-28　GFY15(A)矿用双向风速传感器外形结构图

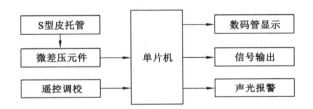

图 5-29　GFY15(A)矿用双向风速传感器工作原理框图

GFY15(A)矿用双向风速传感器主要技术指标如下:

(1) 测量参数:风速、风向、风量检测(风速、风量二选一)。

(2) 工作电压:9～25 V DC。

(3) 工作电流:≤150 mA。

(4) 输出信号:1 路输出风速(或风量)信号,1 路输出风向信号。

(5) 输出信号制式:风速,电流、频率型、RS485;风向,电流型、RS485。

(6) 风速测量范围:0.4～15 m/s,分辨率 0.1 m/s。

(7) 基本误差:±0.2 m/s。

(8) 防爆型式:矿用本质安全型,防爆标志:Exia Ⅰ。

5.6　一氧化碳传感器

一氧化碳监测是矿井安全监控系统的主要内容之一。煤矿井下巷道空气中一氧化碳浓度较高时,会使人中毒;此外,一氧化碳也是监测煤层自然发火、带式输送机火灾等的主要技术指标。常见的一氧化碳传感器检测原理有电化学式和红外线吸收式两种。

5.6.1 一氧化碳传感器原理

5.6.1.1 电化学式一氧化碳传感器

电化学是研究电解质溶液与电极相界间发生电化学过程,并因此发生化学能与电能间相互转换的科学。根据电化学理论,在金属与其接触的溶液之间有发生氧化还原反应的倾向,反应过程中使反应物的氧化数改变,并有电子得失;在阳极上给出电子,而在阴极上得到电子,这样通过电池内部电解质构成的离子导体与外电路负载就要有电流通过。

电化学一氧化碳传感器的测量元件由气体扩散电极、透气膜、电解质、定位电路组成,传感器工作原理如图 5-30 所示。

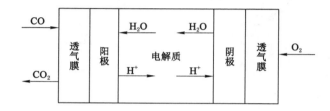

图 5-30　电化学一氧化碳传感器工作原理

当一氧化碳气体透过透气膜扩散进入阳极,在催化剂的作用下与电解质中水发生氧化反应,同时发出电子。而在阴极上,氧气经过透气膜到达催化层,在催化剂作用下与电解质中氢离子发生还原反应,此时将有反应电流通过,电流强度与一氧化碳浓度成正比,进而检测一氧化碳气体浓度。

（1）气体扩散电极

气体扩散电极是指含有催化剂的多孔膜构成的电极,被测气体扩散入膜,与电解质在气、固、液三相界面上发生氧化还原反应。一般情况下,电极和透气膜是合并的。透气膜用防水透气的聚四氟乙烯膜,将活性材料涂覆在透气膜上,热压成型构成电极。电极制作的关键是形成良好的电化学反应的三相界面,这对检测元件的灵敏度、稳定性和响应时间都有很大影响。

（2）透气膜

透气膜一般选用非均相的微孔膜,又称气隙膜,如聚四氯乙烯、聚氯乙烯、聚丙烯等。它能让气体直接透过气膜,而电解质中的水和离子无法透过。元件一般使用酸性电解液,而且膜要有较好的疏水性能。电极性能在很大程度上取决于透气膜的性能。透气膜的质量对检测元件的稳定性,特别是使用寿命有很大的影响。

（3）电解质

电解质通常使用硫酸或磷酸水溶液,并将其吸附在玻璃纤维和各种高聚物衬垫上,形成糊糊状。如硫酸水溶液可电离成阳离子 H^+ 及阴离子 SO_4^{2-},形成能导电的离子导体,与金属电子导体串联可构成电池。

5.6.1.2 红外线吸收式一氧化碳传感器

多原子气体分子对特定波长的红外线具有吸收能力,其吸收的波长取决于原子种类、原子核质量、结合强弱和光谱位置等。当气体压力、气室长度、入射光强度一定时,气体对特定光的吸收强度取决于气体分子浓度,一氧化碳气体在常压下对红外光谱的吸收如图 5-31 所示。通过检测入射光强度的变化,可测定一氧化碳气体浓度。

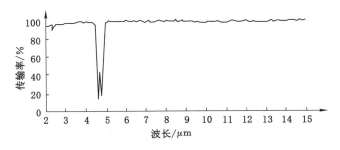

图 5-31 一氧化碳气体吸收红外光谱

红外线吸收式一氧化碳传感器测量精度高、稳定性及选择性好,但其结构复杂、体积大、成本高,且井下使用的设备均为防爆型,从而限制了它在煤矿井下的使用。目前,红外线一氧化碳分析仪多安装在地面,与束管监测系统配套,用于煤自然发火预测预报。

5.6.2 一氧化碳传感器技术要求

《煤矿用电化学一氧化碳传感器》(AQ 6205—2006)规定了煤矿井下环境监测中使用的电化学式一氧化碳传感器的技术要求。

(1) 量程范围

传感器的量程范围宜采用$(0\sim100)\times10^{-6}$、$(0\sim500)\times10^{-6}$ 和 $(0\sim500$ 以上$)\times10^{-6}$。

(2) 显示值稳定性

量程为$(0\sim100)\times10^{-6}$ 的传感器,一氧化碳浓度恒定时,传感器显示值或输出信号值(换算为一氧化碳浓度值)变化量不超过 2×10^{-6}。

量程为$(0\sim500)\times10^{-6}$ 及以上的传感器,一氧化碳浓度恒定时,传感器显示值或输出信号值(换算为一氧化碳浓度值)变化量不超过 4×10^{-6}。

(3) 基本误差

传感器的基本误差应符合表 5-16 的规定。

表 5-16 一氧化碳传感器的基本误差

测量范围/$\times10^{-6}$		基本误差/$\times10^{-6}$	
		绝对误差	相对误差
$0\sim100$	$0\sim20$	±2	
	$>20\sim100$	±4	
$0\sim500$	$0\sim100$	±4	
	$>100\sim500$		测量值的$\pm5\%$
$0\sim500$ 以上	$0\sim100$	±4	
	$>100\sim500$		测量值的$\pm5\%$
	>500		测量值的$\pm6\%$

传感器应具有避免因断电而影响电化学原理敏感元件工作稳定的措施。传感器响应时间不大于 35 s。

5.6.3 典型的一氧化碳传感器

5.6.3.1 GTH500 煤矿用一氧化碳传感器

GTH500 煤矿用一氧化碳传感器是用于煤矿井下一氧化碳浓度测量的精密仪器,传感器能够本地显示一氧化碳浓度,并具有超限声光报警等功能。

传感器由一氧化碳测量探头和仪器主体组成,通过航空插座与外部关联设备连接。传感器可本地显示一氧化碳浓度,可通过红外遥控器进行系统设置、标定操作,传感器工作原理框图如图 5-32 所示。

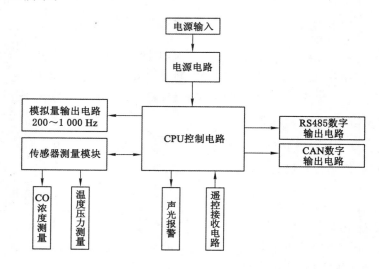

图 5-32　GTH500 一氧化碳传感器工作原理框图

GTH500 煤矿用一氧化碳传感器主要技术参数如下:

(1) 测量范围:$(0\sim500)\times10^{-6}$。

(2) 基本误差如表 5-17 所示。

表 5-17　GTH500 一氧化碳传感器测量参数基本误差

测量范围/$\times10^{-6}$	准确度
$0\sim100$	$\pm4\times10^{-6}$
$>100\sim500$	测量值的 $\pm5\%$

(3) 响应时间:$T_{90}<35$ s。

(4) 额定工作电压:18 V DC。

(5) 电压允许波动范围:9~24 V DC。

(6) 工作电流:≤100 mA。

(7) 输出信号:RS485、200~1 000 Hz。

(8) 防护等级:IP65。

（9）防爆型式：矿用本质安全型，防爆标志：Exia Ⅰ Ma。

5.6.3.2 GTH1000 煤矿用一氧化碳传感器

GTH1000 煤矿用一氧化碳传感器是采用电化学敏感元件制成的固定式智能测量仪器，该传感器适用于煤矿井下各作业场所中测量空气中的一氧化碳浓度。与 GTH500 煤矿用一氧化碳传感器相比，除了量程范围、测量误差外，其工作原理、性能特征、技术规格基本相同。

GTH1000 煤矿用一氧化碳传感器，测量范围（0～1 000）×10^{-6}；测量基本误差如表 5-18 所示。

表 5-18　GTH1000 一氧化碳传感器测量参数基本误差

测量范围/×10^{-6}	准确度
0～100	±4×10^{-6}
＞100～500	测量值的±5%
＞500～1 000	测量值的±6%

5.7　粉尘浓度传感器

煤炭在开采、运输过程中会产生大量的煤、岩粉尘，随着煤矿机械化、开采强度的提高，产尘量、粉尘浓度随之大幅提高，粉尘的增加对煤矿工作人员的身体健康及安全生产都带来了极大的危害。从职业健康的角度，长期工作在粉尘污染的环境会导致人员患尘肺病，严重危害其健康；从安全生产的角度，粉尘浓度过高会导致粉尘存在潜在爆炸的危险，特别是瓦斯爆炸的同时而引起的粉尘爆炸，使灾害的危险程度进一步升级，带来更大的灾难。因此，煤矿井下粉尘浓度的检测显得尤为重要。

目前，国内外开发生产出的粉尘浓度检测装置所采用的测量方法有很多，大体上可以分为两类，一种为取样法，测量方法包括晶体振动法、超声衰减法、β射线法、串联式冲击法、传统取样法等；另一种为非取样法，测量方法包括光散射法、电荷感应法、摩擦电法、光透射法、MESA 法等。便携式粉尘测量仪多采用取样法，在线式粉尘浓度传感器多采用非取样法。煤矿用粉尘浓度传感器一般采用光散射法、电荷感应法的测量原理。

5.7.1　粉尘浓度传感器原理

5.7.1.1　光散射法粉尘浓度传感器

光散射法测量粉尘浓度主要是利用粉尘的光学特性。即光在同种均匀介质中沿直线传播，但通过不均匀介质时，会发生偏离而向各个方向散射。光照射在含尘空气中，由于含尘空气是不均匀介质，就会产生光散射现象，通过测量散射光的强度，从而测量粉尘浓度。

根据经典的米氏散射理论，由许多分子组成的微粒可以看作是一个多极子群，它们受到入射波的激发，形成振动的多极子，这些多极子向外辐射次生电磁波，即子波，子波在远场区域叠加形成散射波。理论上这些子波振幅均是缓慢收敛的级数，其各项平方之和就是在特定方向上所测得的散射光强。在粉尘颗粒浓度比较低、分布比较均匀、直径尺寸比较小的情况下粉尘散射光强度与相对质量浓度存在线性关系。

光散射法测量粉尘浓度检测装置如图5-33所示。含尘气流进入粉尘浓度探测装置,根据透过含尘气体的散射光强度与粉尘的质量、浓度成正比的关系,通过对散射光强度进行测量就可以得出粉尘浓度。光散射法测量空气中的粉尘浓度方法比较简便,并且测量速度较快,可以做到连续测量。

光散射法粉尘浓度传感器,根据光源种类、散射角度、取样方式不同所做的分类见表5-19。

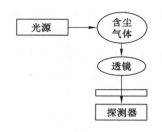

图 5-33　光散射法矿用粉尘传感器检测装置示意图

表 5-19　常见光散射粉尘浓度传感器类型

种类	光源种类	散射角度/(°)	取样方式	说明
种类1	可见光	90	抽取式	逐渐淘汰
种类2	激光	90	抽取式	市场上较为常见
种类3	激光	90	扩散式	有少部分产品
种类4	激光	前向散射	扩散式	最新技术产品

（1）光散射式粉尘浓度传感器

以市场上常见的种类2为例,介绍光散射法矿用粉尘浓度传感器检测原理。传感器原理结构图如图5-34所示,传感器检测单元由光路、气路和电路部分组成。

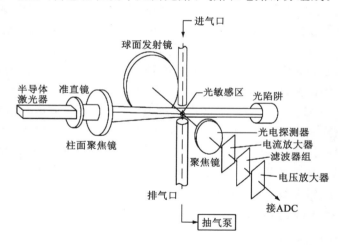

图 5-34　光散射法矿用粉尘传感器原理结构图

① 光路部分

主要包括激光器、粉尘暗室、光陷阱、光反射球面镜、光电探测器等。光路部分为传感器提供光发射、光散射、光收集等功能。

② 气路部分

主要包括进气管、排气管及抽气泵等。进气管穿过粉尘暗室连接排气管,排气管连接采样泵,气路的负压由抽气泵提供,根据需要通过控制抽气泵的转速达到调整气路流速的目的。

③ 电路部分

包括光电探测器、电流放大器、滤波器组和电压放大器等。主要是将光电探测器检测到的光信号转换为电信号,经过滤波放大后变为模拟信号,该模拟信号与气室中粉尘浓度呈现一定的关系,故通过电压值可得到粉尘浓度值。

（2）激光前向散射式粉尘浓度传感器

光散射粉尘浓度传感器的种类 4 为激光前向散射、扩散式取样原理的粉尘浓度检测装置,为矿用粉尘浓度传感器的最新检测技术的应用。根据散射角度的方向不同,散射分为前向散射、边散射及后向散射。前向散射是光电接收器与激光光源角度在 ±60° 以内,边散射是光电接收器与激光光源角度在 ±(60°～120°),后向散射角度在 ±(120°～180°)。如图 5-35 所示为前向散射原理图。研究表明,前向散射的光强度最大,研制的设备灵敏度和精度最好。

光散射法粉尘浓度传感器采用光学测量原理,探测器部分容易受到粉尘污染,如果不及时处理,会导致探测器灵敏度降低;仪器在使用一段时间后,因零点飘移严重、灵敏度降低等问题,需要经常进行标定,增加了劳动强度。

5.7.1.2　电荷感应法粉尘浓度传感器

电荷感应法的基本原理是由于电极电荷感应空间灵敏度分布不均匀,使带电颗粒的运动引起电极表面感应电荷量的变化,通过分析其变化反映粉尘浓度。电荷感应法粉尘浓度检测示意图如图 5-36 所示。

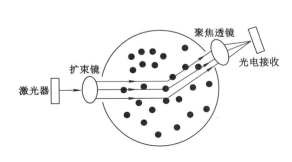

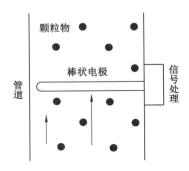

图 5-35　激光前向散射法粉尘测量原理　　图 5-36　电荷感应法粉尘浓度检测示意图

在气流作用下粉尘颗粒物通过气室管路,管路的直径相对较大,一般不会存在阻塞的问题;根据电荷感应法的基本原理可得,提取分析的信号是棒状电极表面感应的交变信号,信号源是动态的粉尘颗粒,与吸附在管道内壁和棒状电极表面的静态粉尘颗粒无关。感应信号的波动性与电极周围粉尘颗粒浓度呈正相关关系,如果粉尘颗粒越小并且带电量越多,那么传感器输出值就越大。通过对此电信号进一步放大、运算处理,从而精确测量出粉尘含量。探头表面需加一层特别耐磨损、耐腐蚀的厚重保护层,以保证精确度,延长使用寿命。

电荷感应法粉尘浓度测量,容易受到很多因素干扰,如煤矿井下的空气温度、湿度、风速等。一般情况下,环境温度越高,达到静电饱和时粉尘的浓度越大;绝缘体的表面电阻随湿度的上升而降低,空气湿度的变化必然引起有关参数发生变化;环境风速越大,粉尘颗粒带电量也会急剧增加,对粉尘测量影响越大。因此,用静电法测粉尘浓度的精确度还是不理想。

目前,市场上矿用粉尘浓度传感器普遍存在以下几点问题:

① 传感器功耗大。由于采用抽取式取样方式,内置抽气泵一直工作,造成传感器功耗偏大,部分传感器额定电流170 mA,最大短路电流达到350 mA,严重影响传感器的供电传输距离。

② 测量精度低。传感器测量结果受被测环境的风速、湿度和温度等参数影响,造成传感器测量精度偏低,可靠性差。

③ 维护工作量大。由于传感器在复杂的环境中容易被污染,使得维护周期短和使用场所受到限制;另外传感器维护过程复杂、清洁操作困难,一般需定期(2周左右)升井清理、维护。

5.7.2　粉尘浓度传感器技术要求

《煤矿用粉尘浓度传感器》(MT/T 1102—2009)规定了煤矿用粉尘浓度传感器的相关技术要求。

(1)粉尘浓度传感器型号的命名规则

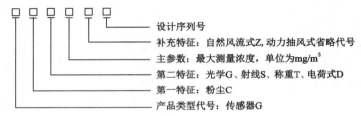

示例:测量范围为 $0\sim1\,000$ mg/m³ 的光学式、自然风流式粉尘浓度传感器,可命名为 GCG1000Z 型。

(2)传感器技术要求

① 传感器采用数字显示,其单位为 mg/m³。

② 零位稳定性:在清洁空气环境中,传感器的显示值或输出信号值(换算成粉尘浓度值)应不超过5.0。

③ 基本误差:±15.0%,要求零位稳定性和基本误差两个试验连续做,且中间不应调整传感器。

④ 采样流量稳定性:8 h内采样流量稳定性为标称值的±3.0%。

⑤ 工作稳定性:传感器连续工作15 d的基本误差应不超过±15.0%。

⑥ 传感器的工作电压:12～24 V。

⑦ 传感器最大启动电流和最大工作电流:应小于170 mA。

⑧ 传输距离:当关联设备输入电压小于等于18 V时,传感器与关联设备的传输距离应不小于1.5 km;当关联设备输入电压大于18 V时,传感器与关联设备的传输距离应不小于2 km。

⑨ 工作噪声:小于等于60 dB(A)。

5.7.3 典型的粉尘浓度传感器

(1) GCG1000 型粉尘浓度传感器

GCG1000 型粉尘浓度传感器,采用激光散射粉尘浓度测量原理,能够长时间连续实时检测井下粉尘浓度并同时输出与矿用监控系统相适应的信号。该传感器由供电电源、激光发射器、探测器、光学清扫系统、A/D 变换器、红外遥控、单片机、显示电路和信号输出等部分组成。传感器工作原理框图如图 5-37 所示。

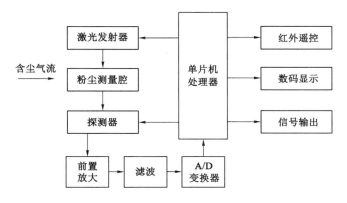

图 5-37　GCG1000 型粉尘浓度传感器工作原理框图

GCG1000 型粉尘浓度传感器主要技术指标如下:

① 测定原理:光散射原理。

② 测定对象:含有瓦斯或煤尘爆炸危险的煤矿井下或其他粉尘作业场所的粉尘质量浓度。

③ 总粉尘浓度测量范围:$0 \sim 1\,000$ mg/m³。

④ 测量误差:$\leqslant \pm 15\%$。

⑤ 显示方式:4 位 LED 数码管。

⑥ 信号输出:$200 \sim 1\,000$ Hz 频率信号、RS485 信号任选一种。

⑦ 报警输出:一路光电耦合。

⑧ 工作电压:18 V DC;工作电流:$\leqslant 170$ mA。

⑨ 采样流量:2 L/min。

⑩ 质量:1.6 kg。

⑪ 防爆型式:矿用本质安全型,防爆标志:Exib I Mb。

(2) GCG1000Z 型粉尘浓度传感器

GCG1000Z 型粉尘浓度传感器依据最先进的激光前向散射原理设计,采用开放式测量结构,从根本上避免了积尘问题,适合于煤矿井下、其他矿山、车间作业场所等含尘环境的粉尘浓度在线监测。传感器由光电检测系统、显示系统、自校系统、微处理器系统及自清洁系统组成,并配备遥控器和通信接口,传感器外形如图 5-38 所示。

传感器利用激光前向散射原理设计,即当光束通过含尘空气时,会发生光的吸收和散射,通过检测散射光信号的强度可以准确地测量出环境中悬浮颗粒物的相对质量浓度,粉尘散射光强度与相对质量浓度存在线性关系。光电检测系统用于检测通过测量通道的粉尘颗

图 5-38　GCG1000Z 型粉尘浓度传感器外形图

粒产生的原始光散射信号,并传给微处理系统,经过计算输出粉尘浓度值。自校系统和自清洁系统用于定时对系统进行校正和清洁,保证测量精度和稳定性。

传感器中的光电检测系统检测环境中粉尘浓度的变化并输出同比率变化的电信号。该信号传给微处理系统,经过计算输出粉尘浓度值,并将数据存储和上传。同时,微处理系统按照设定程序控制自校系统定时自校和控制自清洁系统定期清洁传感器内部光学元件,保证测量精度和稳定性。传感器还具有开关量输出功能,当粉尘浓度超过设定的报警值时可输出开关量报警信号。

GCG1000Z 型粉尘浓度传感器主要性能特征如下:

① 采用开放式测量结构,不需要抽取取样,从根本上解决积尘问题。

② 整机功耗非常低,满足井下负载要求。

③ 特殊波段的激光器,不受白炽灯和矿灯影响。

④ 具备零点自校功能,可定时自校,保证测量精度。

⑤ 防护等级达到 IP65。

⑥ 具有自动吹扫清洁和维护提醒功能,仪器稳定性高。

GCG1000Z 型粉尘浓度传感器主要技术参数如下:

① 测量范围:0～1 000 mg/m³。

② 测量准确度:±10%(优于市场上普遍的±15%精度)。

③ 电压范围:9～24 V DC(本安电源)。

④ 额定电压:18 V DC(本安电源)。

⑤ 额定电压下工作电流:≤80 mA(优于市场上普遍的 170 mA 电流)。

⑥ 输出信号制式:RS485 数字信号、200～1 000 Hz 频率信号。

⑦ 防爆型式:矿用本质安全型(防爆标志:Exia Ⅰ Ma)。

(3) GCD1000 型粉尘浓度传感器

GCD1000 型粉尘浓度传感器采用静电感应法粉尘浓度测量原理,主要用于煤矿井下或其他有粉尘作业的环境中空气粉尘浓度在线实时监测,可与实时监控系统联网。

GCD1000 型粉尘浓度传感器技术特点如下:

① 额定工作电流小:在额定采样流量的情况下,整机额定工作电流小于 120 mA,最大

工作电流小于 170 mA,大大减轻了分站电源的负担,并可安装在距分站更远的位置。

② 输入电压范围宽:可适用于煤矿井下各种分站,仪器在输入电压 18～24 V DC(本安电源)的范围内均能正常工作。

③ 改进的算法:采用分段式控制算法,根据不同的浓度大小自动采用不同的比例系数计算,提高测量的精度。

④ 自动校准:具有自动校准零点功能,并可设置校准零点漂移的时刻。

⑤ 可测量瞬时粉尘浓度或平均粉尘浓度,平均粉尘浓度的测量时间可在 1～3 600 s 范围内任意选择。

⑥ 可实现对粉尘浓度传感器粉尘超限设置,并输出一路开关量。

GCD1000 型粉尘浓度传感器主要技术参数如下:

① 粉尘浓度测量范围:0.1～1 000 mg/m³。

② 粉尘浓度测量误差:不大于±15%。

③ 额定工作电压:18～24 V DC(本安电源)。

④ 额定工作电压电流:90～120 mA。

⑤ 粉尘报警设置范围:0～1 000 mg/m³。

⑥ 传输距离:传感器与分站之间的最大传输距离为 2 km。

⑦ 输出信号:RS485 数字信号、200～1 000 Hz 频率信号。

5.8　常用的开关量传感器

煤矿安全监控系统用的开关量传感器主要有风门开闭、风筒开关、设备开停、馈电开关等状态传感器及控制传感器等。开关量的监测原理分为直接式和间接式两种。直接式是指在电气上与负荷设备直接联系,从供电网路上直接获取信号,如使用电流、电源互感器检测有无电信号输出等。间接式是指在电气上与负荷设备不直接联系,如电磁感应原理、霍尔原理、测磁原理、光电原理及电感(接近)原理等。

(1)电磁感应原理

电磁感应原理是依据载流导体周围产生感应磁场的原理,通过测定电气设备线缆周围磁场的有无,间接测定设备的开停状态。煤矿用设备开停传感器,多采用电磁感应检测原理。

(2)霍尔原理

霍尔原理即霍尔效应原理,当一个载流导体被置于一个磁场中时,会产生一个与电流和磁场都垂直的电压。霍尔效应可描述为在一个 N 型半导体薄片的两侧面通入控制电流,在薄片的垂直方向加上磁场,则在半导体的另外两个侧面会产生大小与控制电流和磁感应强度乘积成比例的电压。霍尔原理可用于设备开停、馈电状态、风门开闭、风筒开关状态等开关量检测,也可用于电流、电压、功率等模拟量测量。

(3)其他检测原理

测磁原理是将磁体与带磁元件的主机分别安装在相应的位置上,当两者分离或接近时,由感磁元件接收磁场信号,经放大、变换后进行指示和输出。如风门开闭传感器多是采用测磁原理进行检测。

光电原理、电感(接近)原理等也可作为开关量检测,分别由光敏元件、电感元件完成信号采集,经后级电路处理后,进行指示和输出。

5.8.1 风门开关传感器

5.8.1.1 风门开关传感器工作原理

风门开关传感器是连续监测矿井中风门"开"或"关"状态的装置。煤矿用风门开关传感器一般采用测磁原理,将带有舌簧(如干簧管)的元件或类似元件固定在门框上,磁性组件安装在对应的门框上。当风门关闭时,磁性体靠近干簧开关,磁性体产生的磁场使干簧开关维持闭合(或断开)状态;当风门打开时,磁性体远离干簧开关,使接点断开(或闭合);通过检测闭合或断开的接点信号,实现风门开闭状态的检测。

5.8.1.2 风门开关传感器技术要求

《矿用风门开闭状态传感器通用技术条件》(MT/T 844—1999)规定了矿用风门开闭状态传感器的产品分类、要求、检验方法等。

矿用风门开闭状态传感器的输出信号制式应在表 5-20 中任选一种或多种。

表 5-20 风门开闭状态传感器输出信号制式

开关量信号制式	风门状态和输出信号	
	风门"开"状态	风门"闭"状态
显示	绿灯亮	红灯亮
无源	常开接点闭合(或换接)低电压应小于 0.5 V	常开接点断开(或换接)漏电阻应大于 100 kΩ
有源	输出电压应小于 0.5 V	输出电压应大于 3 V
电流/mA	0	5(±5%)
	1	5(±5%)
	4	10~20(±10%)
电压/V	0	5(±5%)
频率/Hz	5	15(±5%)
	200	1 000(±5%)

其他技术要求:

① 传感器的最大工作电流应不大于 200 mA。

② 传感器的开闭状态可采用光显示或声报警方式。

③ 传感器运动部分与传感器固定部分之间其动作距离误差应不大于 10%。

④ 传感器响应时间不大于 1 s。

5.8.1.3 典型的矿用风门开关传感器

GFK50 矿用风门开闭状态传感器能连续自动检测风门的开闭状态及某些设备的位置状况进行就地显示,并将信号传送到上一级监控设备。该传感器具有结构合理、使用方便、性能可靠、寿命长等特点。其主要由传感器组件和磁体组件组成,通过航空插座与外部关联设备连接,传感器结构示意图如图 5-39 所示。

(1)传感器性能特征

① 采用磁簧开关的测量方式。

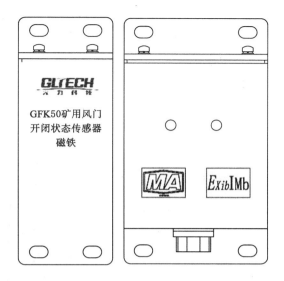

图 5-39　风门开闭状态传感器结构示意图

② 外壳采用不锈钢高强度结构设计,抗冲击能力强。

③ 具有数字通信功能,实现与分站之间的数据通信。

④ 低功耗设计,大大增加了传输距离。

⑤ 传感器检测状态为三态,开、关、断线。

⑥ 报警方式:光信号报警,报警光信号能在黑暗环境中距离 20 m 处清晰可见。

(2) 传感器主要技术参数

① 动作距离和误差:

动作距离:50 mm。

动作误差:≤±10%。

② 供电电源:

额定工作电压:18 V DC;额定工作电流:≤60 mA。

③ 输出信号制式:

RS485 信号:波特率 2 400 bps,风门开输出 0,风门关输出 1。

④ 报警功能:红绿发光二极管,绿灯亮红灯灭表示风门开;绿灯灭红灯亮表示风门关。

⑤ 响应时间:传感器响应时间不大于 1 s。

5.8.2　风筒风量传感器

风筒风量传感器是连续监测局部通风机风筒"有风"或"无风"状态或风量大小的装置,一般用于煤矿井下帆布或橡胶等柔性材质风筒风量的安全监测。传感器安装在出风口处的风筒上,监测掘进工作面风筒风量变化、实现风电闭锁功能。当局部通风机停止工作或风筒漏风造成风量不足时,输出风量不足信号;当局部通风机正常工作且风筒没有漏风时,输出风量足信号。

目前,煤矿用风筒风量传感器目前主要有两种,一是监测风筒风量开关状态的传感器,二是监测风筒风量、风速大小和风量有无状态的风筒风量传感器。

5.8.2.1 风筒风量传感器工作原理

（1）风筒风量开关状态传感器

风筒风量开关状态传感器的检测原理与风门开闭状态传感器基本相同，均采用测磁检测原理。当磁体组件距舌簧组件不大于动作角度时，磁性体产生的磁场使舌簧开关维持闭合（或断开）状态；当磁体组件离开舌簧组件不小于复位角度时，使接点断开（或闭合）。传感器的安装方式有两种，钢筋弓形夹卡箍式和工程绑带捆绑式，如图 5-40、图 5-41 所示。

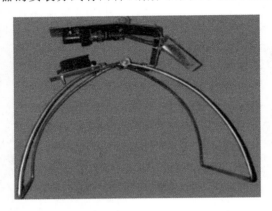

图 5-40　卡箍式风筒传感器　　　　　图 5-41　捆绑式风筒传感器

（2）风筒风量传感器

风筒风量传感器采用基于皮托管式的微差压原理来检测风筒风速。皮托管迎风侧为全压输出口，背风侧为静压输出口，将皮托管置于风速场中，全压输出口与静压输出口存在的一定的压差为动压，利用风速值与动压的线性关系，可换算出风筒的风速、风量大小。通过设置风筒风速大小作为风筒开关量判断点，可以实现风筒开关状态的判定。

5.8.2.2 典型的风筒风量传感器

（1）GFT50 矿用风筒风量开关传感器

GFT50 矿用风筒风量开关传感器专门用于检测煤矿井下掘进工作面局部通风机风筒的风量开关状态，同时输出标准信号传递给关联设备并发送到地面中心站，供相关人员及时了解和控制矿用局部通风系统的通风状态。传感器由传感器组件、磁体组件、活动挡板组件和绑带等部分组成。

传感器的主要技术参数如下：

① 额定参数：

a. 额定工作电压：18 V DC，允许波动范围 9～24 V DC。

b. 额定工作电流：≤60 mA。

② 动作距离和复位距离：

a. 动作距离：(50±5) mm。

b. 复位距离：≤75 mm。

c. 当风筒实际张开的截面积 S_1 促使传感器组件和磁体组件动作距离小于 50 mm（±5 mm)表示风量充足；大于 75 mm 时，表示风量不足。

③ 输出信号：RS485 信号。

（2）GFT1000 矿用风筒风量传感器

GFT1000 矿用风筒风量传感器采用差压原理，可连续监测矿井局部通风机内的实时风量、风速及风筒内风量的有无。

风筒风量传感器主要技术指标如下：

① 工作电压：9～24 V DC。

② 输出信号：一路输出风量模拟量信号，一路输出风量开关量信号。

③ 风量模拟量输出信号制式：RS485、200～1 000 Hz 频率型。

④ 风量开关量输出信号制式：1 mA/5 mA 电流型。

⑤ 风量测量范围：20～1 000 m³/min，其分辨率为 1 m³/min。

⑥ 基本误差：±20 m³/min。

⑦ 风筒开关量判断点：0.5～15.0 m/s 范围内任意设置，误差±0.2 m/s。

5.8.3 设备开停传感器

5.8.3.1 设备开停传感器工作原理

煤矿用设备开停传感器一般采用电磁感应检测原理，通过用磁敏感元件测量通电导体周围的磁场来实现检测，即通过测量电缆周围有无磁场存在，判断电缆内是否有电流通过，间接地判定用电设备开或停状态。

煤矿电气设备均采用三相交流电供电，在电缆的外围总能找到一点，三相电流在该点产生磁场的矢量和不为零，传感器中的磁敏感元件即可检测到一个微弱的磁感应信号，信号经放大、变换后输出检测信号。

5.8.3.2 设备开停传感器技术要求

《煤矿用设备开停传感器》（MT/T 647—1997）规定了煤矿井下设备开停状态检测传感器的通用技术要求。

（1）动作值：

① 定值式开停传感器的动作值一般为 3 A、5 A、10 A、20 A、30 A、40 A。

② 可调式开停传感器的动作值调节范围由产品标准规定。

（2）响应时间：不大于 1 s。

（3）输出信号：电流信号，电流值一般应在 5 mA/1 mA、5 mA/0 mA、＋5 mA/－5 mA 中选取。

（4）显示功能：有显示功能的开停传感器应在产品标准中明确规定。采用光信号指示时，设备停状态为红灯，设备开状态为绿灯。对有电压显示功能的开停传感器，有电压状态为黄灯。

5.8.3.3 典型的煤矿用设备开停传感器

GKT3L 煤矿用设备开停传感器主要用于监测煤矿各种机电设备（采煤机、运输机、提升机、破碎机、泵站、风机等）的开停状态，并把检测到的机电设备开停信号转换成各种标准信号传输至监测分站，监测分站通过工业以太环网把信息传送给地面站，实现地面监测站对全矿电气设备开停状态的实时监测。该传感器具有体积小、质量轻、安装方便等特点，其结构图如图 5-42 所示。

GKT3L 煤矿用设备开停传感器利用电磁感应原理，通过感应线圈检测通过不同电流强度的电缆所产生的交变磁场强度，以此来判断设备的开停状态。感应信号的处理由前级

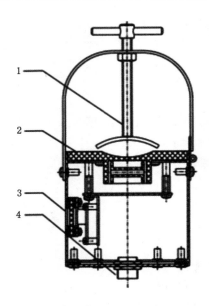

1—压线支架;2—线圈盒;3—透明窗;4—航插接口。

图 5-42　设备开停传感器结构图

的滤波放大、半波整流和后级的微控制器模数转换组成,微控制器最终通过对数据进行分析处理,判断出设备开停状态并上传至监测分站。矿用设备的供电电流越大,磁感应强度越强,通过调整阈值的大小可以检测不同电流的供电设备。传感器的工作原理框图如图 5-43所示。

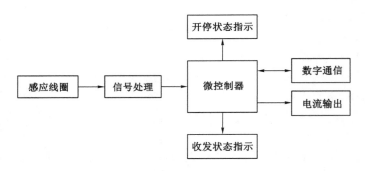

图 5-43　设备开停传感器的工作原理框图

设备开停传感器主要技术参数如下:

(1) 供电电源

① 额定工作电压:18 V DC,允许波动范围 9～24 V DC。

② 额定工作电流:≤50 mA。

(2) 动作值及允许误差

传感器动作电流值为 3 A,允许最大误差不超过 10%。

(3) 传感器信号输出制式

① 数字信号型:RS485 通信,波特率默认为 2 400 bit/s(可设置),电平不小于 3 V,最大

传输距离不小于 6 km(2 400 bit/s)。

②电流信号型:状态电流信号,电流值为 1 mA(停)/5 mA(开),输出信号误差不大于 10%,最大负载不小于 2 kΩ,最大传输距离不小于 2 km。

(4)状态指示功能

红灯亮、绿灯灭表示被检测设备"停",红灯灭、绿灯亮表示被检测设备"开",同时数码管显示相应的"OFF"与"ON"。数字信号通信时,收发指示灯显示相应的数据接收与发送。

(5)响应时间

传感器的响应时间不大于 1 s。

5.8.4 馈电传感器

5.8.4.1 馈电传感器检测原理

馈电传感器是连续监测矿井中馈电开关或电磁启动器负荷侧有无电压的装置。馈电传感器主要用于煤矿安全监控系统中,安装在被控设备(如采煤机、输送机、破碎机、泵站、通风机等)控制开关负荷侧,与系统断电控制相对应,在线监测被控设备断电与否的工作状态。该类传感器主要用于监测电缆芯线是否带电,并同时输出相应的状态信号供监测系统采集处理。目前,馈电状态检测一般采用接触式和非接触式的工作原理。

接触式是指直接接触被检测馈电电缆芯线,采用电压或电流互感器原理、光敏原理等实现馈电状态检测,该方式可靠性较高,适用于 127~1 140 V AC 电压馈电检测。设备安装一般通过喇叭嘴在馈电开关接线腔内接线,需井下专业电工操作,维护难度大。

非接触式是指在电气上与负荷设备不发生直接联系,如采用电磁感应原理、霍尔原理、测温原理、测磁原理、光电原理、接近(电感)原理等。目前,非接触式馈电传感器多采用电磁感应检测原理,即通过测量元件检测不同位置电场的不平衡状态,从而间接检测出电缆的馈电状态。馈电传感器在交变电场的作用下,其金属电极表面会感应出与待测电场同频率变化的感应电荷;通过对感应电荷进行处理,得到与待测电场成一定关系的电场测量信号,再根据数学关系计算出待测点的电场强度,从而实现电场测量。煤矿井下的动力电缆根据类型不同分为铠装电缆和非铠装电缆,其馈电状态检测方法也不同。

工作电压在 127~660 V AC 的被控设备一般采用非铠装电缆,若被控设备未断电成功,则电缆线芯带电,就会在电缆外面产生电场;将馈电传感器固定在控制开关负荷侧的电缆上,通过感应电缆的对地电场状态进行馈电监测。该方式传感器体积小、质量轻、安装维护较方便;但由于传感器测量元件裸露的外部环境中,易受井下电磁设备开停、电缆辐射等干扰,抗干扰性能差、可靠性低。

工作电压在 660 V AC 以上的电气设备一般采用矿用铠装电缆,尤其是 3 300 V AC 及以上的被控设备均采用矿用铠装高压电力电缆。由于铠装电缆的外表皮上有金属屏蔽层,即使电缆芯线带电,也不会在铠装电缆外产生电场,因此无法通过直接感应电缆外部电场进行馈电检测,而是将测量元件通过喇叭口安装在被控开关的隔爆腔体内,通过感应腔体内的电场变化,实现馈电状态监测。隔爆腔体内形成了屏蔽外界干扰的环境,测量不受干扰,馈电检测可靠性高。

5.8.4.2 馈电传感器的主要技术要求

馈电传感器的主要技术参数包括监测电源、工作电压、工作电流、输出信号制式、响应速度、防爆类型、使用环境、传输距离等。各种型号的传感器技术参数有所不同,但应符合相应的技术标准。

5.8.4.3 典型的馈电传感器

典型的矿用馈电传感器主要技术指标如下：

(1) 监测电源：127～1 140 V AC。

(2) 工作电压：9～24 V DC。

(3) 工作电流：≤120 mA。

(4) 馈电信号输出：1 mA/5 mA 或 RS485。

(5) 响应速度：≤2 s。

(6) 显示功能：发光二极管显示馈电状态。

(7) 传输距离：与关联设备最大传输距离不小于 2 km。

5.9 断电控制器

断电控制器是控制电磁启动器和馈电开关等的装置，作为煤矿安全监控系统的控制执行部分，主要负责执行切断断电范围内非本质安全型电气设备电源并保持闭锁，当设备正常运行时自动解锁。

5.9.1 断电控制器工作原理

当断电控制器接收到控制指令或有控制信号输入时，继电器接点相应动作，用于控制被控设备的开停；同时，设备还可以从被控设备中取出电压信号，通过检测电路，反馈输出被控设备有电/无电的信号，并发送馈电指令或电平信号给上一级系统。断电控制器工作原理框图如图 5-44 所示。

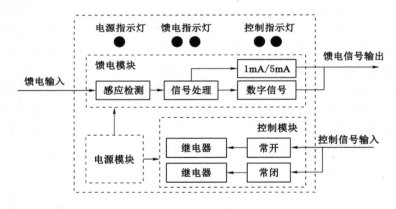

图 5-44 断电控制器工作原理框图

5.9.2 断电控制器技术要求

《矿用断电控制器》(MT/T 1079—2008)规定了该产品的分类、技术要求、检验检测等内容。

5.9.2.1 产品分类

(1) 按防爆型式分为本质安全型、隔爆兼本质安全型和其他。

（2）按供电电源分为交流供电、直流供电和无供电电源。

（3）按结构分为独立、与电源一体化、与分站一体化和其他。

5.9.2.2　供电电源

（1）交流供电电源

① 额定电压：36 V、127 V、220 V、380 V、660 V、1 140 V 等，允许偏差为 $-25\%\sim+10\%$。

② 谐波：不大于 10%。

③ 频率：50 Hz，允许偏差为 $\pm5\%$。

（2）直流供电电源

电压范围 9~24 V，周期与随机偏移应符合相关标准的规定。

5.9.2.3　主要功能

（1）断电控制器应具有动合和动开接点输出。动合和动开接点均能根据输入信号输出相应的控制状态且保持。

（2）断电控制器的输出应能够满足交流或直流控制的需要。

（3）断电控制器应具有被控设备馈电状态监测、显示和信号输出功能。

（4）交流或直流供电的断电控制器应具有电源指示。

（5）断电控制器应具有输出状态指示。

5.9.2.4　主要技术指标

（1）输入输出信号

① 数字信号应符合《煤矿用信息传输装置》（MT/T 899—2000）的有关规定。

② 采用双电平和无源输出的开关量信号应符合下列要求：

a. 有源输出高电平电压应不小于 $+3.0$ V（输出电流为 2 mA 时），有源输出低电平电压应不大于 $+0.5$ V（输出电流为 2 mA 时）。

b. 无源输出截止状态的漏电阻应不小于 100 kΩ，无源输出导通状态的电压降应不大于 $+0.5$ V（输出电流为 2 mA 时）。

（2）输出控制接点容量

输出控制接点容量应符合《爆炸性环境 第 4 部分：由本质安全型"i"保护的设备》（GB 3836.4—2021）的有关规定，且能满足控制要求，在相关标准中明确规定，但不得低于下列要求：

① 本质安全接点：直流 24 V/100 mA。

② 非本质安全接点：交流 660 V/0.3 A、380 V/0.5 A、36 V/3A；直流 60 V/1 A。

（3）输出控制接点组数

应能满足控制要求，并在相关标准中明确规定，但至少有一组动合和动开接点。

（4）信号传输距离

分站至断电控制器最大传输距离不得小于 2 km。

（5）控制执行时间

从接收到控制信号到输出相应控制状态的时间应不大于 0.5 s。

5.9.3　典型的断电控制器

KDG1140 矿用隔爆兼本质安全型断电馈电器，主要用于井下对防爆开关的控制回路实行控制及用电设备的带电状态进行监控,是一种控制器和监控器。断电馈电器外观结构如图 5-45 所示。

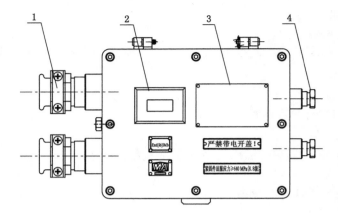

1—非本安侧喇叭口;2—透明窗;3—铭牌;4—本安侧喇叭口。

图 5-45　断电馈电器外观结构图

KDG1140 矿用隔爆兼本质安全型断电馈电器主要技术参数如下:

(1) 基本参数

① 额定工作电压:18 V DC,允许波动范围 9～25 V DC。

② 额定工作电流:≤80 mA。

(2) 馈电功能

① 馈电电压检测范围:127～1 140 V AC。

② 馈电反馈电流信号:1 mA(无电)/5 mA(有电)。

③ 馈电反馈 RS485 信号:通过 RS485 接口上传反馈信号。

(3) 断电功能

① 输入控制电平信号:低电平信号不大于 0.5 V,高电平不小于 3 V。

② 输入控制数字信号:RS485 数字信号。

③ 非本安断电容量:交流 660 V/0.3 A、380 V/0.5 A、127 V/1.5 A、36 V/5 A;直流 60 V/1 A。

④ 本安断电容量:直流 24 V/100 mA。

(4) 传输距离

① 与关联设备最大传输距离不小于 2 km。

② 与被控制设备之间的最大距离不小于 100 m。

(5) 防爆型式

矿用隔爆兼本质安全型。

5.10　瓦斯抽采监测传感器

瓦斯抽采监测传感器主要应用于瓦斯抽采泵站、主管、干管、支管、评价单元、钻场、钻孔等地点,实现瓦斯抽采管道的工况参数和环境参数在线监测,通常监测的参数包括管道气体流量、甲烷浓度、负压、温度、一氧化碳浓度等。当出现甲烷浓度过低、负压波动较大时,监测设备发出报警提示。

5.10.1 瓦斯抽采监测传感器工作原理

由于煤矿瓦斯抽采管路环境的含尘、含水、高负压等特性,瓦斯抽采监测传感器的重点、难点是管道气体流量和甲烷浓度的准确监测和计量。

5.10.1.1 瓦斯抽采管道气体流量监测原理

目前,煤矿用瓦斯抽采监测设备使用的管道流量传感器主要包括:孔板流量计、涡街流量计、V 锥流量计、旋进漩涡型流量计、循环自激式流量计、超声波流量计等,主要技术现状如下。

(1)孔板流量计

孔板流量计是最早应用于煤矿井下管道瓦斯抽采流量检测的设备。此类流量计测量原理是通过检测节流孔板前后的压差计算出抽采管道的流量。由于需要抽采管道变径节流,人为减小了抽采管道的直径,大大增加了抽采管网的系统阻力,既影响了抽采效果又浪费了大量的电能。

孔板流量计还有一个突出的局限是量程比太小,一般为 3∶1。由于压差与流量是非线性关系,当流量小于流量计量程的 30% 时,测量误差会明显增大;另外,由于使用介质的长期磨损,节流孔板的锐角变钝,使流量系数发生变化,也会影响测量精度。

(2)涡街流量计

涡街流量计是 20 世纪 80 年代后期发展起来的一种流量计,是基于流体振动发展起来的,根据旋涡的不同,检测方式有应力式、磁敏式、差动开关电容式、超声波式等。涡街流量计由于没有可动的机械部件,维护工作量小,仪表常数稳定。与孔板流量计相比,涡街流量计测量范围大(量程比一般能达到 10∶1),压力损失小,准确度较高,安装与维护简单。

由于涡街流量计是基于流体振动检测流量的,其测量信号会受环境振动的干扰。在实际运行中抽采管道由于抽采泵工作而产生的振动不可避免,这会对涡街信号产生附加干扰,因此它对管道振动较敏感,测量下限受到了限制,一般在 6 m/s 以上。另外,瓦斯抽采管道内的水蒸气和粉尘对涡街流量计的使用性能也有很大的影响。

(3)V 锥流量计

V 锥流量计是 20 世纪 90 年代由美国传过来的一种流量监测技术,属于差压式流量计的范畴,应该说是由孔板流量计衍生出的产品。

当气流通过 V 锥流量计时,在锥体的上下游产生一个压差,据此可测量抽采管道的流量。它同样存在管道阻力损失大的突出问题,而且,内部锥体表面状况对测量有很大的影响。该传感器采用的是直杆固定在管道中心的悬臂结构,会有流体诱发震荡产生,所以在 V 锥流量计的工作过程中不可避免有震荡存在,震荡对流量计的影响程度随口径不同而不同,悬臂结构也使外部安装难以解决震荡问题,这一点会影响 V 锥流量计的性能。

(4)旋进旋涡型流量计

旋进旋涡型流量计也是 20 世纪 90 年代发展起来的流量检测技术。该类流量计在流体入口端设有起涡器,使进入的流体产生旋涡流,旋涡中心沿锥状螺旋线进动,采用压电晶体传感器测量旋涡振动频率信号。流量计的中段采用文丘里管段,管径有一定程度的收缩,因此该类传感器的流速检测下限可低至 1 m/s。

但是,由于起涡器体积较大,再加上中间管径的收缩,造成抽采管路阻力加大;另外,由于靠双压电传感器检测旋涡信号,会受强磁场、管道压力波动、热辐射及管道振动的影响。

(5) 循环自激式流量计

循环自激式流量传感器是在流体中设置一旋涡发生体(三角柱阻流体),在旋涡发生体的下游沿传感器测量腔体两侧设有两根金属引出导管,金属引出导管的另一端设有一个热线式传感器。抽采管道内的气流首先通过传感器测量腔体的旋涡发生体,从旋涡发生体两侧交替地产生有规则的旋涡,旋涡在旋涡发生体下游非对称地交替、循环排列,这些旋涡会将能量传递给传感器腔体两侧的金属管内的空气,旋涡的动能使金属管内的空气产生双向涡流,交替产生脉动,这些脉动信号会周期性通过金属引出导管另一端的热线式传感器,使热线式传感器的热量发生周期性变化,它的变化频率与抽采管道内的气体流速有关,据此可以测出管道内的流量。循环自激式流量计检测原理示意图如图 5-46 所示。

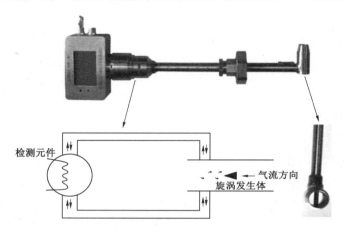

图 5-46　循环自激式流量计检测原理

采用插入式循环自激式流量计,测量流速低至 1 m/s,插入式安装,维护方便,不会增加管道阻力,测量动态范围宽,不受温度、粉尘、水汽的影响,克服了旋进旋涡型流量计、V 锥流量计压力损失大、安装不便、易受环境影响等缺点,实现低流量环境条件下的长期稳定、可靠计量。

(6) 超声波流量计

超声波流量计应用基于互相关原理的相位差法超声波气体流量检测技术,将相位差法和相关测量原理相结合,避免了普通相位差法测量抗干扰能力差、测量精度差的缺点,提高了系统的抗干扰能力和测量精度。

超声波流量检测技术原理如图 5-47 所示,在直径为 D 的管道内,相距为 L 的超声波换能器 A 和 B 交替作为接收和发射端子,超声波换能器 A 和 B 接收到的信号分别为 $x(t)$ 和 $y(t)$,对 $x(t)$ 和 $y(t)$ 进行互相关运算得到互相关函数 $Rxy(\tau)$。

互相关函数 $Rxy(\tau)$ 有一峰值,当时间位移 $\tau = \Delta t$ 时 $Rxy(\tau)$ 才出现峰值,Δt 就是理论上流体渡越两截面从 A 到 B 的时间,则间距 L 与时间位移 Δt 的比值即为流体的平均流速,即 $V = L/\Delta t$。通过计算的平均流速,根据管道直径得出流量。

采用先进的超声波流量测量技术,一体式的流量传感器可监测流速小于 0.1 m/s 的气

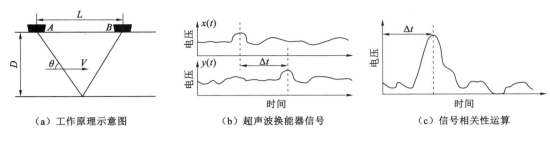

（a）工作原理示意图　　　　（b）超声波换能器信号　　　　（c）信号相关性运算

图 5-47　超声波流量检测原理

体流量。在信号处理前端增加频谱分析措施,在极低流量情况下,实现信号频域内有效信号的提取和识别,以达到拓宽测量下限和提高抗干扰能力的目的。

5.10.1.2　瓦斯抽采管道甲烷浓度监测原理

目前,煤矿瓦斯抽采监测设备使用的管道甲烷浓度传感器主要包括:热传导式甲烷传感器、热效式甲烷传感器、红外甲烷传感器、激光甲烷传感器等,主要技术现状如下。

（1）热传导式甲烷传感器

热传导式甲烷传感器依据甲烷气体的导热系数与空气的差异来测定甲烷的浓度,通常利用电路将导热系数的差异转化为电阻的变化。热传导式甲烷检测仪的结构是将待测气体送入气室,气室中有热敏元件如热敏电阻、铂丝或钨丝。将热敏元件加热到一定温度,当待测甲烷气体的导热系数较高时,热量更容易从热敏元件上散发,使其电阻减小,通过惠斯通电桥测量这一阻值变化可得到被测甲烷气体的浓度值。

这种传感器优点是甲烷气体浓度高时稳定性较高,寿命长,一般用于高浓度甲烷气体(4%～100%);缺点是功耗较大,易受水蒸气的影响,元件的一致性和互换性较差。

（2）热效式甲烷传感器

热效式甲烷传感器(又称黑白元件传感器)是利用可燃气体在催化剂的作用下进行无焰燃烧,产生热量,通过元件参数变化来测量甲烷的浓度。

这种传感器的优点是在低浓度值时精度较高且不受其他气体和灰尘存在的影响,价格便宜;缺点是寿命短(不大于一年)、功耗大,易受硫、铅、磷、氯等化合物干扰而使催化剂中毒,导致灵敏度降低,甚至误报。

（3）红外甲烷传感器

常见红外甲烷传感器利用红外光谱吸收法,通过检测甲烷气体反射光强或透射光强的变化来检测甲烷气体的浓度。每种气体分子都有自己的吸收(或辐射)谱特征,光源的发射谱只有与甲烷气体吸收谱重叠的部分才产生吸收,吸收后的光强将发生变化。

红外光谱吸收法检测甲烷气体浓度的优点是选择性好,每种气体都有各自的特征红外吸收频率,它们是互相独立、互不干扰的;缺点是易受水蒸气和粉尘影响。

（4）激光甲烷传感器

激光甲烷传感器基于波长调制吸收光谱技术,以调谐激光器作为光源,其具有高光谱分辨率和可调谐性,利用这些特点对甲烷气体分子在对应谱线范围内的光谱吸收强度进行测量,从而实现气体浓度的高质量检测。

管道甲烷浓度监测采用激光检测技术,具有环境适应能力强,克服了背景气体、粉尘的吸收干扰,测量精度高、响应速度快、寿命长、标校周期长等特点,非常适用于长期的管道瓦斯气体的高质量监测。

5.10.2 瓦斯抽采监测传感器技术要求

《管道瓦斯抽放综合参数测定仪技术条件》(MT/T 642—1996)规定了管道瓦斯抽采综合参数测定仪的技术要求、试验方法、检验规则等。该标准适用于测定管道瓦斯抽采中甲烷浓度、负压、温度和以压差原理测量流量的电子仪器。主要技术要求如下:

(1) 与仪器配套的管道流量测定装置应符合相应的标准。孔板应符合 GB/T 2624 系列标准的要求;均速管应符合《均速管流量传感器》(JB/T 5325—1991)、《差压式流量计检定规程》(JJG 640—2016)的要求;皮托管应符合《皮托管》(JJG 518—1998)的要求。

(2) 可采用绝对压力传感器或相对于测定点大气压的压差传感器测量管道负压。

(3) 主要技术指标:

① 与仪器配套流量装置的压差(简称流量装置压差)测量范围:0～5 kPa,误差:±1.5%。

② 相对测定点大气压的压差(简称相对压差)测量范围:0～100 kPa,误差:±1.5%。

③ 绝对压力测量范围:10～100 kPa,误差:±1.5%。

④ 甲烷浓度测量范围:10%～100%,误差:真值的±10%。

⑤ 温度测量范围:0～50 ℃,误差:±2%。

5.10.3 典型的瓦斯抽采监测传感器

5.10.3.1 CGWZ-100(C) 管道激光瓦斯气体综合参数测定仪

CGWZ-100(C)管道激光瓦斯气体综合参数测定仪(以下简称测定仪)是专门用于测定瓦斯抽采过程中的气体流量、甲烷浓度、一氧化碳浓度、气体压力和气体温度的精密仪器。该仪器测量精度高、稳定性好、使用方便,广泛应用于煤矿瓦斯抽采时综合参数检测。

(1) 结构特征

测定仪主要由 1 台 CGWZ-100(A)-Z 管道瓦斯气体综合参数测定仪主机(以下简称主机)、1 台 GD3 瓦斯抽采管道用多参数传感器(以下简称流量三合一传感器)、1 台 GJG100J 煤矿用高浓度激光甲烷传感器(以下简称甲烷传感器)、1 台 GTH500 煤矿用一氧化碳传感器(以下简称一氧化碳传感器)和矿用隔爆兼本质安全型直流电源及其他相关附件组成,可通过红外遥控器进行系统设置、标定操作。测定仪示意图如图 5-48 所示。

可根据需要灵活选择搭配不同的传感器来满足瓦斯抽采监测的需要,如可选择配置一氧化碳传感器也可选择不配置,或者仅选择流量三合一传感器和甲烷传感器的简单配置。测定仪的可选配置如表 5-21 所示。

(2) 主要性能特征

① 测定仪采用循环自激式流量检测技术,量程宽、测量下限低、准确度高,即使抽采管道内的流速低至 1 m/s 时也可精确测量。

② 甲烷浓度采用激光测量原理,不受水蒸气和其他杂质气体的干扰,测量准确、稳定,标校周期大于 6 个月。

③ 测定仪采用插入式安装结构,不会产生阻力,一种仪器适合各种管径,可以在风洞上校验。

④ 测定仪可以单屏同时显示流量、浓度、温度、压力的瞬时量,也可以显示某段时间的

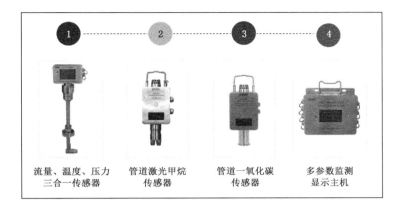

图 5-48　CGWZ-100(C)测定仪示意图

混合量累计量、纯量累计量等。

表 5-21　CGWZ-100(C)测定仪的可选配置清单

配置类别	装置组成	主要实现功能
标准配置	(1) 主机； (2) 流量三合一传感器； (3) 甲烷传感器； (4) 一氧化碳传感器	(1) 可实现流量、瓦斯浓度、一氧化碳浓度、温度和压力等 5 个参数的在线监测； (2) 本地历史曲线查询与显示； (3) 其他功能见设备说明书
简单配置 1	(1) 主机； (2) 流量三合一传感器； (3) 甲烷传感器	(1) 可实现流量、瓦斯浓度、温度和压力 4 个参数的在线监测； (2) 本地历史曲线查询与显示； (3) 其他功能见设备说明书
简单配置 2	(1) 流量三合一传感器； (2) 甲烷传感器	可实现流量、瓦斯浓度、温度和压力 4 个参数的在线监测

⑤ 测定仪具有环境气压测定功能,无须人工设定即可准确进行绝压、负压转换。

⑥ 单支流量计同时测量管道气体流量、负压、温度参数,具备标况、工况测量和输出功能。

⑦ 流量、甲烷浓度、一氧化碳浓度测量具有温度和压力补偿,可在复杂环境中可靠工作。

⑧ 具有监测数据存储和历史曲线查询及显示功能,监测数据可自动存储于主机上,用户可在本地以历史曲线的方式查询监测数据。

(3) 主要技术参数

① 额定工作电压:18 V DC 本安电源。

② 测量范围:

流速测量范围:$0 \sim 23.6$ m/s;

流量测量范围:$0 \sim 100.0$ m^3/min(DN300);

甲烷测量范围:$0 \sim 100\% CH_4$;

一氧化碳:$0 \sim 500 \times 10^{-6}$;

压力测量范围:$10.0 \sim 200.0$ kPa;

温度测量范围：$-10.0 \sim 60.0$ ℃；

环境压力：$80 \sim 120$ kPa。

③ 基本误差如表 5-22 所示。

表 5-22 CGWZ-100(C)测定仪的测量参数基本误差

参数	测量范围	误差
流速	$0.0 \sim 23.6$ m/s	$\pm 1.5\%$F.S.
流量	$0 \sim 100.0$ m³/min (DN300)	$\pm 1.5\%$F.S.
甲烷浓度	$0.00 \sim 1.00\%CH_4$	$\pm 0.05\%CH_4$
	$1.0 \sim 100\%CH_4$	真值的 $\pm 5\%$
一氧化碳浓度	$(0 \sim 100) \times 10^{-6}$	$\pm 4 \times 10^{-6}$
	$(100 \sim 500) \times 10^{-6}$	测量值的 $\pm 5\%$
压力	$10.0 \sim 200.0$ kPa	$\pm 0.75\%$F.S.
温度	$-10.0 \sim 60.0$ ℃	± 1.0 ℃
大气压力	$80 \sim 120$ kPa	± 1.5 kPa

④ 输出信号：频率型 $200 \sim 1\,000$ Hz(5 路)，或数字型 RS485。

a. 模拟量：5 路 $200 \sim 1\,000$ Hz 频率信号，脉冲宽度 $\geqslant 0.4$ ms，脉冲幅度高电平不小于 3.0 V、低电平不大于 0.5 V。

b. 数字量：RS485 信号，传输速率为 9 600 bps(可设置)，电压信号峰值 $\leqslant 5$ V。

⑤ 防爆型式：矿用本质安全型。

5.10.3.2 CJZ4Z 钻孔汇流管瓦斯综合参数测定仪

CJZ4Z 钻孔汇流管瓦斯综合参数测定仪(以下简称钻孔汇流管)，适用于瓦斯抽采过程中的气体流量、甲烷浓度、压力和温度监测，就地显示各个参数值及统计量(包括总量、纯总量、日累计量和日累计纯量)，并输出标准信号传递给关联设备。钻孔汇流管是按照《煤矿瓦斯抽采达标暂行规定》及相关国家标准研制的，适用于瓦斯抽采钻孔、钻场、评价单元在线监测，具有测量下限低(流量)、测量误差小、测量精度高等优点，可提供可靠、稳定、连续的监测数据。

（1）结构特征

钻孔汇流管由流量测量传感器、瓦斯浓度测量探头、压力测量探头和温度测量探头组成，通过航空插座与外部关联设备连接，可为瓦斯抽采提供一体化的监测数据。设备外观结构如图 5-49 所示。

（2）主要性能特征

① 可在线监测管路气体流量、甲烷浓度、压力和温度，并就地显示，安装维护方便。

② 测量腔内无阻挡和转动部件，测量无阻力。

③ 流速测量下限极低，测量量程宽($0.1 \sim 20$ m/s)，适用于极低流量下的钻孔瓦斯抽采监测，即使钻孔气体流速低至 0.1 m/s 也可准确测量。

④ 显示内容丰富。具有瞬时混合流量、瞬时纯流量、甲烷浓度、负压、温度、总量、纯总量、日累积量、日累积纯量、管径、气体流向、日期、时间、工况百分比等就地实时显示功能。

⑤ 具有温度和压力补偿，不受环境因素的影响，可在复杂环境中可靠工作。

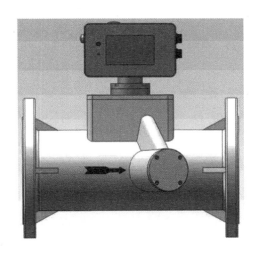

图 5-49 钻孔汇流管外观结构示意图

⑥ 仪器显示部分可进行 180°旋转,不受安装位置的气体流速方向限制。

⑦ 具有工况、标况模式设定功能,可设置仪器输出模式。

(3) 主要技术指标

① 额定工作电压:18 V DC。

② 测量范围:

流量范围:$0.012 \sim 2.945$(DN50) m^3/min、$0.030 \sim 4.000$(DN80) m^3/min、$0.100 \sim 21.000$(DN150) m^3/min;

甲烷浓度:$0 \sim 100\%CH_4$;

绝对压力:$10 \sim 200$ kPa;

温度:$-10 \sim 60$ ℃。

③ 基本误差如表 5-23 所示。

表 5-23 钻孔汇流管测量参数基本误差

参数	测量范围	允许误差
流量/(m^3/min)	$0.012 \sim 2.945$(DN50) $0.030 \sim 4.000$(DN80) $0.100 \sim 21.000$(DN150)	不超过$\pm 1.5\%$F. S.
甲烷/%CH_4	$0 \sim 1\%CH_4$	不超过真值的$\pm 0.05\%CH_4$
	$(1 \sim 100)\%CH_4$	不超过真值的$\pm 5.0\%$
绝压/kPa	$10 \sim 100$ kPa	不超过真值的$\pm 1.5\%$
	$100 \sim 200$ kPa	不超过± 1.5 kPa
温度/℃	$-10 \sim 60$	不超过± 1.0 ℃

④ 输出信号(可选):数字型 RS485,或频率型 $200 \sim 1\ 000$ Hz(4 路);

⑤ 防爆型式:矿用本质安全型(防爆标志:Exia I Ma)。

6 监控系统的安装与运维

6.1 设计和安装规范

6.1.1 一般性要求

（1）煤矿编制采区设计、采掘作业规程和安全技术措施时，必须对安全监控设备的种类、数量、位置，信号线缆和电源电缆的敷设、断电区域等做出明确规定，并绘制安全监控布置图和断电控制图。煤矿安全监控系统设备布置图应以矿井通风系统图为底图，断电控制图应以矿井供电系统图为底图。

（2）煤矿安全监控系统主干线缆应当分设两条，从不同的井筒或者一个井筒保持一定间距的不同位置进入井下。安全监控系统不得与图像监视系统共用同一芯光纤。系统应具有防雷电保护，入井线缆的入井口处和中心站电源输入端应具有防雷措施。

（3）安全监控管理机构负责安全监控设备的安装、调试和维护工作。安装前，使用单位应根据已批准的作业规程或安全技术措施，填写"安装申请单"，分别送矿井通风和机电部门。在安装断电控制系统时，使用单位或机电部门必须根据断电范围要求，提供断电条件，接通井下电源及控制线，在连接时应有安全监测人员在场监督。

（4）井下分站应设置在便于人员观察、调试、检验及支护良好、无滴水、无杂物的进风巷道或硐室中，安设时应垫支架，或吊挂在巷道中，使其距巷道底板不小于 300 mm。

（5）隔爆兼本质安全型防爆电源设置在采区变电所，不得设置在下列区域：① 断电范围内；② 低瓦斯和高瓦斯矿井的采煤工作面和回风巷内；③ 煤与瓦斯突出煤层的采煤工作面、进风巷和回风巷内；④ 掘进工作面内；⑤ 采用串联通风的被串采煤工作面、进风巷和回风巷内；⑥ 采用串联通风的被串掘进巷道内。

（6）安全监控设备的供电电源不得接在被控开关的负荷侧。

（7）安装断电控制时，应根据断电范围要求，提供断电条件，并接通井下电源及控制线。断电控制器与被控开关之间应正确接线，具体方法由煤矿主要技术负责人审定。

（8）与安全监控设备关联的电气设备、电源线和控制线在改接或拆除时，应与安全监控管理部门共同处理。检修与安全监控设备关联的电气设备，需要监控设备停止运行时，应经矿主要负责人或主要技术负责人同意，并制定安全措施后方可进行。

（9）模拟量传感器应设置在能正确反映被测物理量的位置；开关量传感器应设置在能正确反映被监测状态的位置；声光报警器应设置在经常有人工作便于观察的地点。

6.1.2 依据和原则

煤矿安全监控设备的设计和安装，应遵循《煤矿安全监控系统升级改造技术方案》（煤安监函〔2016〕5 号）、《煤矿安全规程》、《煤矿安全监控系统通用技术要求》（AQ 6201—2019）、

《煤矿安全监控系统及检测仪器使用管理规范》(AQ 1029—2019)、《煤矿安全生产监控系统通用技术条件》(MT/T 1004—2006)、《防治煤与瓦斯突出细则》(煤安监技装〔2019〕28 号)、《煤矿防灭火细则》(矿安〔2021〕156 号)、《关于强化瓦斯治理有效遏制煤矿重特大事故的通知》(安监总煤装〔2017〕18 号)等煤矿行业安全标准中的相关规定。

设计和安装的主要原则是实现采煤工作面、掘进工作面以及主要进回风巷、硐室等重要区域,监测甲烷浓度、一氧化碳浓度、风速风向、风压、温度、烟雾、馈电状态、风门状态、风筒状态、局部通风机开停、主通风机开停,并完成甲烷超限声光报警、断电和甲烷风电闭锁控制功能。

6.2 设备的安装

6.2.1 安装前的仪器调试

(1)煤矿安全监控设备检修室负责矿井安全监控设备的安装、调校、维护和简单维修工作。安全监控设备入井安装使用前应在地面进行外观检查和功能试验。

(2)在地面查看传感器外观壳体是否完好无损,如发现传感器壳体及其结构部件存在破损、变形、松动等现象,应返回生产厂家。

(3)所有入井设备及仪表仪器应在地面通电运行 24～48 h,观察设备运行情况,并做必要的功能试验,包括设备零点漂移、精度显示、报警功能、供电状态、通信状态等。尤其需重点关注甲烷、一氧化碳、风速等传感器运行状况,存在问题的设备不能入井。

(4)监控分站安装前(特别是井下安装),应在地面检查分站各部分外壳是否有缺损、变形等严重影响安全的现象;电源与分站相连,检查分站能否正常工作、显示等。

6.2.2 甲烷传感器的安装

6.2.2.1 通用要求

(1)安装位置要求

甲烷传感器应垂直悬挂,距顶板(顶梁、屋顶)不得大于 300 mm,距巷道侧壁(墙壁)不得小于 200 mm,应安装维护方便,不影响行人和行车。

(2)报警、断电、复电浓度设置要求

甲烷传感器的报警浓度、断电浓度、复电浓度和断电范围应符合表 6-1 的规定。

表 6-1 甲烷传感器的报警浓度、断电浓度、复电浓度和断电范围

甲烷传感器设置地点	甲烷传感器编号	报警浓度/%CH$_4$	断电浓度/%CH$_4$	复电浓度/%CH$_4$	断电范围
采煤工作面回风隅角	T$_0$	≥1.0	≥1.5	<1.0	工作面及其回风巷内全部非本质安全型电气设备
低瓦斯和高瓦斯矿井的采煤工作面	T$_1$	≥1.0	≥1.5	<1.0	工作面及其回风巷内全部非本质安全型电气设备
煤与瓦斯突出矿井的采煤工作面	T$_1$	≥1.0	≥1.5	<1.0	工作面及其进、回风巷内全部非本质安全型电气设备

表 6-1(续)

甲烷传感器设置地点	甲烷传感器编号	报警浓度/%CH$_4$	断电浓度/%CH$_4$	复电浓度/%CH$_4$	断电范围
采煤工作面回风巷	T$_2$	≥1.0	≥1.0	<1.0	工作面及其回风巷内全部非本质安全型电气设备
煤与瓦斯突出矿井采煤工作面进风巷	T$_3$、T$_4$	≥0.5	≥0.5	<0.5	工作面及其进、回风巷内全部非本质安全型电气设备
采用串联通风的被串采煤工作面进风巷	T$_4$	≥0.5	≥0.5	<0.5	被串采煤工作面及其进、回风巷内全部非本质安全型电气设备
采用两条以上巷道回风的采煤工作面第二、第三条回风巷	T$_5$	≥1.0	≥1.5	<1.0	工作面及其回风巷内全部非本质安全型电气设备
	T$_6$	≥1.0	≥1.0	<1.0	
高瓦斯、煤与瓦斯突出矿井采煤工作面回风巷中部		≥1.0	≥1.0	<1.0	工作面及其回风巷内全部非本质安全型电气设备
采煤机		≥1.0	≥1.5	<1.0	采煤机及工作面刮板输送机电源
煤巷、半煤岩巷和有瓦斯涌出岩巷的掘进工作面	T$_1$	≥1.0	≥1.5	<1.0	掘进巷道内全部非本质安全型电气设备
煤巷、半煤岩巷和有瓦斯涌出岩巷的掘进工作面回风流中	T$_2$	≥1.0	≥1.0	<1.0	掘进巷道内全部非本质安全型电气设备
煤与瓦斯突出矿井的煤巷、半煤岩巷和有瓦斯涌出岩巷的掘进工作面的进风分风口处	T$_4$	≥0.5	≥0.5	<0.5	掘进巷道内全部非本质安全型电气设备
采用串联通风的被串掘进工作面局部通风机前	T$_3$	≥0.5	≥0.5	<0.5	被串掘进巷道内全部非本质安全型电气设备
		≥0.5	≥1.5	<0.5	包括局部通风机在内的被串掘进巷道内全部非本质安全型电气设备
高瓦斯矿井双巷掘进工作面混合回风流处	T$_3$	≥1.0	≥1.0	<1.0	除全风压供风的进风巷外,双巷掘进巷道内全部非本质安全型电气设备
高瓦斯和煤与瓦斯突出矿井掘进巷道中部		≥1.0	≥1.0	<1.0	掘进巷道内全部非本质安全型电气设备
掘进机、连续采煤机、锚杆钻车、梭车		≥1.0	≥1.5	<1.0	掘进机、连续采煤机、锚杆钻车、梭车电源
采区回风巷		≥1.0	≥1.0	<1.0	采区回风巷内全部非本质安全型电气设备

表 6-1（续）

甲烷传感器设置地点	甲烷传感器编号	报警浓度/%CH$_4$	断电浓度/%CH$_4$	复电浓度/%CH$_4$	断电范围
一翼回风巷及总回风巷		≥0.70	—	—	
使用架线电机车的主要运输巷道内装煤点处		≥0.5	≥0.5	<0.5	装煤点处上风流100 m内及其下风流的架空线电源和全部非本质安全型电气设备
高瓦斯矿井进风的主要运输巷道内使用架线电机车时,瓦斯涌出巷道的下风流处		≥0.5	≥0.5	<0.5	瓦斯涌出巷道上风流100 m内及其下风流的架空线电源和全部非本质安全型电气设备
矿用防爆型蓄电池电机车内		≥0.5	≥0.5	<0.5	机车电源
矿用防爆型柴油机车、无轨胶轮车		≥0.5	≥0.5	<0.5	车辆动力
兼做回风井的装有带式输送机的井筒		≥0.5	≥0.7	<0.7	井筒内全部非本质安全型电气设备
采区回风巷内临时施工的电气设备上风侧		≥1.0	≥1.0	<1.0	采区回风巷内全部非本质安全型电气设备
一翼回风巷及总回风巷道内临时施工的电气设备上风侧		≥0.75	≥1.0	<1.0	一翼回风巷及总回风巷道内全部非本质安全型电气设备
井下煤仓上方、地面选煤厂煤仓上方		≥1.5	≥1.5	<1.5	煤仓附近的各类运输设备及其他非本质安全型设备电源
封闭的地面选煤厂车间内		≥1.5	≥1.5	<1.5	选煤厂车间内全部非本质安全型电气设备
封闭的带式输送机地面走廊内,带式输送机滚筒上方		≥1.5	≥1.5	<1.5	带式输送机地面走廊内全部非本质安全型电气设备
地面瓦斯抽采泵站室内		≥0.5	—	—	—
井下临时瓦斯抽采泵站内下风侧栅栏外		≥0.5	≥1.0	<0.5	瓦斯抽采泵站电源

6.2.2.2　采煤工作面甲烷传感器的设置

(1) 长壁采煤工作面甲烷传感器应按图 6-1 设置。U 形通风方式在回风隅角设置甲烷传感器 T_0(距切顶线≤1 m),工作面设置甲烷传感器 T_1,工作面回风巷设置甲烷传感器 T_2;煤与瓦斯突出矿井在进风巷设置甲烷传感器 T_3、T_4;采用串联通风时,被串工作面的进风巷设置甲烷传感器 T_4,如图 6-1(a)所示。Z 形、Y 形、H 形和 W 形通风方式的采煤工作面甲烷传感器的设置参照上述规定执行,如图 6-1(b)～(e)所示。

(2) 采用两条巷道回风的采煤工作面甲烷传感器应按图 6-2 设置。甲烷传感器 T_0、T_1 和 T_2 的设置同图 6-1(a);在第二条回风巷设置甲烷传感器 T_5、T_6。采用三条巷道回风的采煤工作面,第三条回风巷甲烷传感器的设置与第二条回风巷甲烷传感器 T_5、T_6 的设置相同。

（3）高瓦斯和煤与瓦斯突出矿井采煤工作面的回风巷长度大于 1 000 m 时,应在回风巷中部增设甲烷传感器。

（4）采煤机应设置机载式甲烷断电仪或便携式无线甲烷检测报警仪。

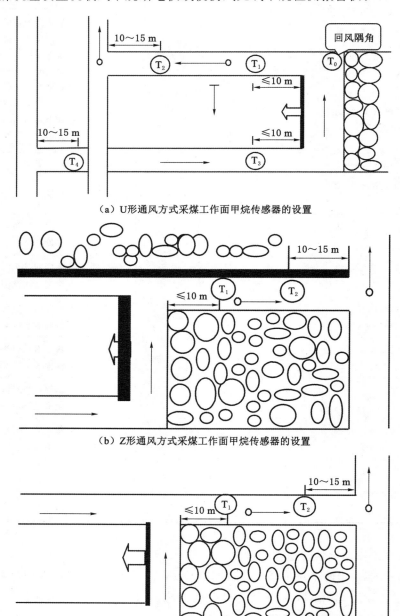

（a）U形通风方式采煤工作面甲烷传感器的设置

（b）Z形通风方式采煤工作面甲烷传感器的设置

（c）Y形通风方式采煤工作面甲烷传感器的设置

图 6-1　采煤工作面甲烷传感器设置

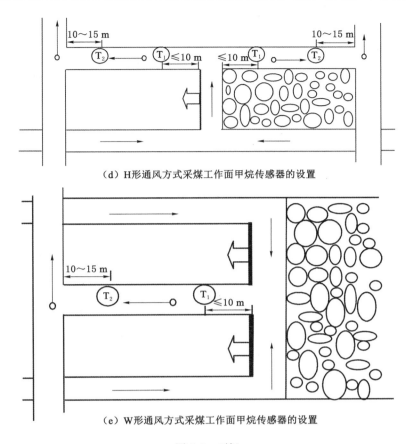

（d）H形通风方式采煤工作面甲烷传感器的设置

（e）W形通风方式采煤工作面甲烷传感器的设置

图 6-1 （续）

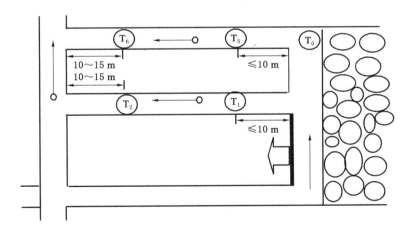

图 6-2 采用两条巷道回风的采煤工作面甲烷传感器的设置

（5）非长壁式采煤工作面甲烷传感器的设置参照上述规定执行，即在回风隅角设置甲烷传感器 T_0，在工作面及其回风巷各设置 1 个甲烷传感器。

6.2.2.3　掘进工作面甲烷传感器的设置

（1）煤巷、半煤岩巷和有瓦斯涌出岩巷的掘进工作面甲烷传感器必须按图 6-3 设置，并实现甲烷风电闭锁。在工作面混合风流处设置甲烷传感器 T_1，在工作面回风流中设置甲烷传感器 T_2；采用串联通风的掘进工作面，应在被串工作面局部通风机前设置掘进工作面进风流甲烷传感器 T_3；煤与瓦斯突出矿井掘进工作面的进风分风口处设置甲烷传感器 T_4。

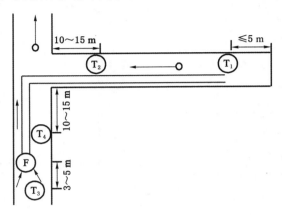

图 6-3　掘进工作面甲烷传感器的设置

（2）高瓦斯和煤与瓦斯突出矿井双巷掘进甲烷传感器应按图 6-4 设置。甲烷传感器 T_1 和 T_2 的设置同图 6-3；在工作面混合回风流处设置甲烷传感器 T_3。

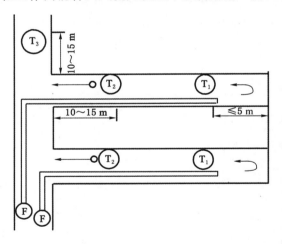

图 6-4　双巷掘进工作面甲烷传感器的设置

（3）高瓦斯和煤与瓦斯突出矿井的掘进工作面长度大于 1 000 m 时，应在掘进巷道中部增设甲烷传感器。

（4）掘进机、掘锚一体机、连续采煤机、梭车、锚杆钻车、钻机应设置机载式甲烷断电仪或便携式无线甲烷检测报警仪。

6.2.2.4　其他地点甲烷传感器的设置

（1）采区回风巷、一翼回风巷、总回风巷测风站应设置甲烷传感器。

（2）使用架线电机车的主要运输巷道内,装煤点处应设置甲烷传感器,如图 6-5 所示。

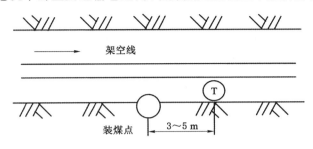

图 6-5 装煤点甲烷传感器的设置

（3）高瓦斯矿井进风的主要运输巷道使用架线电机车时,在瓦斯涌出巷道的下风流中必须设置甲烷传感器,如图 6-6 所示。

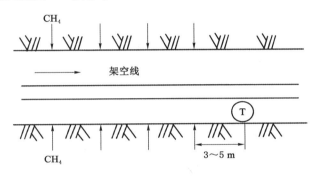

图 6-6 瓦斯涌出巷道的下风流中甲烷传感器的设置

（4）矿用防爆型蓄电池电机车应设置车载式甲烷断电仪或便携式无线甲烷检测报警仪;矿用防爆型柴油机车和胶轮车应设置便携式无线甲烷检测报警仪。

（5）兼做回风井的装有带式输送机的井筒内必须设置甲烷传感器。

（6）采区回风巷、一翼回风巷及总回风巷道内临时施工的电气设备上风侧 10～15 m 处应设置甲烷传感器。

（7）井下煤仓、地面选煤厂煤仓上方应设置甲烷传感器。

（8）封闭的地面选煤厂车间内上方应设置甲烷传感器。

（9）封闭的带式输送机地面走廊上方应设置甲烷传感器。

（10）施工防突钻孔时,在钻机回风侧 10 m 范围内应设置甲烷传感器,并具备超限报警断电功能。

（11）瓦斯抽采泵站应设置甲烷传感器:

① 地面瓦斯抽采泵站内应设置甲烷传感器;

② 井下临时瓦斯抽采泵站下风侧栅栏外应设置甲烷传感器;

③ 抽采泵输入管路中应设置甲烷传感器;利用瓦斯时,应在输出管路中设置甲烷传感器;不利用瓦斯、采用干式抽采瓦斯设备时,输出管路中也应设置甲烷传感器。

6.2.2.5 甲烷传感器安装注意事项

甲烷传感器在安装过程中,为防止传感器误报警及安全监控系统突出误报警,应注意以下事项：

（1）甲烷传感器的连接线应固定于安装支架上，避免传感器航空插头受力造成接触不良。传感器移动过程中应轻挪轻放，严禁手拽传感器电缆，严禁碰撞传感器。

（2）甲烷传感器安装地点 5 m 范围内不得使用红外线通信的发射装置或设备。

（3）甲烷传感器应避免安装在发热量大的机电设备上方。

（4）严格按照安全生产标准化要求敷设、吊挂电缆。监控信号电缆与电力电缆间距不小于 100 mm，监控电缆之间间距不小于 50 mm。采用 4 芯以上多对电缆传输信息时，应选购双绞、带有屏蔽层的电缆，且电缆两端屏蔽层接地。

（5）为防止突出误报警，甲烷传感器采用共用电缆传输时，因分站具有补发数据功能，应注意在瓦斯超限期间不得检修分站、拔插分站甲烷传感器电缆等。

（6）采用 RS485 总线传输多个传感器信号时，采煤工作面回风流风速传感器不得与甲烷传感器共用电缆；掘进工作面风速传感器、风向传感器不得与甲烷传感器共用电缆，以防止突出误报警。

6.2.3　其他传感器的安装

6.2.3.1　一氧化碳传感器的设置

（1）一氧化碳传感器应垂直悬挂，距顶板（顶梁）不得大于 300 mm，距巷壁不得小于 200 mm，应安装维护方便，不影响行人和行车。

（2）开采容易自燃、自燃煤层的采煤工作面应至少设置一个一氧化碳传感器，地点可设置在回风隅角（距切顶线 0～1 m）、工作面或工作面回风巷，报警浓度大于等于 0.002 4% CO，如图 6-7 所示。

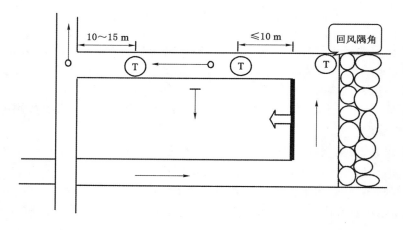

图 6-7　采煤工作面一氧化碳传感器的设置

（3）带式输送机滚筒下风侧 10～15 m 处宜设置一氧化碳传感器，报警浓度大于等于 0.002 4%CO。

（4）自然发火观测点、封闭火区防火墙栅栏外应设置一氧化碳传感器，报警浓度大于等于 0.002 4%CO。

（5）开采容易自燃、自燃煤层的矿井，采区回风巷、一翼回风巷、总回风巷应设置一氧化碳传感器，报警浓度大于等于 0.002 4%CO。

（6）开采容易自燃和自燃煤层的矿井，施工长度大于 20 m 的煤层钻孔，且采用干式排渣工艺施工时，应当在钻机回风侧 10 m 范围内同一帮设置一氧化碳传感器或者悬挂一氧化碳报警仪。

（7）在容易自燃和自燃煤层中掘进的半煤岩巷、煤巷，宜在回风流中装设一氧化碳传感器，沿空掘进时应当在回风流中装设一氧化碳传感器。

（8）传感器安装完成后，在确认与关联设备连接无误后通电运行。其中，设置一氧化碳浓度超限断电控制的传感器，运行 24 h 后再进行复查和调整。井下复查需事先准备好新鲜空气和一氧化碳校准气样，复查内容包括零点、显示值、报警功能等。

6.2.3.2　风速传感器的设置

（1）通用要求

采区回风巷、一翼回风巷、总回风巷的测风站应设置风速传感器。突出煤层采煤工作面回风巷和掘进巷道回风流中应设置风速传感器。风速传感器应设置在巷道前后 10 m 内无分支风流、无拐弯、无障碍、断面无变化、能准确计算风量的地点。当风速低于或超过《煤矿安全规程》的规定值时，应发出声、光报警信号。

（2）报警值设置

《煤矿安全规程》第一百三十六条规定，井巷中的风速应当符合表 6-2 要求。

表 6-2　井巷中的允许风流速度

井巷名称	允许风速/(m/s)	
	最低	最高
无提升设备的风井和风硐		15
专为升降物料的井筒		12
风桥		10
升降人员和物料的井筒		8
主要进、回风巷		8
架线电机车巷道	1.0	8
输送机巷、采区进、回风巷	0.25	6
采煤工作面、掘进中的煤巷和半煤岩巷	0.25	4
掘进中的岩巷	0.15	4
其他通风行人巷道	0.15	

设有梯子间的井筒或者修理中的井筒，风速不得超过 8 m/s；梯子间四周经封闭后，井筒中的最高允许风速可以按表 6-2 规定执行。无瓦斯涌出的架线电机车巷道中的最低风速可低于表 6-2 的规定值，但不得低于 0.5 m/s。综合机械化采煤工作面，在采取煤层注水和采煤机喷雾降尘等措施后，其最大风速可高于表 6-2 的规定值，但不得超过 5 m/s。

（3）安装要求

风速传感器安装前应按照图 6-8（a）所示对巷道的平均风速进行测量，然后按照图 6-8（b）所示选择 A 或 B 处安装风速传感器。

传感器可悬挂在巷道顶板或中部，要求该点的风速值应能代表该点巷道断面的平均风速。如果测量值不是平均风速值时,可通过调整传感器的系数,使测量值与该点巷道断面的平均风速值基本一致。风速传感器与其他传感器需安装在同一位置时,风速传感器需要安装在最前方迎风侧,并距其他传感器距离不小于 3 m。

为保证仪器正常运行,仪器安装时需保持水平方向正对且平行于风速方向,垂直方向与风速风向成 90°,且牢固固定,避免磕碰,安装示意图如图 6-9 所示。当安装到斜巷时,应尽量调整仪器的安装方向使其与巷道水平面垂直,必要时使用专用的斜巷安装支架。

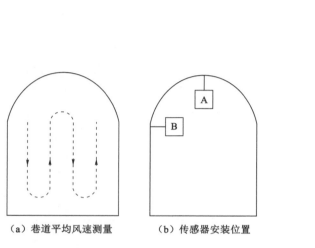

（a）巷道平均风速测量　　（b）传感器安装位置

图 6-8　风速传感器的安装位置

迎风侧 →

图 6-9　风速传感器安装示意图

6.2.3.3　风向传感器的设置

（1）通用要求

突出煤层采煤工作面进风巷、掘进工作面进风的分风口应设置风向传感器。当发生风流逆转时,发出声光报警信号。

（2）传感器的安装

风向传感器安装时,传感器需固定牢靠,不影响行车和行人,避免传感器晃动造成可能的风流反向。

（3）安装注意事项

注意风向传感器检测风流正反向的测量阈值,避免将传感器安装在低微风流处,并且与风门保持一定的距离,否则容易造成因检测到的风流方向频繁变换的误报警。风向传感器是判别瓦斯突出报警的重要参数,不合理的安装位置可能造成突出误报警或起不到检测突出报警的目的。

6.2.3.4　风压传感器的设置

（1）通用要求

主要通风机的风硐内应设置风压传感器。

（2）传感器安装

在测点的附近将固定支架埋入巷道侧壁或者风机的墙壁上,把传感器的提手悬挂在固定支架上,将传感器的显示窗正对方便观察的方向。

（3）安装注意事项

固定支架应牢固可靠，传感器应垂直固定放置，安装地点应无明显漏水，安装时防止剧烈的冲击和振动。

6.2.3.5　瓦斯抽采管路中传感器的设置

（1）通用要求

瓦斯抽采泵站的抽采泵输入管路中宜设置流量传感器、温度传感器和压力传感器；利用瓦斯时，应在输出管路中设置流量传感器、温度传感器和压力传感器。防回火安全装置上宜设置压差传感器。

（2）安装位置和要求［以 CGWZ-100（C）管道瓦斯设备为例说明］

① 安装位置

选择合适的管道安装位置，管道适用内径范围 200～2 000 mm。传感器安装区域应无强电磁环境，如大型风机、电动机、变频器等。流量三合一传感器前后应有足够长的直管段，具体要求如下：进气侧上游最短直管段长度≥7D（D 为管道内径）；出气侧下游最短直管段长度≥3D。建议流量三合一传感器、甲烷传感器在管道上的孔应开在离抽采泵较远的抽采管道上。

② 管道开孔

在管道上的开孔直径为 78 mm，管道焊接套与管道焊接可以采用一般手弧焊接工艺。焊接时注意对螺纹进行有效防护。焊接完成，等固定座冷却后，确保传感器堵帽可以顺畅配装。如现场是非金属抽采管道，需根据现场抽采管道内径制作相同内径的钢材质过渡接头，采用对口法兰连接。

③ 传感器安装

管道焊接套配有传感器堵帽及堵头，焊接完毕后需将管道焊接套封闭，安装传感器时旋下管道焊接套上配套的传感器堵帽及堵头，将传感器安装到位（注意密封垫圈要安装到位），并用开口 80 mm 的扳手将传感器活接法兰拧紧。传感器安装示意图如图 6-10 所示。

流量三合一传感器安装时，应保证管道气流方向与传感器表头下方的方向标示一致，便于观察。该传感器表头具备旋转功能，松开表头方向紧定顶丝，将表头调整至合适方向，拧紧紧定顶丝，调整显示液晶气流方向。插入传感器时注意插入深度，根据流量插杆上的刻度与所安装的抽采管道直径对应。安装地点选择在管道没有变径的地方，远离管道汇合、变径处，防止涡流对仪器的影响。选择水蒸气少或没有水蒸气的管道安装，现场一般有滤水装置，尽可能选择在多级滤水装置后面。

6.2.3.6　烟雾传感器的设置

（1）通用要求

带式输送机滚筒下风侧 10～15 m 处应设置烟雾传感器。对于采用卸载滚筒作驱动滚筒的带式输送机，烟雾传感器应当安装在滚筒正上方。

（2）传感器的安装

将传感器安装在无滴水、淋水的场所，将配套的电缆线接至传感器航插，插好旋紧，电缆另一端与分站相连接。通电后，传感器即可正常工作。

（3）安装注意事项

当传感器受粉尘影响误报警时，可对零点进行适当调整，调整后需要通入烟雾进行传感

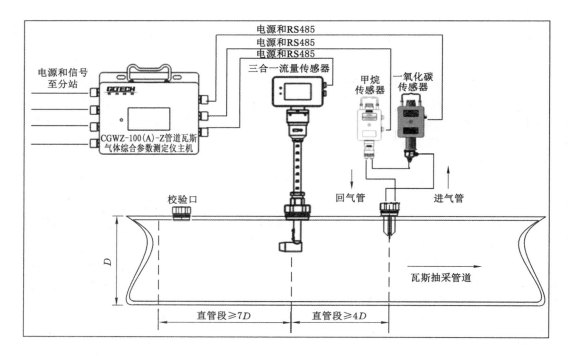

图 6-10　CGWZ-100(C)管道瓦斯设备安装示意图

器性能测试。报警值越低，其灵敏度越高；使用时如需降低灵敏度，可将该值适当提高。

6.2.3.7　温度传感器的设置

（1）通用要求

① 温度传感器应垂直悬挂，距顶板（顶梁）不得大于 300 mm，距巷壁不得小于 200 mm，应安装维护方便，不影响行人和行车。

② 开采容易自燃、自燃煤层及地温高的矿井采煤工作面应在工作面回风巷设置温度传感器，温度传感器的报警值为 30 ℃。其设置如图 6-11 所示。

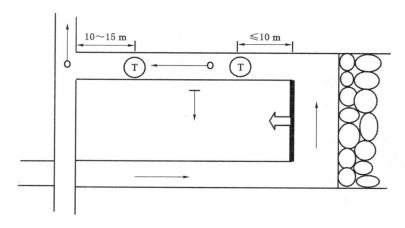

图 6-11　采煤工作面一氧化碳传感器的设置

③ 机电硐室内应设置温度传感器,报警值为 34 ℃。

④ 压风机应设置温度传感器,温度超限时,声光报警,并切断压风机电源。

（2）传感器的安装

将温度传感器配套使用的四芯电缆通过接线盒连接到关联设备,完成后检查并上电设置,查看显示值与监测分站是否一致。

（3）安装注意事项

① 注意不要把温度传感器的显示面朝向强光。

② 温度传感器安装区域应无强电磁环境,如大型风机、电动机、变频器等。

③ 温度传感器航空插头、底部温度探头锁紧螺母要安装紧密,防止水蒸气和粉尘进入。

6.2.3.8　粉尘传感器的设置

（1）通用要求

采煤机、掘进机、转载点、破碎处、装煤口等产尘地点宜设置粉尘传感器。

（2）传感器的安装

传感器安装位置（采样点）应符合《煤矿井下粉尘综合防治技术规范》（AQ 1020—2006）的要求。

（3）安装注意事项

① 当有风（烟）时,传感器应安装在洒水降尘装置系统的最前面即上风侧。

② 当无风（烟）时,传感器应安装在洒水降尘装置系统的后面即下风侧。

③ 传感器进气口朝向迎风面。

④ 在清洗巷道壁时,要对粉尘浓度传感器加以保护,禁止液体进入检测设备中。

6.2.3.9　设备开停传感器的设置

（1）通用要求

主要通风机、局部通风机应设置设备开停传感器。

（2）传感器的安装（以 GKT3L 设备开停传感器为例说明）

传感器在现场安装时只需打开压线夹,卡固在负荷电缆的外皮上,并在调试后将选择的位置压紧即可。传感器在上电后依次显示各个参数设置,然后进入正常的开停状态检测。传感器在第一次安装时需要先进行安装位置的选择,即传感器的校准过程。

传感器的校准是为了设定合适的开启阈值与停止阈值,适应各种电缆,以准确地检测设备开停状态。当感应值大于开启阈值时显示"ON"（表示设备开启）,当感应值小于停止阈值时显示"OFF"（表示设备停止）。

另外,校准操作必须在设备正常工作的情况下进行。在一定条件下,卡固后的传感器应观察在设备正常开启或停止时,开停指示灯状态是否正确。

（3）安装注意事项

① 传感器应安装在避免滴水、淋水的场所。

② 传感器尽量避免安装在大功率设备、大电流载流电缆等可能产生强磁场的周围。

③ 检查和维修时不得随意改变本安电路和本安电路相关的元器件的规格型号。

6.2.3.10　风门开关传感器的设置

（1）通用要求

矿井和采区主要进回风巷道中的主要风门应设置风门开关传感器。当两道风门同时打开时,发出声光报警信号。

(2) 传感器的安装

先将传感器组件固定在门框上,再将磁体组件安装在风门上的对应位置,确保风门关闭时两者间距小于 50 mm;固定好后将风门反复开闭数次,确保输出信号可靠,然后将输出信号接入分站。

(3) 安装注意事项

① 传感器组件和磁体组件应垂直固定放置,并且安装牢固可靠。

② 距离传感器组件和磁体组件 50 mm 安装位置两侧不能有导磁材料,以免影响传感器灵敏度。

③ 传感器安装时应确保传感器磁感应区面向磁体组件。

6.2.3.11 风筒传感器的设置

(1) 通用要求

掘进工作面局部通风机的风筒末端应设置风筒传感器。

(2) 传感器的安装

将传感器安装在无溅水场所、被测风筒上方,并根据风筒的直径和风量控制的要求调节传感器的接点位置。传感器应安装固定牢靠,防止压在风筒上或掉下伤人。安装示意图如图 6-12 所示。

图 6-12　风筒传感器安装示意图

(3) 安装注意事项

安装传感器的附近不应有障碍物,以防止障碍物阻挡传感器的自由开合而造成测量错误。安装时应注意以下事项:① 传感器组件和磁体组件应垂直固定放置,并且安装牢固可靠;② 距离传感器组件和磁体组件 50 mm 安装位置两侧不能有导磁材料,以免影响传感器灵敏度;③ 传感器安装时应确保传感器磁感应区面向磁体组件。

6.2.3.12 馈电传感器的设置

(1) 通用要求

被控开关的负荷侧应设置馈电传感器或接点。被监测的动力设备包括:采煤机、刮板输送机、转载机、采煤工作面回风巷各种动力设备、带式输送机、掘进机、煤电钻、耙岩机、装煤机、锚喷机、绞车等。

（2）传感器的安装

矿用电缆通过馈电输入口按接线标识正确接入线缆，馈电检测输出按照接线标识接入关联设备即可。当电路接通初始，传感器处于自检状态，上传信号呈开状态，10 s后进入正常工作状态。

馈电传感器的其他安装事项详见6.2.5节内容。

6.2.4　监控分站及关联设备的安装

6.2.4.1　通用要求

井下分站应设置在便于人员观察、调试、检验及支护良好、无滴水、无杂物的进风巷道或硐室中。分站可采用平放或挂装两种安装方式，平放安设时应垫支架，使其距巷道底板不小于300 mm；吊挂在巷道中时，使其距巷道底板不小于300 mm。尽量避免将分站堆放或以遮挡物遮蔽在半封闭空间内。

隔爆兼本质安全型防爆电源设置在采区变电所，不得设置在下列区域：① 断电范围内；② 低瓦斯和高瓦斯矿井的采煤工作面和回风巷内；③ 煤与瓦斯突出煤层的采煤工作面、进风巷和回风巷；④ 掘进工作面内；⑤ 采用串联通风的被串采煤工作面、进风巷和回风巷；⑥ 采用串联通风的被串掘进巷道内。

6.2.4.2　分站的安装

监控分站及电源箱在运输过程中要包装完好，避免运输过程中因碰撞造成设备元件损坏或设备不完好。设备安装时应不少于两人相互配合，做好设备的固定工作。停送电工作应提前办理好停送电联系票，执行好停送电流程，做好停电、闭锁、挂牌、上锁工作。

接线前，做好验电、放电工作，需要打设接地线的，应打设接地线；检查作业地点前后10 m范围内的甲烷浓度，只有当甲烷浓度小于1.0%时方可继续作业；接线期间，在施工地点上风侧3～5 m范围内悬挂便携式甲烷检测仪。电气设备接线时，要求接线工艺、接线严格执行标准，保证设备完好、不失爆。

接线完成后，应根据设备指示灯的情况判断设备的运行状态，需要更换元器件、零配件时应在设备停电状态下进行。

6.2.4.3　安装注意事项

（1）做好接入设备数量规划

分站安装前需统计分站覆盖范围内接入的模拟量、开关量的类型和数量，以及执行控制设备的个数，做好统筹安排，合理配置接入设备数量和分配接入设备供电电源，避免后期新增加传感器接入数量过多时，造成分站端口不够用、供电能力不足、分站工作不稳定等情况发生。

（2）做好断电控制设置规划

充分考虑甲烷电闭锁、风电闭锁、一氧化碳电闭锁的被控开关安装位置与分站安装位置的距离。正确处理好区域断电的范围、不同分站间的甲烷电闭锁范围、级联分站的甲烷电闭锁范围三者之间的关系。

（3）避免分站串联数量过多

合理分配网络交换机端口，避免因网络交换机故障导致依次串接分站故障。并且，1条通信链路上分站串联数量不宜过多,避免因 1 台分站通信模块故障,造成后级串接分站通信异常。

(4)尽量避开大功率变频装置安装地点

虽然技术方案要求增强设备的抗电磁干扰能力,但大功率变频装置的干扰非常严重,会造成分站采集到的信号畸变或通信状态频繁中断;另外,应避免分站电源取自变频装置同一路电源。

(5)不宜长距离供电

分站与电源间不宜长距离供电,因电缆自身电阻导致的电压降以及电缆维护不到位,可能导致分站工作不正常、通信不正常。

(6)其他注意事项

① 用户必须严格按照施工设计和产品说明书要求进行连接安装。

② 检修分站电源时,用户不得随意改动与本安参数有关的元件,其他元器件的替换(如保险管)必须选用同型号和规格的元器件进行替代。

③ 与分站电源连接的所有电路和电气设备必须是本安电路或本安电气设备。

④ 分站电源安装过程中,若要打开电源,必须把输入的交流电源断开,关闭旋钮开关,且等待 2 min 以上方可打开操作。

⑤ 特别提醒:需重启电源箱时,因内部有大量储能元件,故在关闭电源后不能立即开启电源,需等待 5 s 以上再开启电源。电源启动后,需要及时安装开关护罩,以防止电源异常关闭。

⑥ 隔爆兼本质安全型电源箱的供电电源不得和变频装置或变频设备取自同一台开关、同一台移动变压器;电源箱安装在变频装置附近时,必须采用屏蔽电缆给分站供电,屏蔽电缆两端必须接地。隔爆兼本质安全型电源的外接地应正常使用。

6.2.4.4　KJ370-F(A)分站设备接入

不同厂家的传感器与分站,其接线方法也不同,具体可参见产品用户手册。以下给出 KJ370-F(A)分站的一些接线方法,仅供参考。

(1)分站基本设置

① 通信设置:进入分站通信界面,设置分站 IP 地址,系统内分站的 IP 地址必须是唯一的,不能重复,否则会出现通信故障;另外,IP 地址最后几位数字与分站号保持一致。

② 甲烷闭锁模式设置:分站支持"三分闭锁"的开启、关闭,开启后分站成为甲烷风电闭锁分站,"三分闭锁"用通道支持自由定义。

③ 历史数据清除:新安装的分站,同上位机通信前,需清除分站安装前的调试数据,避免无用的数据上传。

④ 分站的基本设置可以通过遥控器操作完成,也可以通过系统软件操作完成。

(2)分站通道配置

分站通道界面如图 6-13 所示,显示传感器通道的当前状态,分两个界面显示 32 个通道。

配置设置界面如图 6-14 所示,可以设置各个通道参数,以及传感器的输入类型、量程范围及端口信息等,可本地通过遥控器设置,亦可通过上位机远程设置。

KJ370-F(A)分站接入传感器时,传感器端只需设置 RS485 地址号,分站端只需将与传

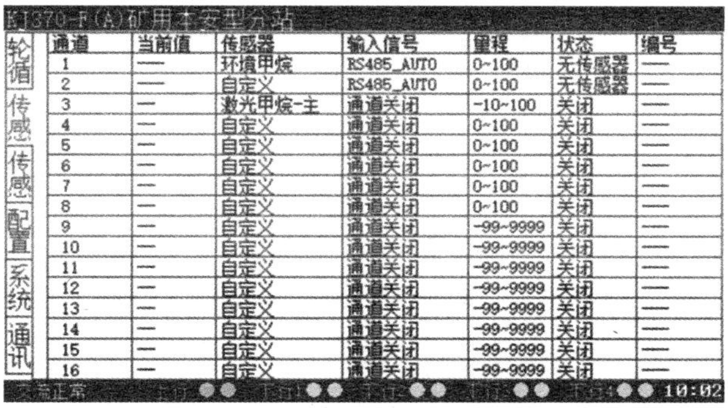

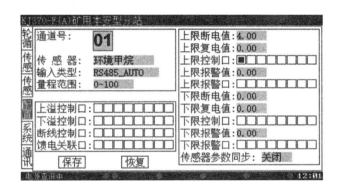

图 6-13　分站通道显示界面

图 6-14　配置设置界面

感器地址相同的分站通道状态由默认关闭变成打开,传感器的输入类型设置为 RS485_AUTO即可,无须其他设置;报警、断电设置可通过上位机定义后下发到分站,大大减轻了井下人员配置工作量。

分站设置注意事项:

① 配置界面的参数设置也可以通过上位机直接进行。而在分站上手动配置修改参数之后,必须同时修改上位机参数,否则会导致系统数据错误。

② 在一个系统中,主机地址具有唯一性,不能重复,否则会造成通信故障。

③ 在一个系统中,分站物理地址和 IP 地址具有唯一性,不能重复,否则会造成通信故障。

(3) 分站的设备接线

KJ370-F(A)型监控分站设有信号输入端口,包括模拟量传感器信号输入端口和开关量传感器信号输入端口,共 4 路 RS485 总线端口,接入传感器容量为 32 个。将传感器电缆引入分站喇叭口接到分站对应信号位置。传感器航插定义如表 6-3 所示。

表 6-3　传感器航插定义

航插管脚	矿用电缆	信号输出定义	
		频率输出	RS485 输出
1	红色	电源＋	电源＋
2	绿色	信号	信号 A
3	白色	—	信号 B
4	蓝色	电源—	电源—

注:仪器出厂默认 RS485 信号,如需频率输出需调整内部接线和配置。

设备接入分站连接方法如下:

① RS485 型传感器连接

分站通道输入类型配置为 RS485 类型传感器,接线时分别对应接线板 S1～S16 其中之一。分站通道号即为传感器 RS485 地址,需将传感器地址与所配置通道号设置一致。

② 频率型传感器连接

分站通道 9～12 或 13～16 可配置为频率型输入。将电源线接入接线板 S1～S16 其中之一,将信号接入主板相应插接件,信号地和电源地必须共地。

③ 控制口连接

分站控制输出有 4 路电平信号输出(K1～K4),控制输出接主板相应插接件。分站连接 RS485 型声光报警器和断电馈电器时,必须接入接线板 S13～S16 其中之一,RS485 地址对应分站控制输出 C1～C8。

(4) 分站上行通信接线

① RS485 通信口连接

将电缆引入分站前侧喇叭口,接入接线板相应插接件。分站连接交换机或信号转换器按总线方式连接,一条总线最多接 6 台分站。其中交换机、分站与总线的距离一般不超过 3 m。

② RJ45 通信口连接

将分站左上侧喇叭口内堵板去掉(保存好,不能扔掉);将网线穿过喇叭口,压接水晶头;将网线插入 RJ45 插座,将喇叭口拧紧防止网线松动。

③ 光纤通信口连接

将分站右侧喇叭口内堵板去掉(保存好,不能扔掉);将 1 310 nm 单模光缆穿过喇叭口,将光纤与配套使用的 SC 尾纤熔接;将 SC 接头插入百兆光口内,不使用的光口用堵帽堵住(防止光接口受污染);将内部光缆压接端子压紧,将喇叭口拧紧防止光缆松动;将尾纤盘入盘纤盒内,尾纤要顺着盘纤盒内线槽盘线。

6.2.4.5　矿用电源的安装

矿用电源安装、使用时应注意以下事项:

(1) 安全监控设备的供电电源必须取自被控开关的电源侧或者使用专用电源,严禁接在被控开关的负荷侧;严禁取自工作局部通风机或备用局部通风机的"三专"开关;严禁取自移动变压器低压侧和高爆开关的电压互感器。

(2) 隔爆兼本质安全型防爆电源的保护接地应符合《煤矿井下保护接地装置的安装、检查、测定工作细则》相关规定。

（3）隔爆兼本质安全型电源箱的供电电源不得和变频装置或变频设备取自同一台开关、同一台移动变压器；电源箱安装在变频装置附近时，必须采用屏蔽电缆给分站供电，屏蔽电缆两端必须接地。隔爆兼本质安全型电源的外接地应正常使用。

（4）采用电压等级大于 127 V AC 的供电电源，需要做好内外接地。127 V AC 一般取自照明综保开关电源，检修时经常停电、不稳定、电压波动范围大，因此，应尽量选择 660 V 或 1 140 V 电源供电。

6.2.5 断电闭锁控制的设置

6.2.5.1 通用要求

（1）系统必须由现场设备完成甲烷浓度超限声光报警和断电/复电控制功能

① 甲烷浓度达到或超过报警浓度时，声光报警。

② 甲烷浓度达到或超过断电浓度时，切断被控设备电源并闭锁；甲烷浓度低于复电浓度时，自动解锁。

③ 与闭锁控制有关的设备（含甲烷传感器、分站、电源、断电控制器等）未投入正常运行或故障时，切断该设备所监控区域的全部非本质安全型电气设备的电源并闭锁；当与闭锁控制有关的设备工作正常并稳定运行后，自动解锁。

（2）系统必须由现场设备完成甲烷风电闭锁功能

① 掘进工作面甲烷浓度达到或超过 1.0% 时，声光报警；掘进工作面甲烷浓度达到或超过 1.5% 时，切断掘进巷道内全部非本质安全型电气设备的电源并闭锁；当掘进工作面甲烷浓度低于 1.0% 时，自动解锁。

② 掘进工作面回风流中的甲烷浓度达到或超过 1.0% 时，声光报警，切断掘进巷道内全部非本质安全型电气设备的电源并闭锁；当掘进工作面回风流中的甲烷浓度低于 1.0% 时，自动解锁。

③ 被串掘进工作面进风流中甲烷浓度达到或超过 0.5% 时，声光报警，切断被串掘进巷道内全部非本质安全型电气设备的电源并闭锁；当被串掘进工作面进风流中甲烷浓度低于 0.5% 时，自动解锁。

④ 局部通风机停止运转或风筒风量低于规定值时，声光报警，切断供风区域的全部非本质安全型电气设备的电源并闭锁；当局部通风机或风筒恢复正常工作时，自动解锁。

⑤ 局部通风机停止运转，掘进工作面或回风流中甲烷浓度大于 3.0%，必须对局部通风机进行闭锁使之不能启动，只有通过密码操作软件或使用专用工具方可人工解锁；当掘进工作面或回风流中甲烷浓度低于 1.5% 时，自动解锁。

⑥ 与闭锁控制有关的设备（含分站、甲烷传感器、设备开停传感器、电源、断电控制器等）故障或断电时，声光报警，切断该设备所监控区域的全部非本质安全型电气设备的电源并闭锁；与闭锁控制有关的设备接通电源 1 min 内，继续闭锁该设备所监控区域的全部非本质安全型电气设备的电源；当与闭锁控制有关的设备工作正常并稳定运行后，自动解锁。不得对局部通风机进行故障闭锁控制。

6.2.5.2 接线方法（以 KDG1140 型断电馈电器为例说明）

KDG1140 型断电馈电器壳体在本安侧和非本安侧各有两个接线口，非本安侧是断电控制输出、馈电电压输入接口，根据实际需要接入矿用动力电缆；本安侧的接口是电源、RS485

信号，接入矿用通信电缆。断电馈电器的喇叭口说明如图 6-15 所示。

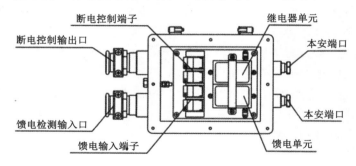

图 6-15　断电馈电器喇叭口说明

（1）本安侧接线

本安侧输入输出电源、RS485 信号、断电控制信号、馈电开关信号可通过本安侧接口连接至断电馈电器主板，通常接线采用矿用四芯通信电缆，按接线标识正确接入即可。本安电源和数字通信电缆的接线标准与传感器相同，RS485 数字通信采用总线的接线方式。

（2）非本安侧接线

非本安侧馈电输入和断电控制输出各有两芯接线端子，矿用电缆通过断电输出口和馈电输入口按接线标识正确接入线缆即可。断电控制输出有常开/常闭一组触点两种控制方式可供选择，可根据不同的需求按照插接件的标识进行插接选择。

（3）断电控制

断电控制主要控制井下区域电源总开关，井下馈电开关多为触点控制。根据馈电开关的控制方式（闭合动作断电与断开动作断电），选插断电馈电器常开/常闭触点，直接把控制线接于断电控制接线柱即可。

接线要求牢固可靠，接线柱保护罩必须拧紧，不可缺少。井下应避免出现一台断电馈电器控制多台馈电开关，一旦出现串联或并联控制馈电开关就可能出现断电不彻底，达不到区域断电效果。断电馈电器连接示意图如图 6-16 所示。

图 6-16　断电馈电器连接示意图

断电馈电器应直接接至控制区域总馈电开关，避免因井下开关控制混乱出现控制下级开关，造成断电不彻底。断电馈电器应单台独立控制单台馈电开关，避免因馈电开关故障或断电方式不同，造成断电不彻底或不执行断电操作。

（4）馈电检测

馈电检测主要检测断电器是否正确断电,反馈断电与馈电异常信息。馈电检测直接连接井下动力电,一般直接接在断电控制的总馈开关上。井下动力电为三相电,馈电检测只需连接三相中的任意两相即可。两根馈电检测电缆不可接三相中的单相与地构成检测电路,以免造成馈电开关漏电。

6.2.5.3　故障闭锁接线说明

系统参与故障闭锁时,相应控制口的断电馈电器需设置故障闭锁拨码开关为"ON"。当现场防爆开关的控制触点因闭合动作断电,则断电控制输出常开/常闭一组触点应选插为常闭端;当现场防爆开关的控制触点因断开动作断电,则断电控制输出常开/常闭一组触点应选插为常开端。当断电馈电器断线或供电电源故障时,继电器也会恢复稳定状态,达到故障闭锁的要求。

系统不参与故障闭锁时(局部通风机),相应控制口的断电馈电器需设置故障闭锁拨码开关为"OFF"。当现场防爆开关的控制触点因闭合动作断电,则断电控制输出常开/常闭一组触点应选插为常开端;当现场防爆开关的控制触点因断开动作断电,则断电控制输出常开/常闭一组触点应选插为常闭端。

6.2.6　监控线缆的铺设

6.2.6.1　通用要求

《煤矿安全规程》对井下线缆铺设的规定如下:

(1)溜放煤、矸、材料的溜道中严禁敷设电缆。

(2)在立井井筒或者倾角在30°及其以上的井巷中,电缆应当用夹子、卡箍或者其他夹持装置进行敷设。夹持装置应当能承受电缆重量,并不得损伤电缆。

(3)井下巷道内的电缆,沿线每隔一定距离、拐弯或者分支点以及连接不同直径电缆的接线盒两端、穿墙电缆的墙的两边都应当设置注有编号、用途、电压和截面的标志牌。

(4)立井井筒中敷设的电缆中间不得有接头;因井筒太深需设接头时,应当将接头设在中间水平巷道内。运行中因故需要增设接头而又无中间水平巷道可以利用时,可以在井筒中设置接线盒。接线盒应当放置在托架上,不应使接头承力。

(5)矿井安全监控系统主干线缆应当分设两条,从不同的井筒或者一个井筒保持一定间距的不同位置进入井下。

6.2.6.2　监控线缆的铺设要求

井下监控线缆是信息传输通道的重要组成部分,其质量好坏直接影响系统整体可靠性,因此,线缆的铺设连接非常重要。

传输电缆在铺设时应充分注意远离动力电缆,如果在架线电机车运输巷道铺设线缆时,需要选用屏蔽电缆,其屏蔽层应在井下终端处良好接地。传输电缆不得与风水管路、动力电缆同侧铺设。传输电缆如与风水管路、动力电缆同侧铺设时,必须在风水管路上方300 mm以上距离,动力电缆100 mm以上距离。电缆铺设时要有适当的松弛度,要求在外力作用时能自由坠落。电缆悬挂高度应大于矿车和运输机的高度。

井下监测固定电缆应使用电缆钩悬挂,临时移设电缆用扎带或其他柔性材料悬挂,悬挂点的间距不大于3 m,且电缆应有适当的松弛度,其他应符合机电完好标准。接线盒不得设置在淋水处,接线盒处电缆要有一定的余量,并用尼龙扎带固定牢固。

监控电缆接头处要用本安接线盒连接,电缆进线嘴连接要牢固,密封要良好,密封圈直径和厚度要合适,电缆与密封圈之间不得有异物。电缆护套应伸入器壁内 5～15 mm。线嘴压线板对电缆的压缩量不超过电缆外径的 10%。接线板应整齐、无毛刺,芯线裸露处距长爪或平垫圈不大于 5 mm,连线松紧适当,符合机电设备安装连线要求。

在大巷铺设传输电缆或检查井下传输电缆时,如果有车辆行驶,铺设或检查人员要躲避到附近硐室中,严禁行车时铺设或检查传输电缆。在有架空线的大巷中铺设传输电缆时,横跨架空线时必须停掉架空线的电源后方准进行工作,严禁带电作业。在轨道上(下)山铺设或检查传输电缆时,要和把钩工、提升司机联系好,明确在铺设传输电缆时,不进行提升作业。传输电缆通过巷道顶底板危险区段时,要首先观察顶底板有无危险,确认安全后方可操作,否则停止铺设工作,采取安全措施后方可进行铺设。

6.2.6.3 监控线缆铺设注意事项

(1)主斜井和立井井筒铺设的光缆要选用矿用阻燃铠装层绞式单模光缆。光缆备用芯线数量宜为 24 芯。为了后期检修、维护方便,机房、井底车场的光缆端头盒必须打标签。

(2)铺设线缆时,所有施工人员必须遵守“行人不行车,行车不行人”的原则。

(3)所有施工人员必须严格执行施工制度,听从指挥,线缆在铺设过程中不得磨坏外皮,光缆不得出现过大弯曲,防止损坏光缆。

(4)人员行走过程中应避免走在轨道中间或轨道上,巷道底板湿滑时应放慢行走速度,注意防滑。

(5)线缆铺设完成后必须按标准吊挂,吊挂要保持平、直、高度适中,确保矿车掉道碰不到,线缆两头应封好以防止受潮。

(6)铺设光缆时,严禁光缆打小圈及出现折、扭曲,为了便于光缆断裂时再续接,应每隔 100 m 留有一定余量,余量长度一般为光缆长度的 5%～10%。

(7)光缆盘放时,要求按“8”字形方式放在地上,牢记光缆的最小弯曲半径不能小于光缆直径的 10 倍,防止光缆在施工过程中被损坏。

(8)吊挂线缆期间需要登高作业的,登高超过 1.6 m 必须系保险带,需要使用梯子登高的,登高超过 1 m 时,必须一人作业,一人监护。

6.2.6.4 光缆熔接及注意事项

光缆的接续包括光纤的连接和加强芯的连接,可能还有护套层和铜导线的连接等。其中光纤的连接与普通金属导线的连接不同,光纤连接要复杂得多。它要求特制的工具和有经验的操作人员,而且操作时间较长,同时还存在接头损耗和强度问题,直接影响通信质量。这是光纤通信与电通信的重要区别之一。光缆熔接注意事项如下:

(1)熔接机下井前应认真检查,作业时要保证各部件连接可靠,撞针、开关灵活可靠,手持部位状况良好。

(2)光纤熔接机必须由专业技术人员保管、操作使用,其他人员不得私自动用。

(3)进入施工地点后要先进行熔接前的准备工作(按照标准化要求吊挂好光缆、做好光缆熔接头等),待准备工作做好后,电话联系矿调度值班室。只有在确定作业地点所在采区无涉及揭煤的生产活动后方可进行光缆熔接作业。

(4)作业前将作业地点及附近 10 m 范围内的易燃物清理干净。

(5)进行熔接作业前,必须由安全负责人对现场风流中的瓦斯浓度进行检查,只有当作业地点及附近 20 m 范围内风流中甲烷浓度不超过 0.5% 时,方可进行作业。

（6）在作业期间,施工人员在工作地点悬挂一只便携式瓦斯检查仪,用于检查作业地点的瓦斯浓度,当甲烷浓度超过 0.5％时,必须立即停止熔接作业。

（7）当遇到矿井停风、微风或反风时,立即停止作业,查明原因,待风流恢复正常重新按规定检查作业地点风流中的瓦斯浓度后方可开始工作。

（8）施工期间,必须指定一人监护,发现问题要立即提醒施工人员,停止作业;工具应摆放有序,以防操作失误造成伤害。

（9）熔接作业结束后,由施工负责人电话通知矿调度值班人员,汇报光缆熔接作业结束;将工具、材料等物品收拾好,由专人清理现场后,方可离开。

6.2.7　矿用交换机的安装

矿用交换机安装需要考虑便于取电、管理和数据上传等因素,合理地选择安装位置。下面以 KJJ660 矿用交换机安装为例,详细说明交换机设备安装、端口连接、线缆连接等事项。

6.2.7.1　安装前调试

将交换机接入电源,透过透明窗可以看见指示灯亮,说明交换机工作正常。将交换机连接电脑,通过软件对交换机进行参数配置。

6.2.7.2　设备安装

（1）电源连接

交换机供电电压 127 V/220 V/380 V/660 V AC(任选其一)。

（2）RS485 连接

将小喇叭嘴内的堵片取出(保存好,不能扔掉),将 4 芯电缆接入交换机,另一端连接分站或其他 RS485 设备。RS485 接口最多允许接 8 台分站。

（3）RJ45 口连接

① 将小喇叭嘴内的堵片取出(保存好,不能扔掉)。

② 将网线接入交换机内后压接水晶头。

③ 压接好之后将水晶头插入 RJ45 插座内,网线另一端连接其他设备 RJ45 口。

（4）百兆光口连接

① 将小喇叭嘴内堵片取出(保存好,不能扔掉)。

② 将 1 310 nm 单模光纤接入交换机内,将光纤与配套使用的 SC 尾纤(配 8 根 SC 尾纤,一个光口将一根尾纤均分为二使用,其余尾纤备用)熔接。

③ 将 SC 接头插入百兆光口内,不使用的光口用堵帽堵住(防止光接口被污染)。

④ 光缆外绝缘皮在交换机内部露出 10～15 mm,将小喇叭口拧紧防止光缆松动。

⑤ 将交换机内的尾纤盘入底层盘线盒内,尾纤要顺着盘线盒内线槽盘线。

（5）千兆光口连接

① 将中喇叭嘴内堵片取出(保存好,不能扔掉)。

② 将 1 310 nm 单模光纤接入交换机内,将光纤与配套使用的 LC 尾纤(配 4 根 LC 尾纤,一个光口将一根尾纤均分为二使用,其余尾纤备用)熔接。

③ 将 LC 接头插入千兆光口内,不使用的光口用堵帽堵住(防止光接口被污染)。

④ 光缆外绝缘皮在交换机内部露出 10～15 mm,将中喇叭口拧紧防止光缆松动。

⑤ 将交换机内的尾纤盘入底层盘线盒内,尾纤要顺着盘线盒内线槽盘线。

（6）环网连接

交换机使用 G2、G3 口组网,交换机与交换机之间光缆连接熔接点不能超过 5 个。以 3 台交换机组网为例,如图 6-17 所示。

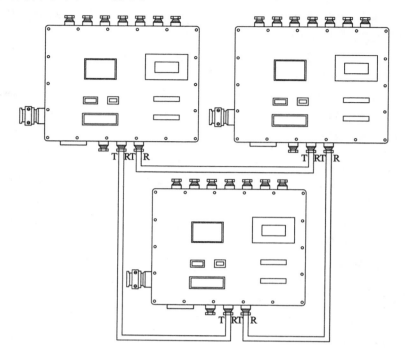

图 6-17　交换机组网示意图

6.3　设备的使用和维护

6.3.1　一般性要求

6.3.1.1　检修机构

(1) 煤矿应建立安全监控设备检修室,负责本矿安全监控设备的安装、调校、维护和简单维修工作。未建立检修室的小型煤矿应将安全监控仪器送到检修中心进行调校和维修。

(2) 国有重点煤矿的矿务局(公司)、产煤县(市)应建立安全监控设备检修中心,负责安全监控设备的调校、维修、报废鉴定等工作,有条件的可配制甲烷校准气体,并对煤矿进行技术指导。

(3) 安全监控设备检修室宜配备甲烷传感器和测定器校验装置、稳压电源、示波器、频率计、信号发生器、万用表、流量计、声级计等仪器装备及甲烷校准气体、标准气体;安全监控设备检修中心除应配备上述仪器装备外,具备条件的宜配备甲烷校准气体配气装置、气相色谱仪或红外线分析仪等。

6.3.1.2　校准气体

(1) 配制甲烷校准气样的装备和方法应符合《空气中甲烷校准气体技术条件》(MT/T 423—1995)的规定,选用纯度不低于 99.9% 的甲烷标准气体做原料气。配制好的甲烷校准气体应以标准气体为标准,用气相色谱仪或红外线分析仪分析定值,其不确定度应小于 5%。

（2）甲烷校准气体配气装置应放在通风良好,符合国家有关防火、防爆、压力容器安全规定的独立建筑内。配气瓶应分室存放,室内应使用隔爆型的照明灯具及电气设备。

（3）高压气瓶的使用管理应符合国家有关气瓶安全管理的规定。

6.3.1.3　设备调校

（1）安全监控设备应按产品使用说明书的要求定期调校、测试,每月至少 1 次。

（2）安全监控设备使用前和大修后,必须按产品使用说明书的要求测试、调校合格,并在地面试运行 24～48 h 方能下井。

（3）甲烷传感器应使用校准气样和空气气样在设备设置地点调校,便携式甲烷检测报警仪和甲烷检测报警灯等在仪器维修室调校。采用载体催化原理的甲烷传感器、便携式甲烷检测报警仪和甲烷检测报警矿灯等,每 15 天至少调校 1 次。采用激光原理的甲烷传感器等,每 6 个月至少调校 1 次。调校时,应先在新鲜空气中或使用空气样调校零点,使仪器显示值为零,再通入浓度为(1～2)%CH_4 校准气体,调整仪器的显示值与校准气体浓度一致,气样流量应符合产品使用说明书的要求。

（4）除甲烷以外的其他气体监控设备应采用空气样和标准气样按产品说明书进行调校。风速传感器选用经过标定的风速计调校。温度传感器选用经过标定的温度计调校。其他传感器和便携式检测仪器也应按使用说明书要求定期调校。

（5）安全监控设备的调校包括零点、显示值、报警点、断电点、复电点、控制逻辑等。

（6）甲烷电闭锁和风电闭锁功能每 15 天至少测试 1 次;可能造成局部通风机停电的,每半年测试 1 次。

6.3.1.4　设备维护

（1）井下安全监测工必须 24 h 值班,每天检查煤矿安全监控系统及线缆的运行情况。使用便携式甲烷检测报警仪或便携式光学甲烷检测仪与甲烷传感器进行对照,并将记录和检查结果报地面中心站值班员。当两者读数误差大于允许误差时,先以读数较大者为依据,采取安全措施,并应在 8 h 内将两种仪器调准。

（2）下井管理人员发现便携式甲烷检测报警仪或便携式光学甲烷检测仪与甲烷传感器读数误差大于允许误差时,应立即通知安全监控部门进行处理。

（3）安装在采煤机、掘进机和电机车上的机(车)载断电仪,由司机负责监护,并应经常检查清扫,每天使用便携式甲烷检测报警仪与甲烷传感器进行对照。当两者读数误差大于允许误差时,先以读数最大者为依据,采取安全措施,并立即通知安全监测工,在 8 h 内将两种仪器调准。

（4）炮掘工作面和炮采工作面设置的甲烷传感器在爆破前应移动到安全位置,爆破后应及时恢复到正确位置。对需要经常移动的传感器、声光报警器、断电控制器及线缆等,由采掘班组长负责按规定移动,不得擅自停用。

（5）井下使用的分站、传感器、声光报警器、断电控制器及线缆等由所在区域的区队长、班组长负责使用和管理。

（6）传感器经过调校检测误差仍超过规定值时,应立即更换;安全监控设备发生故障时,应及时处理,在更换和故障处理期间应采用人工监测等安全措施,并填写故障记录。

（7）采用载体催化原理的低浓度甲烷传感器经大于 4％CH₄ 的甲烷冲击后，应及时进行调校或更换。

（8）电网停电后，备用电源不能保证设备连续工作 2 h 时，应及时更换。

（9）使用中的传感器应经常擦拭，清除外表积尘，保持清洁。采掘工作面的传感器应每天除尘；传感器应保持干燥，避免洒水淋湿；维护、移动传感器应避免摔打碰撞。

6.3.2　标准化建设要求

《煤矿安全生产标准化基本要求及评分方法（试行）》对煤矿通风标准化安全监控方面建设要求如下。

（1）装备设置

① 矿井安全监控系统具备"风电、甲烷电、故障"闭锁及手动控制断电闭锁功能和实时上传监控数据的功能；传感器、分站备用量不少于应配备数量的 20％。

② 安全监控设备的种类、数量、位置、报警浓度、断电浓度、复电浓度、电缆敷设等符合《煤矿安全规程》规定，设备性能、仪器精度符合要求，系统装备实行挂牌管理。

③ 安全监控系统的主机双机热备，连续运行。当工作主机发生故障时，备用主机应在 60 s 内自动投入工作。中心站设双回路供电，并配备不小于 4 h 在线式不间断电源。中心站设备设有可靠的接地装置和防雷装置。站内设有录音电话。

④ 井下监控设备的完好率为 100％，监控设备的待修率不超过 20％，并有检修记录。

（2）检测试验

安全监控设备每月至少调校、测试 1 次；采用载体催化元件的甲烷传感器每 15 天使用标准气样和空气样在设备设置地点至少调校 1 次，并有调校记录；甲烷电闭锁和风电闭锁功能每 15 天测试 1 次，其中，对可能造成局部通风机停电的，每半年测试 1 次，并有测试签字记录。

（3）监控设备

① 安全监控设备中断运行或者出现异常情况，查明原因，采取措施及时处理，期间采用人工检测，并有记录。

② 安全监控系统显示和控制终端设置在矿调度室，24 h 有监控人员值班。

（4）资料管理

有监控系统运行状态记录、运行日志，安全监控日报表，并经矿长、总工程师签字；建立监控系统数据库，系统数据有备份并保存 2 年以上。

6.3.3　设备调校方法与注意事项

6.3.3.1　设备调校方法

设备调校过程一般包括零点标定和精度标定，KJ835X 系统用传感器的调校标定菜单操作基本相同，下面以气体类传感器调校方法为例进行说明。

（1）零点标定（F1 菜单）

① 传感器通入不含检测气体的洁净空气或纯氮气，流量控制在 280±20 mL/min 之间。

② 待仪器显示稳定后，使用遥控器按"取消"键 3 s，进入设置项选择状态。

③ 选择进入菜单 F1 后，按"确认"键进入零点标定菜单；数码管显示当前测量值 2 s 后，

自动切换成零值;按"确认"键,传感器自动标定,显示"good"表示标定成功。

④ 按"取消"键,传感器不进行标定,退出零点标定菜单。

(2) 精度标定(F2 菜单)

甲烷传感器、一氧化碳传感器调校过程中维持稳定示值(接近标准气样浓度)时间应保持 90 s 以上。低浓度载体催化式甲烷传感器(包含便携式甲烷检测报警仪、无线甲烷传感器)标准气样应选择$(1\sim2)\%CH_4$气样。高低浓度甲烷传感器、全量程甲烷传感器,标准气样应选择$(1\sim2)\%CH_4$和 $20\%CH_4$左右。精度标定过程如下:

① 测量状态下按"取消"键 3 s,进入设置项选择状态。

② 选择进入菜单 F2 后,按"确认"键便可进入精度标定菜单,数码管显示当前测量值。

③ 传感器通入标准浓度气样,流量控制在 280 ± 20 mL/min 之间,观察传感器的报警、断电等状况。

④ 待显示值稳定一段时间后,通过遥控器按键改变数值,输入标准气样值,按"确认"键,显示"good"表示标定成功。

⑤ 按"取消"键,传感器不进行标定,退出精度标定菜单。

6.3.3.2　设备调校注意事项

(1) 新安装的甲烷传感器,应在传感器安设地点完成调校,同时测试系统的甲烷电闭锁功能。甲烷传感器升井检修、维护后调校应在通风良好的维修室完成。

(2) 在井下进行甲烷电闭锁功能测试应逐台进行试验,并确保在被控开关的负荷侧带电情况下进行试验。

(3) 高低浓度甲烷传感器、全量程甲烷传感器的调校,应按照先通高浓度甲烷气样再通低浓度甲烷气样进行调校。甲烷电闭锁功能测试在第一次调校过程中完成。

(4) 甲烷传感器调校完成后,及时悬挂(或在传感器外壳粘贴)"调校标签"标识,注明调校日期、有效期和调校人。

6.3.4　设备保养与维护方法

不同厂家的安全监控设备保养与维护方法不尽相同,具体可参见产品用户手册。以下给出 KJ835X 系统的安全监控系统及设备的保养与维护方法,仅供参考。内容主要包括以下部分:地面监控设备维护、UPS(不间断电源)维护、传感器的保养和维护方法、监控分站保养与维护、分站电源箱的保养与维护、监控线缆巡查。

6.3.4.1　地面监控设备维护

地面监控中心担负着整个煤矿安全监控系统的运行及监测和控制任务,是煤矿安全监控系统运行的"大脑"。服务器作为地面监控中心的核心设备,保障服务器的长期持续正常运行,减少故障发生率,做好服务器的维护工作至关重要。

(1) 常规维护

除了定期检查服务器设备的电源和风扇运行是否正常外,需要做好硬件设备的维护清洁工作,如服务器设备长期运行容易积累灰尘,特别是风扇积累的灰尘相对较多,会影响风扇的正常散热,导致服务器不能正常工作。因此,在日常硬件设备维护中,可以借助一些清洁工具对硬件设备的灰尘进行清扫,保障设备正常运行,提高其工作寿命。

(2) 更换维护

在进行安全维护时,需检查硬件设备的连接状态,确认设备之间的线路、网络连接正常。

在更换硬件设备时,维护工作人员要查看硬件设备的安装使用说明,保证硬件设备在更换时,不会因不恰当的操作而遭受损坏。

（3）数据备份

数据备份是保障数据安全最有效的方式,可以有效保障数据储存的完整性,避免因系统故障、服务器安全等问题导致数据丢失。因此,在日常维护工作中,应高度重视数据备份,可设置自动和手动备份方式,采取增量备份和全备份组合、完整备份和差异备份组合等备份策略,及时有效且具有针对性地进行数据备份,避免各类安全隐患造成的数据丢失或损坏。

6.3.4.2 UPS(不间断电源)维护

UPS 作为供电的关键设备,在保证市电断电时,电池能快速给设备供电,可为地面监控中心设备的安全运行提供充足的电能,避免因市电突然断电造成工作事故。

（1）日常维护

除了提供清洁卫生的工作环境,还需保持合适的温度、湿度,需定期清理设备表面浮尘,检查设备风扇运转情况,避免 UPS 主机被阳光直射。

定期查看 UPS 主机显示面板、按时查看主机参数、及时掌握电源正常工作状态,记录UPS 运行参数,如蓄电池容量、电池后备时间、输入输出电压电流、故障报警信息等,掌握设备运行工况,分析设备运行状态,及时发现潜在隐患,做到及时排查处理。

（2）UPS 使用注意事项

① 在 UPS 开机之前,确认 UPS 输入相序和检查主机设备的线路连接情况,保证输入相序正确和所有线路连接正确再启动电源,避免系统故障,保护操作人员的人身安全。

② 开启负载前,为避免负载电流对 UPS 的瞬间过载冲击,先开启 UPS 空载运行后,再根据负载设备功率大小顺序依次开启。

③ UPS 接入的负载功率应小于 UPS 的额定功率,负载功率控制在 $60\%\sim80\%$ 为最佳。

④ 避免感性负载接入 UPS,此类负载启动瞬间易造成 UPS 超载。

（3）蓄电池维护

蓄电池作为 UPS 的核心部件,其价格占整个 UPS 的 $1/3\sim1/2$,电池组良好的放电性能可为设备提供可靠、稳定的电能供给。蓄电池的失效主要表现为端电压不够,容量不足或瞬间放电电流不满足带载启动要求等。蓄电池的维护主要体现在如下几方面:

① 定期维护

a. 定期检测:定期检测并做好记录,一旦发现电池电压异常、物理损伤、电解液泄漏、温度异常等现象,找出原因排除故障。如每月或每季度测试电池内阻,分析电池的老化趋势。

b. 定期充、放电测试:由于长期与市电连接,很少发生断电的情况,蓄电池长期处于浮充电状态,长时间造成电池的电能与化学能相互转化的能力降低。因此,每个月或每个季度应做一次放电测试,再按规定充电 8 h 以上,以便让蓄电池维持良好的充放电特性,延长使用寿命。

c. 定期更换电池:根据电池设计寿命、实际经验等综合因素,制定电池更换时间,确保电池长期保持良好的工作状态。

② 注意事项

a. 更换新的电池时,禁止密封电池、非密封电池及不同规格的电池混合使用。

b. 在保存期内,蓄电池会自放电而损失容量,使用前需要提前补充。若长期存储,也需要定期充电。

c. 蓄电池更换时,采用绝缘工具,需一人更换操作,一人监护。

6.3.4.3 传感器的保养和维护

(1) 应指定专门维护人员使用、维护传感器。

(2) 安装、搬运、存放传感器时,务必小心、谨慎,严禁拉扯设备间的连线,应防止剧烈振动和摔撞;禁止拆卸、敲打传感器部件。

(3) 在环境良好(水蒸气、粉尘浓度小)的巷道中,设备维护周期建议每 4 周一次;当环境较差时,尤其是巷道中的水蒸气浓度较大时,需提高维护频率,建议每 2 周一次。长期工作在高粉尘、高水蒸气浓度环境中的仪器,建议每半年升井维护一次。

(4) 应定期检查传感器的安装有无松动,各电路连接是否可靠,固定螺钉是否紧固。应定期清除传感器表面附着的灰尘,可使用吸球吹除探头表面灰尘。

(5) 传感器所接的本安电路,其原电路电气参数、连接电缆型号均不得改变,电缆长度不得超过原来经防爆试验合格所确定的长度。

(6) 检修传感器时,不得随意更改传感器本安电路及关联电路中元器件型号、规格、电气参数,更换配件要采用原厂配备的配件。

(7) 传感器不使用时,应存放在温度为 $-40\sim60$ ℃,相对湿度小于 80%,通风良好,无腐蚀性气体的库房中。长期不使用者,应包装好存放。

(8)其他注意事项:

① 不得使用任何工具捅、戳传感器探头。

② 危险场所传感器不得开盖。

③ 不得自行拆卸传感器的任何部件,如有特殊需求请与厂家联系。

6.3.4.4 监控分站的保养与维护

(1) 应指定专门维护人员使用、维护监控分站。

(2) 安装、搬运、存放分站时,务必小心、谨慎,严禁拉扯设备间的连线,应防止剧烈振动和摔撞;禁止拆卸、敲打分站部件。

(3) 应定期检查分站的安装有无松动,各电路连接是否可靠,固定螺钉是否紧固。

(4) 检修分站时,不得随意更改分站本安电路及关联电路中元器件型号、规格、电气参数,更换配件要采用原厂配件。

6.3.4.5 分站电源箱的保养与维护

(1) 使用时,应指定专门维护人员负责电源的日常维护和保养。

(2) 维护及保养人员必须认真阅读产品使用说明书及熟悉有关电路图,熟悉电源的内外结构及电路原理。

(3) 使用中,维护及保养人员应经常检查电源的各通道及电源的连接是否可靠,箱盖是否压紧,盖板螺丝是否紧固。

(4) 电源必须安放在无滴水处使用,严禁被水直接滴淋。

(5) 电源长期不使用时,必须关闭旋钮开关以确保备用电池断开,且每隔 3 个月务必给备用电池充电一次,以延长备用电池的使用寿命。电池用完后请及时充电,充电时间一次大约 15 h。每次将电池容量充至全饱和状态。

（6）充电方法：接通交流电源，将电源旋钮开关拨至开启状态，即可进入充电状态。

（7）电源具有对备用电池进行远程充放电维护功能，因此在电源正常使用情况下，3个月左右可进行一次电池远程充放电维护，维护人员可根据现场使用情况，调节维护周期。如果现场经常出现交流断电及交流不稳定情况，维护人员可延长维护周期。

（8）电源的维修必须由接受过生产厂家专门培训的人员进行。

（9）电源在使用中一旦发生故障，应首先切断交流电源，并关闭旋钮开关，然后再按照安全规程的要求进行处理。

（10）在对电源进行检修、维护和保养时，开盖前必须首先切断交流电，严禁带电操作。

（11）严禁改动本电源电路的任何参数。

6.3.4.6　矿用交换机的保养与维护

（1）使用时，须指定人员负责交换机的日常维护和保养。

（2）维护及保养人员须认真阅读使用说明书及熟悉有关电路，熟悉交换机内外结构及电路原理。

（3）使用中，维护及保养人员应经常检查线路、电源的连接是否可靠，箱盖是否压紧，盖板螺丝是否紧固。

（4）需安放在无滴水处使用，严禁被水直接滴淋。

（5）设备长期不使用时，建议每隔3个月对设备进行一次充电。

6.3.4.7　监控线缆巡查

（1）经常查看接线盒或线缆连接器，检查防潮、外壁淋水及接地情况，发现问题及时处理。

（2）应定期进行线路巡查，重点检查巷道支护条件差的地点线缆情况，观察线缆有无挤压，外皮是否破损。监控线缆损伤易造成传感器误报警，发现线缆有损伤、老化问题，及时修补或更换。

6.4　便携仪表的使用

便携式检测装置具有功耗低、实时数据及时钟显示、声光报警、故障自检、电池欠压提醒等特点，以及质量轻、便于携带等优势，被广泛应用于煤矿中。目前，煤矿常用的便携式检测仪表有：便携式甲烷检测报警仪、甲烷检测报警矿灯、便携式一氧化碳测定器等。

6.4.1　便携式甲烷检测报警仪

便携式甲烷检测报警仪按其工作原理可分为多种，如干涉式甲烷检测报警仪、热导式甲烷检测报警仪、热催化式甲烷检测报警仪等。其中，热催化式甲烷检测报警仪，以其成本低、结构简单、受背景气体和温度影响小、信号处理方便、易实现自动检测等优点，在煤矿得到广泛应用。

JCB4便携式甲烷检测报警仪是一种可连续自动检测环境中甲烷气体浓度，检测结果以数字显示，并具有声光报警功能的便携仪器。可显示时间、电池电压，具有断续声光报警、报警点可调、欠压报警、超量程甲烷冲击保护等功能，所有标定参数及线性修正由软件自动完成，操作简捷、维护方便。

（1）工作原理

JCB4便携式甲烷检测报警仪采用热催化原理,由热催化元件、金属膜电阻和调节电位器组成惠斯通电桥。当环境中的气体以扩散方式进入元件气室中,在载体催化元件表面发生氧化反应,桥路输出与甲烷浓度成正比的电信号,经放大、A/D转换、处理后显示。当甲烷浓度超过4％CH$_4$时,由单片机控制切断工作电源,防止催化元件被激活,以延长元件的使用寿命。

（2）功能特点

① 实现甲烷的实时检测和数字显示。

② 实现甲烷超限声光报警功能。

③ 具有零点自动跟踪功能,零点稳定性得到提高。

④ 具有超量程甲烷冲击保护功能。

⑤ 具有甲烷测量数据存储功能。

（3）主要技术参数

① 测量范围:(0.00～4.00)％CH$_4$。

② 基本误差:(0.00～1.00)％CH$_4$时,为±0.1％CH$_4$;(1.00～3.00)％CH$_4$时,为真值的±10％;(3.00～4.00)％CH$_4$时,为±0.3％CH$_4$。

③ 报警点可在测量范围内任意设定。

④ 响应时间:不大于20 s。

⑤ 工作时间:不小于10 h。

⑥ 报警方式:声光报警(声级强度≥80 dB,光可见度≥10 m)。

⑦ 防爆型式:矿用本质安全型。

（4）使用方法

使用时,首先在清洁空气中打开电源,预热15 min,观察指示是否为零,如有偏差,则需调零。

测量时,用手将仪器举至或悬挂在待检测点,经30 s的自然扩散,即可读取甲烷浓度的数值;也可由工作人员随身携带,当某地甲烷浓度异常或发生声光报警时,再重点监测该地点瓦斯含量或采取相应措施。

6.4.2　甲烷检测报警矿灯

甲烷检测报警矿灯是具有甲烷浓度数字显示、超限报警功能的携带式照明灯具。其照明及电源部为防爆特殊型,报警电路为本质安全型,传感器为隔爆型,总体为复合型防爆电气设备。

6.4.2.1　仪器简介

甲烷检测报警矿灯具有高品质、超高亮、长寿命的特点;内置微控制器及多重保护电路,智能管理充放电过程,安全可靠;LED恒流驱动电路,保证点灯开始和点灯16 h后照度基本保持不变;具有故障自动检测及甲烷超限报警功能;智能微控制器与甲烷气体检测电路巧妙结合,标校快捷、使用方便。

6.4.2.2　结构特征与工作原理

（1）甲烷检测报警矿灯将甲烷报警装置和矿灯做成一体化,将先进节能的LED光源、甲烷检测装置、报警测试装置安装在灯头上方的腔体内。由锂电池、灯头、LED发光二极管、开关等组成基本电路,灯头上设有电路开关,可控制主灯或辅灯的发光和熄灭。灯头上设有充电管理,采用灯头充电方式,锂电池有短路保护设置,一旦发生短路现象,能自动切断电源以保证使用安全。

(2)当打开头灯开关时,甲烷测试电路也开始进入检测状态。当甲烷超限时,报警矿灯立即发出闪光报警信号(照明灯光闪烁),提示使用人员撤离现场;当离开甲烷超限现场,甲烷浓度下降至正常状况时,报警器自动解除报警状态。

6.4.2.3 主要技术参数

甲烷检测报警矿灯主要技术参数如表 6-4 所示。

表 6-4 甲烷检测报警矿灯主要技术参数

序号	项目			技术参数
1	额定电压			3.7 V
2	额定容量			5 Ah
3	点灯时间			≥16～24 h
4	LED 光源	额定电流	主光源	0.2 A
			辅助光源	0.1 A
5		最大照度(距 1 m 处)	点灯开始	≥3 000 lx
			点灯 16 h	≥2 500 lx
6	甲烷检测范围			(0.00～4.00)%CH_4
7	响应时间			≤20 s
8	报警点(出厂设定)			1.00%CH_4
9	报警点误差			≤0.10%CH_4
10	报警方式			灯光闪烁
11	催化元件寿命			≥1 年
12	矿灯寿命			≥2 年
13	充电电压			6～8 V
14	充电时间			≤10 h

6.4.3 便携式一氧化碳测定器

便携式一氧化碳测定器是具有一氧化碳气体浓度自动检测、数字显示、超限声光报警功能的便携仪器,一般采用电化学测量原理,具有功耗低、精度高、寿命长、便于携带等特点,可适用于存在易燃易爆气体混合物的工作环境中。

CTH1000 一氧化碳测定器采用进口电化学传感器,微处理器技术,4 位 LCD 显示,可实时检测环境空气中的一氧化碳浓度;微功耗设计,一次充电使用时间不少于 12 h;仪器具有声光报警、报警点可调、零点跟踪、自动背光、欠压报警等功能,以及体积小、重量轻、使用方便等优势。

6.4.3.1 工作原理

CTH1000 一氧化碳测定器采用电化学检测原理,环境中一氧化碳气体以扩散方式直接与电化学元件反应,产生线性变化的电流信号,经采样、滤波放大、A/D 转换、处理后数字显示一氧化碳气体浓度,具有响应速度快、测量精度高、使用寿命长等特点。

6.4.3.2 功能特点

（1）采用自然扩散取样方式。

（2）具有声光报警、报警自检功能。

（3）4 位 LCD 数字显示。

（4）具有电池电压显示、欠压提示和欠压自动关机功能。

（5）具有充电指示、充电完成关断及指示功能。

6.4.3.3 主要技术指标

（1）测量范围：0～1 000 ppm。

（2）基本误差：0～20 ppm 时，为±2 ppm；20～100 ppm 时，为±4 ppm；100～500 ppm 时，为测量值的±5％；500～1 000 ppm 时，为测量值的±6％。

（3）传感器寿命：≥2 年。

（4）响应时间：≤45 s。

（5）报警声级强度：>75 dB(A)。

（6）报警光信号强度：黑暗中 20 m 远处清晰可见。

（7）防爆型式：Exib Ⅰ。

6.4.4 便携仪表的使用与维护

6.4.4.1 日常使用

（1）矿长、矿技术负责人、爆破工、采掘区队长、通风区队长、工程技术人员、班长、流动电钳工、安全监测工下井时，应携带便携式甲烷检测报警仪或甲烷检测报警矿灯。瓦斯检查工下井时应携带便携式甲烷检测报警仪和光学甲烷检测仪。

（2）煤矿采掘工、打眼工、在回风流工作的工人下井时宜携带甲烷检测报警矿灯。

（3）井下安全监测工使用便携式甲烷检测报警仪与甲烷传感器进行对照，并将记录和检查结果报地面中心站值班员。当两者读数误差大于允许误差时，先以读数较大者为依据，采取安全措施，并应在 8 h 内将两种仪器调准。

（4）下井管理人员发现便携式甲烷检测报警仪与甲烷传感器读数误差大于允许误差时，应立即通知安全监控部门进行处理。

（5）当煤矿井下工作地点的甲烷浓度达到便携式甲烷检测报警仪报警值时，报警仪发出警报，工人应立即停止工作，并严格按照有关规定处理。

6.4.4.2 日常维护

（1）便携式甲烷检测报警仪和甲烷报警矿灯等检测仪器应设专职人员负责充电、收发及维护。每班要清理隔爆罩上的煤尘，下井前必须检查便携式甲烷检测报警仪和甲烷检测报警矿灯的零点和电压值，不符合要求的不得发放使用。

（2）使用便携式甲烷检测报警仪和甲烷报警矿灯等检测仪器时要严格按照产品说明书进行操作，不得擅自调校和拆开仪器。

（3）便携式甲烷检测报警仪和甲烷检测报警矿灯应在仪器维修室调校，每 15 天至少调校 1 次。

（4）使用人员在使用便携式仪表时，要加强爱护和保管，不准随意打开，保证其完好性。如发现电压不足等异常情况，应停止使用。便携式仪表正常使用时间为 8 h，班后应及时交回充电。

（5）便携式仪表应编号上架，其收发、充电、维修、调校等要有详细的记录，记录内容应完整、真实，填写规范。

（6）发放工对交回的便携式仪表每日应进行充电，充电时间为 10～12 h；对收回的仪器及时进行检查，发现问题及时记录、及时报告。

（7）长期不用的便携式仪表应每月进行一次充放电操作。

6.5　设备的检定与报废

6.5.1　设备的检定

6.5.1.1　设备检定的相关规定

（1）《煤矿安全规程》

第二十条规定：国家实行资质管理的，煤矿企业应当委托具有国家规定资质的机构为其提供鉴定、检测、检验等服务，鉴定、检测、检验机构对其作出的结果负责。

第一百四十一条规定：矿井必须有足够数量的通风安全检测仪表。仪表必须由具备相应资质的检验单位进行检验。

（2）《中华人民共和国计量法实施细则》

第十二条规定：企业、事业单位应当配备与生产、科研、经营管理相适应的计量检测设施，制定具体的检定管理办法和规章制度，规定本单位管理的计量器具明细目录及相应的检定周期，保证使用的非强制检定的计量器具定期检定。

（3）《中华人民共和国强制检定的工作计量器具目录》

煤矿实行强制检定的计量器具包括：

① 有害气体分析仪：一氧化碳分析仪、二氧化碳分析仪、二氧化硫分析仪、测氢仪、硫化氢测定仪。

② 瓦斯计：瓦斯报警器、瓦斯测定仪；

③ 烟尘、粉尘测量仪：烟尘测量仪、粉尘测量仪。

6.5.1.2　设备检定要求

矿井应按照《煤矿安全规程》第二十条、第一百四十一条以及《中华人民共和国计量法实施细则》第十二条，建立完善安全监控系统仪器仪表及传感器的检定管理制度，规定矿井实行强制检定的计量器具目录及相应的检定周期。强制检定的传感器参照《中华人民共和国强制检定的工作计量器具目录》。

煤矿安全监控系统用甲烷传感器、一氧化碳传感器、二氧化碳传感器、粉尘浓度传感器，以及便携式甲烷检测报警仪、甲烷报警矿灯等，在投用前、大修后应及时送具备相应资质的检验单位进行检验。

6.5.2　设备的报废

《煤矿安全监控系统及检测仪器使用管理规范》（AQ 1029—2019）规定，安全监控设备符合下列情况之一的，应当报废：

（1）设备老化、技术落后或超过规定使用年限的。

（2）通过修理，虽能恢复性能和技术指标，但一次修理费用超过原价 80% 以上的。

（3）失爆不能修复的。

（4）遭受意外灾害，损坏严重，无法修复的。

（5）不符合国家规定及行业标准规定，应淘汰的。

7 系统及设备常见故障与排查方法

7.1 系统常见故障与排查方法

7.1.1 监控中心站故障与排查方法

（1）日报表无法查询，系统异常卡顿

KJ835X系统软件采用B/S架构的，推荐使用360极速浏览器，浏览器长期运行缓存数据较多时，可能导致无法正常查询日报表、系统异常卡顿和其他不明原因的问题出现。点击浏览器"一键清空缓存"按钮即完成清空缓存，将浏览器关闭并重新打开即可正常查询日报表。特别是系统软件升级后，应关闭、重新打开浏览器，并进行"一键清空缓存"等操作。

（2）系统未检验出传感器错误的配置参数

系统依据传感器的测点类型对报警值、断电值、复电值进行异常配置诊断，如果未能针对传感器正确配置测点类型则系统无法对传感器错误参数进行诊断，请为传感器配置正确的测点类型。

（3）找不到实时曲线、历史曲线等快捷查询方式

点击系统中各种查询界面的"参数代码"均可关联到传感器信息中心，在传感器信息中心可快捷打开实时曲线、历史曲线、报警数据查询页面。

（4）系统软件没有分级报警、逻辑报警弹框提醒

查看系统设置界面，分级报警、逻辑报警功能是否启用，是否进行相应的定义设置；手动配置定义并启用后，达到报警条件时，系统将弹出分级报警、逻辑报警提示。

（5）调度室声光报警器，不发出声、光报警

调度室声光报警器没有正常发出声、光报警时，需分别检查声光报警器供电是否正常，与监控主机的数据线连接是否正常，语音生成软件是否正常启用，语音生成软件参数、报警类别等设置是否正常，发现问题及时恢复后重新测试。

（6）监控主备机未能正常切换

主备机正常切换（双机热备）由双机热备软件实现，首先检查双机热备软件是否正常打开；其次检查主备机是否连通，是否在同一个局域网内；再次检查双机热备配置是否正确，不正确重新配置热备份；以上检查都没有问题，但主备机仍然不能正常切换时，按照软件配置指南检查系统遗漏项，并联系系统厂家协助处理。

（7）主备机切换后数据未上传至上级单位

数据上传至上级单位功能由上传软件按照指定IP地址实现，主机切换到备机后，如果上传软件未打开，则可能导致数据无法正常上传至上级单位，此时应打开备机上的数据上传软件并检查IP地址是否正确。

（8）系统联网上传不能正常使用

原来正常使用的软件由于病毒、误操作或设备问题出现损坏时,需要重新安装上传软件和监控系统软件;新安装的软件不能正常上传,一般是上传软件安装错误,或参数配置错误,需要核实联网参数配置;上传数据接口、传输网络出现故障时,需联系上级联网公司协助处理。

(9) 安全监控系统存储数据丢失

系统数据丢失原因:① 监控系统网络与外网接通,监控系统数据安全系数低,易受到非法程序攻击或其他用户误操作删除数据等;② 在系统出现故障关机前,未对数据库进行手动备份等;③ 数据库服务器运行故障,数据无法存储。

系统数据丢失防范措施:① 定期检查硬件防毒墙运行状况,及时升级杀毒软件并定时查杀病毒,保证系统运行安全;② 非维护人员不得进行主、备机操作,出现问题必须进行数据库操作时,机房值班员应现场监督并做好记录;③ 应定期对数据库进行自动备份,并分别存放,必要时进行数据手动备份;④ 关注系统软件中数据库服务器运行自诊断结果,出现异常时,及时进行修复。

7.1.2　系统通信故障原因分析与排查方法

7.1.2.1　监控系统全部通信中断故障

(1) 原因分析

① 地面中心站软件通信设置错误;

② 监控机房内设备工作异常;

③ 交换机的供电异常;

④ 井下交换机通信模块故障;

⑤ 主干传输网络线路故障。

(2) 排查方法

① 检查分析地面中心站软件设置的通信参数是否正确,发现错误时,立即改正并做好汇报、记录;

② 检查监控机房设备工作是否正常,当发现主备机、交换机、通信线路故障时,应立即通知班长、技术员到现场处理;

③ 系统软件查看井下交换机工作状态,测试交换机 IP 是否能连通,派人到交换机处查看指示灯是否正常;

④ 交换机供电异常引起的故障时,应尽快恢复交换机供电;

⑤ 分析找到可能的线路故障区间,派人到井下排查通信线缆是否有断点。

此外,故障发生后,应第一时间通知瓦斯检查工加强井下巡检;及时进行汇报、做好记录;必要时联系系统厂家人员协助解决。

7.1.2.2　监控系统局部通信中断故障

某一链路所接监控分站出现通信中断,而其他链路分站通信正常。

(1) 原因分析

① 该链路的通信模块或该条通信线路故障;

② 交换机或分站的供电异常;

③ 分站与网络交换机之间的通信线路中断;

④ 网络交换机通信模块损坏;

⑤ 监控分站通信板损坏、通信接口故障。

（2）排查方法

① 检查故障链路的通信模块或该条通信线路是否存在短路和断路的现象；

② 系统软件查看井下交换机工作状态，测试交换机 IP 是否能连通，分析是否为通信网络故障；

③ 派人到交换机、分站处查看工作指示灯是否正常；

④ 交换机或分站供电异常引起的故障，应尽快恢复供电；

⑤ 分析找到可能的线路故障区间，派人到井下排查通信线缆是否有断点。

此外，故障处理时间不得超过 4 h，若设备故障在井下无法处理，应在 8 h 内将故障设备更换完毕；入井排查故障人员应注意作业环境，采取必要的防护措施。

7.1.2.3　传感器本地显示正常，上位机显示断线

（1）软件查看传感器参数设置。检查传感器定义配置界面，传感器类型、制式、量程等设置是否正确，上位机重新保存下发传感器配置参数，如果问题仍得不到解决，需派人到井下处理。

（2）检查分站处传感器状态。检查传感器通信线是否连接完好；检查传感器地址和分站通道是否对应，传感器是否有地址冲突；检查分站波特率和传感器波特率是否一致；检查分站通道配置传感器名称和信号类型是否正确；如果在分站处检查传感器接线和配置没有问题，但故障仍然存在时，需派人到传感器安装位置检查。

（3）检查传感器本地状态。现场查看传感器通信指示灯是否闪烁。如果指示灯不亮，首先使用遥控器检查 RS485 通信地址是否设置正确，是否存在地址冲突或地址大于 32 的情况；其次打开传感器接线盒，检查通信线缆接线是否正常；最后打开传感器后盖，查看 RS485 通信线序是否接反或存在松动情况，使用万用表测量 EMC 板接线端子是否导通（正常应该导通），测量主板上电阻 $R65$ 和 $R67$ 的阻值，应该为 $5.1\ \Omega$ 左右。

（4）检查通信线路。若经上述检查后问题仍未解决，问题可能出在通信线路上，需要逐段对通信线缆进行检查，尤其重点观察巷道差的地段电缆，看外观有没有被挤压造成信号中断的情况。

7.1.2.4　系统通信故障的防范措施

（1）井下交换机部署位置、主通信线路铺设要合理。监控分站尽可能分开与交换机的多条链路进行通信，减少每条链路上接入分站的数量，减少系统故障影响范围，有利于快速故障定位。

（2）完善检修制度，定期对设备进行检修，坚决杜绝设备带病工作现象。定期对地面和井下传输网络和设备进行检查，做好设备的维护和保养，发现问题应及时解决、不留隐患。

（3）监控线缆应按照质量标准化要求敷设，保证线路接线质量，对于线路老化严重或接线盒使用过多的线缆，应及时进行更换。同时，加强特殊地点监控线缆的检查，对于施工作业、巷道顶板破碎、支护条件差等地点，监控线缆容易被砸坏和损伤，应定期和经常检查，发现问题及时修复。

（4）井下交换机和监控分站外接电源应接在开关的电源侧，有条件的情况下，尽可能使用专用电源，需要停电时，应编写和审批停电安全措施。井下交换机和监控分站备用电源应定期进行充放电测试和维护，延长备用电池的使用寿命，并记录放电时长，若放电时长低于

2 h 时,需要及时更换。

（5）加强技术人员的培训工作,提高技术人员的业务素质,增强专业知识,提高对日常出现的问题快速地分析和处理能力。

7.1.3　断电控制状态异常分析与排查方法

7.1.3.1　甲烷超限或故障后不断电

（1）问题原因分析

① 中心站问题:a. 中心站设置传感器断电闭锁控制时,定义错误或者未设置断电控制口;b. 甲烷传感器的报警点、断电点、复电点参数定义错误;c. 定义的控制逻辑没有下发到分站执行。

② 分站问题:a. 井下监控人员将分站的断电控制口未接或接错;b. 人员设置传感器断电控制参数错误;c. 断电控制器接入在非 RS485-4 通道上;d. 分站控制口模块故障。

③ 断电控制器问题:a. 断电控制器的控制输入端和输出端未接或接错;b. 断电控制器常开、常闭端子接入错误;c. 断电控制器地址设置错误;d. 断电控制模块故障。

④ 断电控制线问题:a. 分站与断电控制器之间控制线断开或短路,断电器接收不到断电命令;b. 断电控制器与被控开关之间控制线断开或短路,被控开关接收不到控制命令。

（2）问题排查方法

① 中心站排查方法:检查中心站分站、传感器、断电控制器参数设置,井下人员和中心站人员应协调配合好,做到上下一致,杜绝出现设置错误的现象。

② 分站排查方法:监控工要完善断电控制口和接好控制线,杜绝人为因素造成接线错误;使用万用表测量分站控制口的断电控制类型,确保断电控制口与被控开关的断电控制接入点相匹配;如果控制口无控制信号输出或控制信号发生突变,应更换控制口或更换分站。

③ 断电控制器排查方法:检查断电控制器接入点,要与分站的断电控制口类型相对应;使用万用表测量被控开关断电控制点的触点类型,与断电控制器输出端对应插入;检查断电控制器地址设置是否与分站保持一致;更换出现故障的断电控制模块。

④ 断电控制线排查方法:断电控制线短路或者断路时,应先用万用表找到断路点或者短路点,重新进行接线。

7.1.3.2　断电闭锁解除后送不上电

（1）问题原因分析

① 中心站问题:a. 中心站传感器复电点参数设置错误;b. 定义的控制逻辑没有下发到分站执行。

② 分站问题:a. 触点型断电控制口无触点或者电平型断电控制口无电信号输出时,均会导致开关送不上电;b. 分站上还存在其他的断电控制命令未解除。

③ 断电控制器问题:断电控制器电路板故障、短路、损坏以及断电控制的断电继电器损坏或无源输入。

④ 断电控制线问题:a. 分站与断电控制器之间控制线断开或短路,断电器接收不到复电命令;b. 断电控制器与被控开关之间控制线断开或短路,导致故障闭锁。

（2）问题排查方法

① 中心站排查方法:检查中心站传感器复电参数设置,尽量避免人为错误设置的问题。

② 分站排查方法:查看分站控制口状态,控制命令是否完全解除;检查分站断电控制口

输出是否正常。

③ 断电控制器排查方法:检查断电控制器是否损坏、断电控制的断电继电器损坏或无源输入,更换出现故障的断电控制模块。

④ 断电控制线排查方法:断电控制线短路或者断路时,应先用万用表找到断路点或者短路点,重新进行接线。

7.2 交换机常见故障与排查方法

不同厂家的交换机出现的故障类型与排查方法不尽相同,下面以 KJJ660 型网络交换机为例,介绍交换机常见故障与排查方法,如表 7-1 所示,仅供参考。

表 7-1　KJJ660 型网络交换机常见故障与排查方法

故障现象	原因分析	排查方法
电源指示灯不亮	电源没有正常供电	(1) 检查供电线路及各接线端子是否接好; (2) 检查电源的电压输出是否正常; (3) 检查电源电压的极性是否正确
通信上行、下行指示灯不闪	(1) 外部以太网设备无输出; (2) 以太网通信模块故障	(1) 检查通信线路及插接件是否接好; (2) 用示波器观察芯片输入、输出波形是否正常
下行指示灯闪、上行指示灯不闪	(1) 交换机模块没有正常工作; (2) 监控分站传输线极性接线错误或通信参数设置错误	(1) 用示波器观察交换机模块的输出波形是否正常; (2) 检查分站传输线极性或分站通信参数设置是否正确
上行、下行指示灯闪烁,但时断时续	(1) 传输线路或连接头接触不良; (2) 传输设备故障	(1) 检查传输线路是否有连接不可靠点; (2) 检查传输设备通信模块工作状态
RS485 通信口故障	(1) 通信电缆连接有问题; (2) RS485 接口芯片损坏	(1) 检查通信线缆及各接线端子是否接好; (2) 检查 RS485 信号的极性是否正确; (3) 更换 RS485 通信模块
以太网电口故障	(1) 网线连接有问题; (2) 传输距离过远(超过 100 m)	(1) 检查通信线缆及各接线端子是否接好; (2) 检查信号的极性是否正确; (3) 缩短通信传输距离
以太网光口故障	通信光纤连接有问题	(1) 检查光纤插接是否可靠; (2) 检查关系接插头是否插反; (3) 检查光纤熔接质量是否合格

7.3 监控分站常见故障与排查方法

7.3.1 分站的检修流程

监控分站日常使用时,设备检修流程如图 7-1 所示。

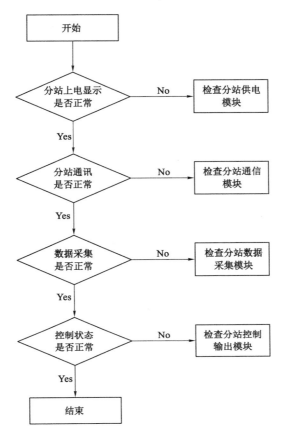

图 7-1　监控分站检修流程图

7.3.2　分站故障类型与排查方法

不同厂家的监控分站出现的故障类型与排查方法不尽相同,下面以 KJ370-F(A)型监控分站为例,介绍分站常见故障与排查方法,如表 7-2 所示,仅供参考。

表 7-2　KJ370-F(A)型监控分站常见故障与排查方法

故障现象	原因分析	排查方法
传感器一直断线	(1) 传感器未正常连接; (2) 传感器与分站配置有问题	(1) 检查传感器是否正常启动; (2) 检查传感器地址和分站通道是否对应,传感器是否有地址冲突; (3) 检查分站波特率和传感器波特率; (4) 检查分站通道配置传感器名称和信号类型
传感器偶尔断线	(1) 通信线缆质量不好; (2) 通信线路周围有干扰设备; (3) 设备星形连接	(1) 检查线路质量,包括接线盒、接线端子等; (2) 检查走线是否距离大型变频设备较近; (3) 检查走线是否是星形连接; (4) 排除其他因素后,依然不能解决问题时,调整传感器侧匹配电阻

表 7-2(续)

故障现象	原因分析	排查方法
分站上传一直断线	(1) 分站通信参数设置有问题； (2) 传输网络断线； (3) 分站通信模块故障	(1) 检查 IP、端口、MAC 等配置,上传协议配置是否正常； (2) 通过上位机 Ping 分站 IP 地址,检查网络是否联通； (3) 检查分站主板网口 LINK(正常情况下常亮)和 ACT(正常情况下闪烁)； (4) 检查分站上交换机板的供电,以及 LINK 连接和 ACT 数据指示灯
分站上传偶尔断线	(1) 通信接头松动； (2) 通信线缆老化、接触不良； (3) IP 地址设置重复	(1) 检查接头是否可靠插入,防止松动； (2) 检查网线/光纤的质量； (3) IP 地址是否有重复
断电器没有触发断电	(1) 断电器断电设置有问题； (2) 分站未发出断电命令； (3) 断电器接线有问题	(1) 检查分站通道的控制口配置是否正确； (2) 在轮询界面查看控制口的状态是否执行断电； (3) 查看执行器控制状态是否为"在线"； (4) 检查被控开关断电控制接线是否正确
控制口不能复电	(1) 还存在触发断电的条件； (2) 上位机远程控制断电； (3) 断电馈电器接线问题	(1) 检查触发断电的条件是否完全消除； (2) 查看控制口的状态是否为取消断电(即分站是否发出取消断电命令)； (3) 检查该控制口是否被上位机控制； (4) 该控制口是否和其他分站的控制口关联； (5) 注意:对于开启风电闭锁的分站,参与风电闭锁的传感器的对应控制口因故障断电然后复电时会有 1 min 延时； (6) 检查断电器接线是否正确
分站不工作	(1) 分站主板供电异常； (2) 分站主板电气故障； (3) 主板拨码开关位置有问题	(1) 检查分站主板供电是否异常,分站电源指示灯是否正常(红色常亮),用万用表测量测试点 T4、T5 是否正常； (2) 查看分站主板上核心板(液晶屏下方)运行指示灯是否正常闪烁； (3) 检查分站主板拨码开关 J1,正常应该全部打到"非 on"(即"on"的对侧)状态,如果不是请拨至"非 on"
分站断电超过 2 s	(1) 一条总线接入传感器数量过多； (2) 一条总线接入控制器数量过多； (3) 分站通道过多占用	(1) 总线 RS485-1/2/3 上传感器数量是否超过 8 个； (2) 总线 RS485-4 上传感器数量是否超过 4 个(不算执行器数量)； (3) 是否有其他断线的传感器(或开启通道没接传感器)

表 7-2(续)

故障现象	原因分析	排查方法
与上位机通信故障	(1) 上位机巡检不到分站; (2) 上位机巡检分站无应答	(1) 检查上位机采集软件是否正常巡检; (2) 检查分站工作是否正常,若异常断电复位; (3) 检查分站通信上传模块工作是否正常; (4) 检查系统上传线路是否正常; (5) 检查分站通信地址设置是否正确

7.3.3 分站电源箱检修流程及常见故障与排查方法

(1) 分站电源箱检修流程

分站电源箱日常使用过程中,常见的故障类型是本安电源无输出,针对此故障的检修流程如图 7-2 所示。

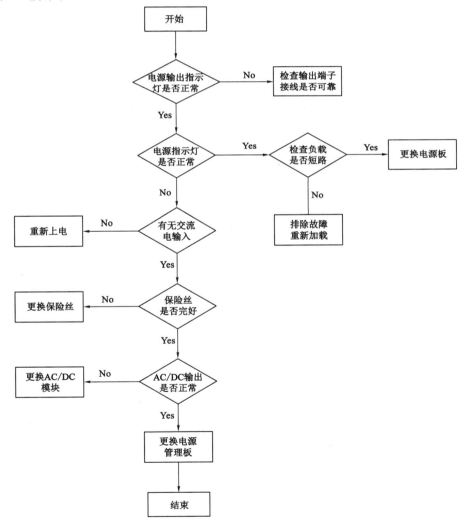

图 7-2 电源箱无输出电压检修流程图

（2）分站电源箱常见故障与排查方法

不同厂家的分站电源箱出现的故障类型和排查方法也不尽相同，下面以 KDW1140/24B 电源箱为例，介绍分站电源箱常见故障与排查方法，如表 7-3 所示，仅供参考。

表 7-3　KDW1140/24B 电源箱故障与排查方法

故障现象	原因分析	排查方法
供电状态一直显示直流供电	（1）没有交流电输入； （2）变压器故障； （3）开关电源故障	（1）检查是否有交流电接入； （2）检查变压器输入抽头保险丝是否烧掉； （3）检查变压器输出 30 V AC 保险丝是否烧掉； （4）查看开关电源指示灯状态，同时测量 24 V DC 输出电压是否正常； （5）依次测量旋钮开关各输出线是否短路以及开关状态是否正常
电源箱与分站通信异常	（1）电源箱与分站通信线缆不通； （2）电源箱与分站波特率设置有问题； （3）RS485 通信模块不工作	（1）检查通信线缆是否正常连接； （2）检查分站 RS485-3 波特率和电源箱是否一致，同时查看电源箱地址是否正确； （3）检查 RS485 芯片供电是否正常
所有通道无输出	（1）熔断器烧毁； （2）交流供电不正常； （3）旋钮开关故障； （4）备用电池无输出； （5）充放电管理板故障	（1）更换熔断器； （2）检查交流进线连接端子； （3）检查旋钮开关； （4）检修电池，检查连接组件； （5）检修线路板
部分电源通道无输出	（1）用电设备短路、过载； （2）相关通道电源保护板故障； （3）连接故障	（1）断开用电设备，检查输出； （2）检修电源板； （3）检查连接线
电源箱放电时间偏短	（1）电池在未充满电的情况下放电； （2）电池使用寿命到期	（1）重启电源箱，然后对电池进行彻底放电，再持续充电 16 h； （2）充满的状态为在交流供电状态下，电池不再充电，电池电压大于 27 V； （3）检查电池使用寿命是否超过使用要求
电池无法正常充电	（1）交流电电压偏低； （2）变压器 30 V AC 绕组输出线串接熔断器烧毁	（1）查看分站交流状态是否显示低电压； （2）查看电源箱菜单，确定其各供电状态和电压实测值； （3）用万用表直接测量交流输入电压，检查变压器抽头是否选插正确； （4）更换熔断器

表 7-3(续)

故障现象	原因分析	排查方法
交流电断电后不能正常切换或后备电源不工作	(1) 充放电管理板故障; (2) 电池输出连接组件故障; (3)电池电量已耗尽	(1) 检修线路板; (2) 检修电池输出连接组件; (3) 对电池进行充电
本安电源供电异常	分站本安输出模块异常	(1) 测量分站侧供电电压是否正常; (2) 检查电源箱内部接线、本安组件指示灯是否正常,同时测量本安输出端子电压是否正常; (3) 测量电源管理主板输出电压是否正常

7.4　传感器常见故障与排查方法

7.4.1　传感器检修流程及通用故障与排查方法

7.4.1.1　传感器检修

（1）故障设备维修原则

一般遇到有故障的设备,都遵循"一看、二摸、三闻、四检测"的维修原则,由简单到复杂,逐级检查判断故障点并解决故障。

一看:先打开传感器后盖,查看电路板上有无明显被雷击或电烧毁而损坏的元器件。

二摸:传感器通电后,摸一摸各集成块的温度,有没有烫手的感觉。

三闻:传感器通电以后,闻一闻内部电路是否有元器件被烧焦、烧煳的味道。

四检测:传感器通电以后,用万用表、示波器等检测电路关键点的电压、波形等。

（2）传感器检修流程

随着传感器技术的发展,设备模块化设计,不同传感器的通用性越来越好,降低了设备的检修难度。传感器检修流程如图 7-3 所示。

7.4.1.2　传感器通用故障与排查方法

传感器通用故障与排查方法如表 7-4 所示。

7.4.2　甲烷传感器常见故障与排查方法

（1）甲烷传感器误报警分析与预防

煤矿井下甲烷传感器在使用过程中,由于受到水蒸气、粉尘、有毒有害气体、电磁干扰、噪声、供电电网电压波动等影响,以及矿井现场管理不到位或员工操作失误等,会造成甲烷传感器误报警发生。常见的甲烷传感器误报警原因分析与防范措施如表 7-5 所示。

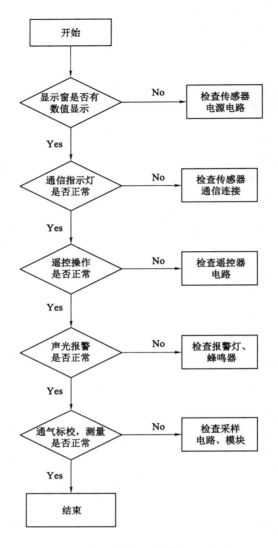

图 7-3　传感器检修流程图

表 7-4　传感器通用故障与排查方法

故障现象	原因分析	排查方法
传感器通电后 不显示	(1) 供电故障或电缆故障; (2) 传感器接线错误; (3) 传感器内部故障	(1) 检查传感器是否正常供电; (2) 按照说明书重新检查接线是否正确; (3) 检查传感器内部电源(红蓝线)接线是否有松动,主板电源输出是否正常,主板上保险丝是否熔断; (4) 检查 EMC 防护板是否损坏

表 7-4（续）

故障现象	原因分析	排查方法
传感器与分站通信异常	(1) 传感器通信设置有问题； (2) 传感器通信接线错误； (3) 传感器内部接线有问题； (4) 传感器 EMC 防护板故障	(1) 检查 RS485 通信地址是否设置正确，是否存在地址冲突、显示"E-XX"； (2) 检查分站对应 RS485 口下行波特率设置是否正确； (3) 检查传感器到分站之间接线是否正常； (4) 传感器上电看自检过程是否显示通信模式为 RS485； (5) 打开传感器后盖，查看通信线序是否正确，检查 RS485 接线是否松动； (6) 打开传感器后盖，将传感器 EMC 板的 485 接口输入电缆直接接入传感器主板的通信接口，排查 EMC 防护板是否损坏
传感器测值不准确	(1) 仪器内置参数可能更改或丢失、仪器漂移； (2) 传感器信号板、主板异常	(1) 重新标定仪器的零点、精度，用户无法进行时请返回厂家修理； (2) 拆开后盖，检查传感器排线是否松动，测量信号板、主板电压
传感器重启	(1) 供电距离过远，本安电源保护； (2) 主板功耗异常； (3) 主板硬件故障	(1) 缩短传感器输出距离； (2) 检查传感器主板电压、电流
传感器显示错误代码"Err0""Err1"	传感器内部插接件接触不良	(1) 打开传感器后盖，查看传感器探头连接线是否与主板正常连接； (2) 打开探头，查看信号处理板 5P 线焊接处是否断开或虚焊
分站接收不到信号或者信号超差	(1) 传输阻抗太大； (2) 传输距离太远	(1) 传输电缆线径太小，更换电缆； (2) 调整传输距离
按遥控器无法操作	(1) 操作不当，距离大于 8 m 或未对准显示窗； (2) 遥控接收头故障或者遥控器电池电量不足； (3) 主板硬件故障	(1) 近距离、对准显示窗操作遥控器； (2) 检查更换接收头或电池； (3) 检查传感器主板红外遥控模块是否正常
超限不报警，无声光	(1) 蜂鸣器坏或蜂鸣器无+5 V 电源； (2) 报警灯板接触不良； (3) 报警值设置异常	(1) 更换蜂鸣器或检查电源连线是否脱落； (2) 重新固定牢固报警板接线； (3) 重新设置传感器报警值

表 7-5　甲烷传感器误报警原因分析与防范措施

类别	原因分析	防范措施
传感器受撞击	甲烷传感器受撞击（或爆破空气波冲击）或自吊挂点跌落，系统出现误报警	甲烷传感器要悬挂牢固，尽量设置在设备、材料等运输时不易被碰撞的地方，摘取、挪动时至少两个人配合，一人挪动，另外一个人负责收线，且要轻取轻放，不得摔、碰传感器

表 7-5（续）

类别	原因分析	防范措施
传感器线路受到干扰	通信线路电缆与变频设备距离太近时,变频设备会对传感器线路造成信号干扰	原则上要求监测电缆与动力电缆应分别挂在巷道两侧,并与变频设备、线路分开吊挂,满足一定的安全距离,避免其他设备、线路频率的变化对系统的干扰;若巷道内空间条件受限,可将监测电缆布设在动力电缆 0.3 m 以外的地方
接线不规范	(1) 传感器航空插头插接部分螺丝未旋紧,或长时间使用后出现松动; (2) 信号接线盒内电缆接触不良或航空插头接触不良,尤其是长距离供电,传感器由于供电不稳定,短时间内频繁出现工作状态和停止工作状态切换,出现误报警	(1) 要保证甲烷传感器航空插头螺丝旋紧,且挪动甲烷传感器时,也应保证插头插接部分牢固; (2) 加强线路巡检及现场维护,严格按质量标准化标准管理; (3) 严格按照《煤矿安全规程》的规定接线,不出现虚接、短接等现象
维护不及时	(1) 监测系统线缆及接线盒维护不及时,线路老化、故障点多; (2) 传感器经常淋水,传感器内部受潮或浸水; (3) 甲烷传感器连续使用时间过长,维护、保养不及时,传感器内部电路板、元器件和线路出现故障	(1) 应加强线缆的巡查,及时更换故障点过多的线缆; (2) 更换悬挂位置或增加防淋水护罩; (3) 加强井下传感器的日常维修、保养,连续使用超过 6 个月时,应升井保养一次
管理不规范	(1) 井下靠近传感器的地方使用油漆涂刷时,因松香水碳氢物质浓度超标而导致误报警; (2) 甲烷传感器在使用前或大修后未调试合格,未进行试运行便投入使用; (3) 井下传感器种类很多,传感器种类设置不当,或安装位置不当,引起报警	(1) 井下尽量不使用松香水碳氢物质超标的油漆,若必须使用时,应严格控制用量,且不随意丢放油漆及刷漆工具; (2) 无论是初次使用还是大修后的传感器,应按说明书的规定,经调试合格,在地面试运行 1~2 天后方可入井使用; (3) 各类型传感器的具体设置应严格按照《煤矿安全规程》《煤矿安全监控系统及检测仪器使用管理规范》(AQ 1029—2019)等规定要求
人员误操作	(1) 安全监测工在更改分站各端口接线时,模拟量传感器接错端口,出现误报警; (2) 甲烷传感器的进气口和声光报警面板被堵塞或者由于怕进水用不透光的物体遮挡,均会造成传感器失灵,出现报警	(1) 井下电缆接线时一定要细心,不出现低级错误,井下分站和地面中心站设置保证一致; (2) 严禁使用不透气物品遮挡、包裹甲烷传感器声光报警面板和进气口,以防造成传感器失灵

（2）激光甲烷传感器故障与排查方法

激光甲烷传感器与普通的催化甲烷传感器相比,设备智能化水平更高,具有传感器故障自诊断、异常代码指示功能,方便传感器故障的快速定位与排查、处理。其故障与排查方法如表 7-6 所示。

表 7-6　激光甲烷传感器故障与排查方法

故障现象	原因分析	排查方法
上电后显示窗无显示	传感器供电异常	(1) 检测通信线缆是否正常； (2) 检查接线是否正确
传感器与分站通信异常	(1) 传感器与分站通信接线异常； (2) 传感器 RS485 通信地址设置错误	(1) 检查通信线缆是否正常； (2) 检查通信线缆是否正确接入分站接线端子； (3) 检查 RS485 通信地址是否设置正确
显示异常"Err0"	(1) 探头与主板通信故障； (2) 探头供电电压异常	(1) 检查探头与主板连接线是否正常； (2) 查看探头供电电压
显示异常"Err1~3"	探头测量异常	更换探头
显示异常"Exx—"	RS485 通信地址冲突，xx 表示与分站的第 xx 通道冲突	修改传感器地址
测量值误差大	标定数据丢失或改变	重新标定传感器或返厂检修

无线激光甲烷传感器与激光甲烷传感器的故障与排查方法基本相同，无线激光甲烷传感器的其他故障现象、原因分析、排查方法如表 7-7 所示。

表 7-7　无线激光甲烷传感器故障与排查方法

故障现象	原因分析	排查方法
传感器显示"L Err0"	从机断线	从机充电或清除障碍物
传感器显示"L Err1"	从机探头异常	检查从机情况
传感器无法充电	(1) 充电器故障； (2) 电池损坏	(1) 更换充电器； (2) 更换电池

7.4.3　其他传感器常见故障与排查方法

其他传感器常见故障与排查方法如表 7-8 所示。

表 7-8　其他传感器常见故障与排查方法

传感器类型	故障现象	原因分析	排查方法
温度传感器	零点校准、精度校准后，传感器测量异常	(1) 传感器测温元件输出异常； (2) 传感器信号板、主板工作异常	(1) 检查测温元件 PT100 是否正常，对照 PT100 电阻值分度值表，一定温度下对应的电阻值是否正确； (2) 测量信号板、主板电压是否正常
粉尘浓度传感器	仪器提示测量错误（测量数值与 E101 交替闪烁）	光学器件被污染	清理测量通道

表 7-8（续）

传感器类型	故障现象	原因分析	排查方法
氧气传感器	测量值和实际偏差大	(1) 传感器探头堵塞； (2) 传感器内部标定参数丢失、偏差； (3) 传感器探头故障； (4) 严重的气流压力冲击	(1) 清理传感器探头； (2) 查看传感器在空气中原始值范围，在 1 000～1 300 为正常，重新标定传感器即可； (3) 当原始值小于 100 时，查看压力值是否为"101.3"，如果是，则探头主板出问题需更换探头，如果不是，则传感器损坏，更换探头内传感器； (4) 取下传感器，放置在压力稳定的环境中 1 天后，如果还是无法恢复，则更换传感器探头，若突然有冒大值现象，可联系售后，查看厂家设置参数是否正确
断电馈电器	断电控制异常（继电器动作异常）	(1) 分站未发出控制命令； (2) 断电器地址设置错误	(1) 检查分站控制口状态； (2) 检查断电地址设置及收发指示灯； (3) 检查主板断电控制部分器件及信号
	馈电指示灯异常、分站显示馈电状态异常	(1) 检测线缆电压不在测量范围内； (2) 馈电地址、模式设置错误； (3) 馈电检测主板异常	(1) 检查线缆及电压是否在检测范围内； (2) 检查馈电模式设置（无源触点）； (3) 检查馈电地址设置； (4) 检查主板馈电检测部分器件及信号
烟雾传感器	当烟雾浓度达到报警浓度时，传感器不报警	(1) 传感器漂移； (2) 传感器损坏； (3) 传感器探头堵塞	(1) 重新标定； (2) 返厂检修； (3) 拆开防尘盖清理灰尘
	无烟时，传感器误报警	(1) 传感器探头进尘； (2) 传感器报警浓度设置有问题	(1) 尝试清理积尘； (2) 当传感器正处于误报警时，查看当前原始 AD 值，对零点进行重新标定； (3) 当传感器没有报警时，可进入设置界面 F3 报警点设置，将报警点浓度提高
	传感器无规律报警或显示"err0""err1"	(1) 传感器探头进细微灰尘； (2) 内部插接件接触不良	(1) 对防尘滤网、塑料迷宫滤网盖等位置进行灰尘清理； (2) 插接件老化或损坏
风门传感器	风门报警器长响	(1) 安装位置不合适，间距过大； (2) 检测模块长时间导通，电流过大损坏	(1) 检查风门是否变形，调整传感器安装位置； (2) 更换检测模块
	风门报警器不响	(1) 声光报警器关联设置有问题； (2) 设备间接线是否正常	(1) 检查声光报警器关联设置参数； (2) 检测风门与声光报警器间接线
风筒传感器	检测失灵	(1) 安装位置不合适； (2) 传感器组件内部电路损坏	(1) 调整安装位置； (2) 更换传感器组件

表 7-8（续）

传感器类型	故障现象	原因分析	排查方法
设备开停传感器	不管被测设备是否通电,绿灯一直亮	（1）传感器停止阈值设置不合适,外界干扰导致绿灯一直亮; （2）传感器内部接插件插口松动	（1）适当增大传感器停止阈值与开启阈值; （2）检查插口是否松动,保证其连接稳固,测量电感线圈的通断,出现断路则更换传感器
	红灯与绿灯交替闪烁	传感器开启阈值与停止阈值设置不合适,外界干扰导致红绿灯交替闪烁	适当增大传感器开启阈值与停止阈值的差值
	不管被测设备是否通电,红灯一直亮	（1）传感器灵敏度挡位设置不合适,检测不到设备通电情况,红灯一直亮; （2）电感线圈损坏	（1）适当减小传感器开启阈值与停止阈值; （2）测量电感线圈的通断,出现断路则需更换传感器

8　多系统融合和应急联动

传统的安全监控、人员定位、应急广播等系统各自孤立、封闭,信息无融合、共享,没有基于多系统、多业务的综合分析,以及紧急情况下的应急联动响应与指挥,缺乏与安全监察监管的数据对接工具与平台,没有充分发挥安全监管作用。

《煤矿安全监控系统升级改造技术方案》要求针对安全监控系统的传输数字化、增强抗电磁干扰能力和推广应用先进传感技术及装备等13个方面进行升级改造。其中第6个方面为"支持多网、多系统融合",实现井下有线和无线传输网络的有机融合、监测监控与GIS技术的有机融合。多系统的融合可以采用地面方式,也可以采用井下方式。鼓励新安装的安全监控系统采用井下融合方式。在地面统一平台上必须融合的系统有环境监测、人员定位和应急广播系统,如有供电监控系统,也应融入。其他可考虑融合的系统有视频监测、无线通信、设备监测和车辆监测系统等。第10个方面为"应急联动",在瓦斯超限、断电等需立即撤人的紧急情况下,可自动与应急广播、通信、人员定位等系统实现应急联动。

8.1　融合系统介绍

人员定位系统、应急广播系统是新一代安全监控系统必须融合的系统,矿井如果部署有供电监控系统或瓦斯抽采监控系统的往往也会进行融合。

8.1.1　人员定位系统

8.1.1.1　系统组成和功能

根据《煤矿井下作业人员管理系统通用技术条件》(AQ 6210—2007),煤矿井下作业人员管理系统(以下简称"人员定位系统")是指:具有监测井下人员位置、携卡人员出/入井时刻、重点区域出/入时刻、限制区域出/入时刻、工作时间、井下和重点区域人员数量、井下人员活动路线等监测、显示、打印、储存、查询、报警、管理等功能的系统。

按照系统的定位精度,人员定位系统可分为区间定位和精确定位两种类型。区间定位系统的定位分站基于无线射频识别(RFID)等技术识别工作人员携带的识别卡,具体原理为:RFID定位分站通过自身的RFID阅读器发射无线射频信号,当识别卡内置的标签检测到射频信号产生的电磁场时利用电磁感应来产生感应电流,通过感应电流将自身标识信息发送给阅读器,阅读器对标识信息进行解码,完成对识别卡的识别。区间定位系统通过部署在区域进出口位置的定位分站判定携带识别卡的工作人员是否出现在区域内,但无法判断工作人员在区域内的准确位置。精确定位系统的定位分站采用扩频无线通信等技术实时准确检测识别卡与定位分站的位置,系统通过在巷道间隔部署的分站实现对工作人员的精确定位,检测精度可以达到5 m以内。

区间定位系统无法实现人员的精确定位但具有技术简单、部署设备少、使用成本低的特点,目前市场上使用较多的是区间定位系统。随着社会各界对安全生产的要求越来越高,精确定位技术逐步成熟,精确定位系统的精确定位优势(特别是在事故救援中)逐步显现。

人员定位系统一般由主机、传输接口、分站、识别卡、电源箱、电缆、接线盒、避雷器和其他必要设备组成,应具备监测、管理、存储、显示和打印等功能。

(1) 监测

① 系统应具有携卡人员出/入井时刻、出/入重点区域时刻、出/入限制区域时刻等监测功能。

② 系统应具有识别携卡人员出/入巷道分支方向等功能。

③ 系统应能对乘坐电机车等各种交通运输工具的携卡人员进行准确识别。

④ 系统应能识别多个同时进入识别区域的识别卡。

⑤ 系统应具有识别卡工作是否正常和每位下井人员携带 1 张卡唯一性检测功能。

(2) 管理

① 系统应具有携卡人员下井总数及人员、出/入井时刻、下井工作时间等显示、打印、查询等功能,并具有超时人员总数及人员、超员人员总数及人员报警、显示、打印、查询等功能。

② 系统应具有携卡人员出/入重点区域总数及人员、出/入重点区域时刻、工作时间等显示、打印、查询等功能,并具有超时人员总数及人员、超员人员总数及人员报警、显示、打印、查询等功能。

③ 系统应具有携卡人员出/入限制区域总数及人员、出/入限制区域时刻、滞留时间等显示、打印、查询、报警等功能。

④ 系统应具有特种作业人员等下井、进入重点区域总数及人员、出/入时刻、工作时间显示、打印、查询等功能,具有工作异常人员总数及人员、出/入时刻及工作时间等显示、打印、查询、报警等功能。

⑤ 系统应具有携卡人员下井活动路线显示、打印、查询、异常报警等功能。

⑥ 系统应具有携卡人员卡号、姓名、身份证号、出生年月、职务或工种、所在区队班组、主要工作地点、每月下井次数、下井时间、每天下井情况等显示、打印、查询等功能。

⑦ 系统应具有按部门、地域、时间、分站、人员等分类查询、显示、打印等功能。

(3) 存储

① 系统应具有存储功能,存储内容包括:出/入井、出/入重点区域、出/入限制区域、进入分站识别区域时刻,出/入巷道分支时刻及方向,超员总数、起止时刻及人员,超时人员总数、起止时刻及人员,工作异常人员总数、起止时刻及人员,卡号、姓名、身份证号、出生年月、职务或工种、所在区队班组、主要工作地点等。

② 系统应具有查询功能。查询类别如下:按人员、时间、地域、识别区、超时报警、超员报警、限制区域报警、工作异常报警、人员分类、部门、工种查询等。

③ 系统应具有防止修改实时数据和历史数据等存储内容功能(参数设置及页面编辑除外)。

④ 系统应具有数据备份功能。

⑤ 分站应具有数据存储功能。当系统通信中断时,分站存储识别卡卡号和时刻;系统通信正常时,上传至中心站。

(4) 显示和打印

系统应具有汉字显示和提示功能,应具有列表显示、模拟动画显示、系统设备布置图显示功能。系统应具有汉字报表、初始化参数召唤打印功能(定时打印功能可选)。打印内容包括:下井人员总数及人员、重点区域人员总数及人员、超时报警人员总数及人员、超员报警人员总数及人员、限制区域报警人员总数及人员、特种作业人员工作异常报警总数及人员、领导干部每月下井总数及时间统计等。

8.1.1.2 典型的人员定位系统

KJ1012 矿用人员管理系统由井上信息管理中心、井下本安光纤通信环网、本安无线通信网络、本安无线定位网络、矿用隔爆兼本安稳压电源等部分构成,具有覆盖范围全面、定位精度高、通信成本低、管理功能丰富等特点。

井上信息管理中心由地面信息传输接口、主备信息采集服务器、数据存储服务器、数据发布服务器、应急备用电源等主要设备构成,能够完成人员管理信息的采集、存储、分析、统计、备份等功能。中心具有丰富的考勤管理、轨迹回放、声光报警和寻呼通信功能等方便人员管理、人员调度和信息监控的应用功能,还能够无缝对接矿用专网,实现管理信息的实时查看和上报。本安无线通信网络主要由无线基站、信息矿灯等设备构成,能够低成本地利用无线方式实现矿井人员管理系统的大面积覆盖。本安无线定位网络主要由无线基站、信息矿灯、射频定位器等设备构成,能够实现高精度的精确定位功能。其中射频定位器同时具有外部供电和内部电池供电的功能,可以在无外部电源供电的前提下实现长时间续航。采用先进的定位方案和校准技术,能够在复杂的巷道场景下实现高精度的精确定位,有助于煤炭企业实现精准、高效的人员管理。系统整体架构如图 8-1 所示。

8.1.2 应急广播系统

8.1.2.1 系统组成和功能

应急广播系统一般由广播主机、麦克风、传输接口装置、本安型广播分站、隔爆兼本安电源、管理软件等组成,系统一般具有以下功能:

(1)生产调度指挥

调度人员可通过麦克风与井下某个广播分站进行对讲;可通过麦克风针对井下某些广播分站进行广播;可将存储的音频文件通过广播分站进行广播;接听固定电话时,对方声音通过选定广播分站传至井下。

(2)应急救援指挥

井下人员在遇到紧急情况时,可通过广播设备上的紧急呼叫按钮,打断播放音频与地面调度进行对讲呼救;调度人员可一键进入全矿范围紧急广播状态,也可选择特定区域,在险情发生时,第一时间通过广播组织指挥和疏导人员撤离。

(3)系统图展示

系统以系统图监控形式清晰展示以下信息:矿井系统图纸、设备安装位置、设备工作状态、设备管理信息、人员交互信息等。

(4)语音播放管理

系统可按设置的播放时间表,自动播背景音乐、温馨的问候、祝福语、上下班铃声、安全知识等。每天的播放表可任意设定,不受时段和时间长短限制,播放表可存储、修改、编辑。

(5)自由对象播放

系统可实现点对点、分区域、多区域和全区广播,可对每个区域进行单独编排播放,实现对各区域同时播放不同类型的广播文件,声音文件支持 mp3、wav、wma 等格式。

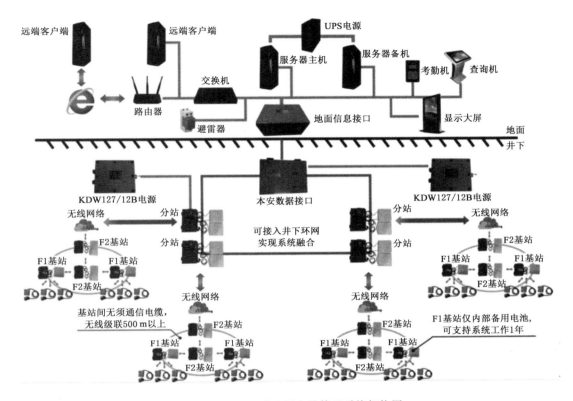

图 8-1　KJ1012 型矿用人员管理系统架构图

（6）双向呼叫对讲

调度和广播设备都可以发起呼叫进行地面与井下的双向对讲；同一区域内广播设备可做双向通信。在井下按下通话按钮后，可以向调度讲话，调度台上自动产生记录和变色区分。

（7）设备远程监听

系统支持井下广播设备远程监听功能，自动搜寻某个广播分站周围环境声音，最大监听时长可达 1 h，并自动录音。

（8）设备在线巡检

系统手动或定时向广播设备发送命令，一方面为设备校对时间，另一方面及时了解设备的通信状态等。一旦信道中断或设备故障，系统能立即告警提示。

（9）设备在线管理

可管理到单个的广播分站，在线设置扩音电话参数，包括音量大小、音乐播放、对讲通信、控制和故障诊断。

（10）录音

系统支持设置是否对通话和广播进行录音，在录音模式下可对所有通话进行录音，自动存储时间 3 个月，不支持对录音进行查询等操作。

（11）与安全监控、自动化系统联动

系统可自动接收报警信号（如瓦斯浓度超限报警信号），当有报警时广播自动切入紧急信号,系统自动将录制好的报警音频信号强制输出至所需的区域内,将相应区域的背景音乐及其他广播全部切断,第一时间发出报警信号。

（12）与调度系统联动

系统可与调度电话系统联动,能将有线电话或无线手机（需要权限设置）的声音实时传到井下广播设备,实现实时矿区电话或远程调度功能。

8.1.2.2 典型的应急广播通信系统

KT560型矿用广播通信系统适用于矿区工业广场和矿山井下车场、候车室、变电所、巷道、采掘工作面等场所。

该系统为全数字化系统,可实现点对点、分区、全部广播,以及定时自动、离线、记忆播放;紧急情况时,可以一键启动紧急广播,在井下各广播站点同时播放紧急报警语音和告警通知,同时调度人员可通过麦克风进行全选广播,以应对紧急突发事件,并提供应急措施。系统预留通信接口,支持与安全监控系统融合、应急联动等。此外,系统还支持地面与井下、井下与井下的相互通话及录音等功能。KT560型矿用广播通信系统如图 8-2所示。

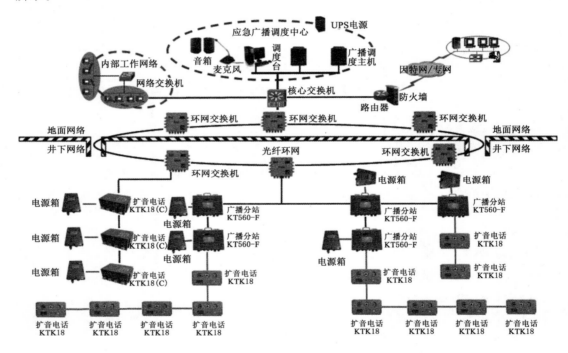

图 8-2　KT560型矿用广播通信系统结构示意图

8.1.3　煤矿瓦斯抽采(放)监控系统

8.1.3.1　系统组成和功能

煤矿瓦斯抽采(放)监控系统是指:主要用来监测煤矿瓦斯抽采(放)管路中甲烷浓度、压力、流量、温度、抽采(放)泵状态、阀门状态等,并实现甲烷等超限声光报警,瓦斯抽采(放)泵和阀门控制等功能的系统。

系统一般由主机、传输接口、分站、甲烷传感器、流量传感器、压力传感器、温度传感器、设备开停传感器、断电控制器、电源、电缆、接线盒、避雷器和其他必要设备组成。

《煤矿瓦斯抽采（放）监控系统通用技术条件》(MT/T 1126—2011)要求瓦斯抽采（放）监控系统具有数据采集、控制、调节、存储、查询、显示和打印等功能。

（1）数据采集功能

① 系统应具有模拟量采集、显示及报警功能：

a. 抽采（放）管路中甲烷浓度、一氧化碳浓度、流量、压力、温度、阀门开度等管道参数；

b. 瓦斯抽采（放）泵站室内甲烷浓度、井下临时抽采（放）瓦斯泵站下风侧栅栏外甲烷浓度等环境参数；

c. 电机温度、抽采（放）泵真空度、抽采（放）泵轴温等设备参数；

d. 水量、水压、冷却水池水温、水位等供水参数；

e. 电流、电压、功率因素等供电参数；

f. 供气管道正压、温度、甲烷浓度、流量、供气阀开度等供气参数；

g. 罐高、罐压、罐内甲烷浓度、密封水位、密封水温等储气罐参数。

② 系统应具有瓦斯抽采（放）泵状态、阀门状态、供水状态等开关量采集、显示及报警功能。

③ 系统应具有瓦斯抽采（放）混合量和纯瓦斯量等累计量监测、显示功能。

（2）控制和调节功能

系统应具有瓦斯抽采（放）泵、阀门等控制功能。系统宜具有阀门开度等自动、手动、就地、远程和异地调节功能。

（3）存储和查询功能

① 系统应具有以地点和名称为索引的存储和查询功能：

a. 甲烷浓度、一氧化碳浓度、流量、压力、温度、阀门开度等模拟量实时监测值；

b. 模拟量统计值（最大值、平均值、最小值）；

c. 瓦斯抽采（放）泵开/停等开关量变化时刻及状态；

d. 瓦斯抽采（放）混合量和纯瓦斯量等累计量；

e. 设备故障/恢复正常工作时刻及状态等。

② 分站应具有存储功能。当系统通信中断时，分站存储监控信息；当系统通信正常时，上传至中心站。

（4）显示功能

① 系统应具有列表显示功能。

a. 模拟量显示内容应包括：地点、名称、单位、报警上（下）限、控制上（下）限，管道瓦斯浓度、管道温度、管道压力、管道流量、一氧化碳浓度、阀门开度等监测值最大值、最小值、平均值，传感器工作状态、报警及解除报警状态及时刻、闭锁/解锁状态及时刻等；

b. 开关量显示内容应包括：地点、名称、瓦斯抽采（放）泵开/停时刻、状态、工作时间、开/停次数，传感器工作状态、报警及解除报警状态和时刻、闭锁/解锁状态及时刻等；

c. 累计量显示内容应包括：地点、名称、单位、抽采（放）瓦斯混合量和纯瓦斯量累计量值、时间等。

② 系统应具有模拟量实时曲线和历史曲线显示功能。在同一坐标系中用不同颜色显示最大值、平均值、最小值等曲线。并设时间标尺，可显示出对应时间标尺模拟量值和时

间等。

③ 系统应具有开关量状态图及柱状图显示功能。显示内容应包括:地点、名称、最后一次开/停时刻和状态、工作时间、开机率、开/停次数、传感器状态等,并设时间标尺。

④ 系统应具有模拟图显示功能。显示内容包括:瓦斯抽采(放)系统图、瓦斯抽采(放)泵开/停状态、阀门开/闭状态,管路中甲烷浓度、流量、压力、温度,环境中甲烷浓度等。

⑤ 系统应具有系统设备布置图显示功能。显示内容应包括:传感器、执行器、分站、电源箱、控制器、传输接口和电缆等设备的设备名称、相对位置和运行状态等。若系统庞大一屏无法容纳,可采用漫游、分页或总图加局部放大。

(5) 打印功能

系统应具有报表、曲线、柱状图、状态图、模拟图、初始化参数等召唤打印功能(定时打印功能可选)。报表应包括:抽采(放)日(班、月)报表、模拟量日(班)报表、模拟量报警日(班)报表、开关量报警日(班)报表、开关量状态变动日(班)报表、监控设备故障日(班)报表、模拟量统计值历史记录查询报表、累计量日(班、月)报表、累计量日(班、月)报表等。

8.1.3.2 典型的煤矿瓦斯抽采(放)监控系统

KJ751 型煤矿瓦斯抽采(放)管网监控系统主要设备包括管道激光瓦斯气体综合参数测定仪、高浓度激光甲烷传感器、钻孔汇流管瓦斯综合参数测定仪、可视化综合监控系统和动态分元评价系统。系统架构如图 8-3 所示。

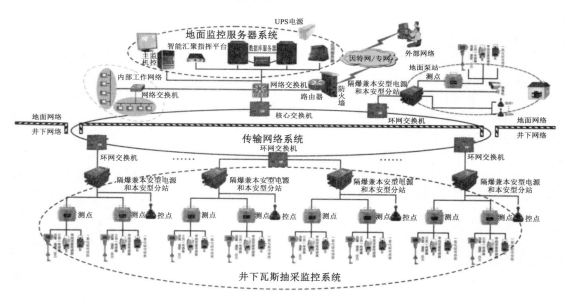

图 8-3 KJ751 型监控系统架构图

系统基于循环自激式流量传感器、激光瓦斯浓度传感器以及适用于钻孔瓦斯监测的钻孔汇流管瓦斯综合参数测定仪,实现对瓦斯钻孔、钻场、支管道、干管道、主管道、泵站等测点瓦斯浓度、流量、温度、压力、一氧化碳浓度等参数的实时监测,为瓦斯抽采效果评价提供依据。根据测点业务关联、区域关联分析,对最基本的抽采单元进行计量,实现从钻孔、钻场到巷段、工作面的分元计量与动态分元评价,直观部署在可视化监控界面中,实现可视化的业务评价动态监控。同时,可实时展示评价单元的总瓦斯储存量、达标应抽量、实际累积抽采量等参数,如图 8-4 所示。

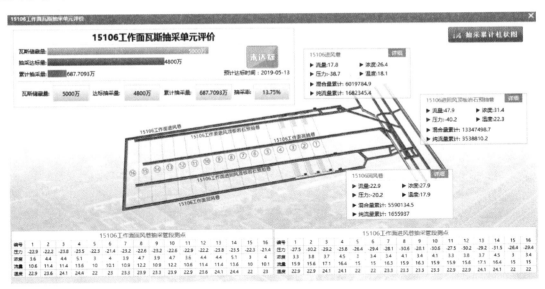

图 8-4 瓦斯抽采效果单元评价与达标预测

可视化综合监控系统主要包括基于系统图、拓扑图、电子图纸的可视化实时监控系统,可图形化、直观化地实现煤矿下属的监控分站、测点和传感器的展示,从而为用户提供直观而全面的井下管道瓦斯抽采信息的展示。

系统图通过模拟煤矿井下巷道和瓦斯抽采管路布置,以及监测点、分站等设备的物理连接关系,直观化、形象化地展示了井下设备的运行状态,同时为方便了解测点的监测信息,可任意缩放系统图。如果监测出现异常,系统会及时发出报警信息,如图 8-5 所示。

拓扑图监控直观地展示了系统设备部署的结构以及各类设备间的层级关系,如果设备出现运行异常状况,可及时定位设备故障地点,方便工作人员及时处理故障,增加的右键功能方便查看该测点异常故障/报警、报表打印、曲线分析等,如图 8-6 所示。

系统可提供关联测点之间的相同参数或者关联参数间的实时监控和业务变化关联分析。通过在线实时地比较相互关联的不同监测点的相同参数,可全面了解不同监测点相同参数之间的业务逻辑关系,便于发现管段泄漏、管段阻塞等异常。

8.1.4 供电监控系统

8.1.4.1 系统组成和功能

根据《煤矿供电监控系统通用技术条件》(MT/T 1114—2011),煤矿供电监控系统是指:主要用来监测电网电压、电流、功率、功率因数、温度、电网绝缘电阻、保护接地电阻、馈电开关状态、越级跳闸断电等,并实行漏电保护、馈电开关闭锁控制、地面远程控制等功能的系统。

煤矿供电监控系统一般由主机、传输接口、分站、传感器及执行器(含综合保护器)、电源箱、电缆(或光缆)、接线盒、避雷器、软件和其他必要设备组成。

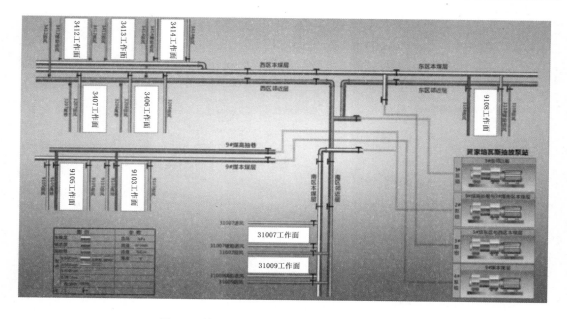

图 8-5 某矿瓦斯抽采效果分元评价系统导航图

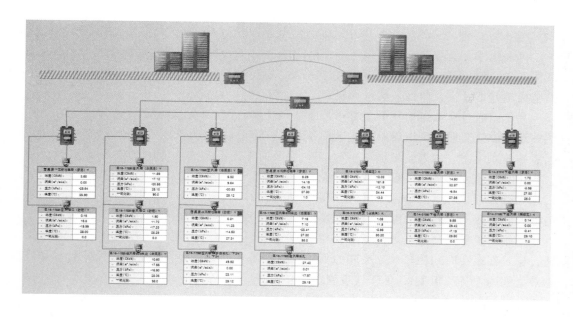

图 8-6 某矿抽采监控系统拓扑图

《煤矿供电监控系统通用技术条件》要求煤矿供电监控系统应具有数据采集、控制、调节、存储、查询、显示和打印等主要功能。

（1）数据采集功能

① 系统应具有电压、电流、有功功率、无功功率、功率因数、频率、温度、电网绝缘电阻、保护接地电阻等模拟量采集、显示及报警功能。

②　系统应具有电磁启动器、馈电开关分/合状态、越级跳闸等开关量采集、显示及报警功能。

③　系统应具有有功电量等累计量采集、显示及报警功能等。

（2）控制功能

①　系统应具有开关就地自动控制及闭锁、地面远程控制及闭锁、就地手动控制及闭锁功能。

②　系统应具有漏电闭锁保护功能。

③　系统应具有过流（短路、过负荷等）、欠压、过压、接地、断相保护功能。

④　系统应具有保护接地电阻监测与闭锁功能。

⑤　系统应具有漏电、过流等远程整定等功能。

⑥　系统宜具有联络开关带电接地闭锁功能。

（3）调节功能

系统宜具有自动、手动、就地、远程和异地调节功能。

（4）存储和查询功能

系统应具有以地点、名称和设备编号为索引的存储和查询功能：

①　电压、电流、有功功率、无功功率、功率因数、频率、温度、电网绝缘电阻、接地电阻等模拟量实时监测值。

②　模拟量统计值（最大值、平均值、最小值）。

③　电磁启动器、馈电开关分/合等开关量变化时刻及状态。

④　有功电量等累计量。

⑤　过流（短路、过负荷等）、过压、欠压、断相、接地、漏电、误操作等保护/恢复时刻及状态。

⑥　电磁启动器、馈电开关分/合控制命令及时刻、操作者信息。

⑦　过流、漏电等整定值。

⑧　设备故障/恢复正常工作时刻及状态等。

⑨　越级跳闸时刻、地点、设备和状态。

（5）显示功能

①　系统应具有列表显示功能。

a.　模拟量显示内容应包括：地点、名称、单位、报警上（下）限、控制上（下）限、监测值、最大值、最小值、平均值、传感器工作状态、报警及解除报警状态和时刻、闭锁/解锁状态及时刻等；

b.　开关量显示内容应包括：地点、名称、设备编号、分/合时刻、状态、工作时间、分/合次数、传感器工作状态、报警及解除报警状态和时刻、闭锁/解锁状态及时刻等；

c.　累计量显示内容应包括：地点、名称、单位、累计量值、时间等。

②　系统应具有模拟量实时曲线和历史曲线显示功能。在同一坐标上用不同颜色显示最大值、平均值、最小值等曲线。并设时间标尺，可显示出对应时间标尺的模拟量值和时间等。

③　系统应具有开关量状态图及柱状图显示功能。显示内容应包括：地点、名称、最后一次分/合时刻和状态、工作时间、开机率、分/合次数、传感器状态等，并设时间标尺。

④ 系统应具有模拟图显示功能。显示内容包括：供电系统图、电磁启动器、馈电开关分/合状态、电流、电压、功率、温度等模拟量数值、以及变压器及电缆是否带电等。

⑤ 系统应具有设备布置图显示功能。显示内容应包括：传感器、执行器、分站、电源箱、传输接口和电缆等设备的名称、相对位置和运行状态等。若系统庞大一屏无法容纳，可采用漫游、分页或总图加局部放大。

（6）打印功能

系统应具有报表、曲线、柱状图、状态图、模拟图、初始化参数等召唤打印功能（定时打印功能可选）。报表应包括：模拟量日（班）报表、模拟量报警日（班）报表、开关量报警及断电日（班）报表、开关量状态变动日（班）报表、监控设备故障日（班）报表、模拟量统计值历史记录查询报表等。

8.1.4.2　典型的供电监控系统

KJ814 煤矿供电监控系统由地面主站调度监控系统、矿用隔爆兼本安型电力监控分站和系列高压综合保护器 3 部分组成。每个变电所的综合保护器与该变电所的监控分站采用双绞线相连，构成现场总线网；每个监控分站与地面调度监控系统用光纤环网相连，构成光纤以太网。

系统具有先进的遥控遥信遥测功能、丰富的显示及打印功能、灵活多样的联网方式、智能综合选择性漏电保护、故障录波功能、智能电量管理功能和综合管理功能。

8.2　系统融合检验方案

为认真贯彻落实《煤矿安全监控系统升级改造技术方案》的要求，进一步规范煤矿安全监控系统的安全标志审核发放工作，安标国家矿用产品安全标志中心组织编制了《煤矿安全监控系统升级改造产品检验方案》，经广泛征求各方意见并经原国家煤矿安全监察局科技装备司组织专家论证、备案，自 2017 年 9 月 1 日起实施。具有安全标志审核发放资质的单位可以基于《煤矿安全监控系统升级改造产品检验方案》的要求编制更加详细的检验实施细则。

各煤矿生产企业在煤矿安全监控系统生产开发过程中，必须遵守产品检验方案和检测细则的要求。

8.2.1　产品检验方案

《煤矿安全监控系统升级改造产品检验方案》对多网多系统融合的判别方法做出如下规定。

8.2.1.1　软硬件有机融合检查

（1）系统组成中应当有线和无线设备配合使用。

（2）系统应基于 GIS 技术，具有空间地理信息服务功能，不限二维、三维。

8.2.1.2　多系统融合检查

（1）多系统的融合可以采用地面方式，仅判断系统支持地面的多网融合，生产单位提供依据，并进行演示。

（2）采用井下融合的，应检查以下内容：

① 融合后的系统整体应满足被融合系统的各自标准要求，测试应该在系统各部同时运

行的情况下进行,包括本安特性。

② 在进行抗干扰试验时,接入的系统不影响安全监控系统抗干扰能力的,可不再考虑接入系统的抗干扰能力,如采用光纤接入方式的。如有影响的,系统整体应按上述要求进行抗干扰试验。融合后不能影响安全监控系统的正常工作。

③ 分站的备用电源供电能力,必须考虑电源的最大载荷。

(3) 注意事项:

假定融合后的系统包含了安全监控、人员管理、广播通信、供电监控、顶板动态监测和运输监控6种功能。以安全监控相关性能指标及功能检验为例,在开始检验前,其余5种功能对应的数据传输状态应人为配置为最大数据负荷,再根据前文各条方法实施检验,其他功能指标检验时按相同方法设置(具体检验方法应遵守行业标准的规定),整套系统的检验应符合《煤矿安全生产监控系统通用技术条件》(MT/T 1004—2006)的相关规定。逻辑示意图如图 8-7 所示。

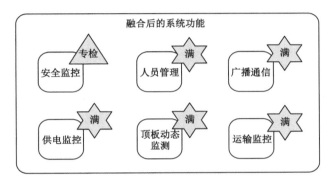

图 8-7　融合系统检验逻辑示意图

对于系统联动功能的检验,应依据系统生产商技术资料规定的联动机制,并结合各子系统对应的行业标准要求,进行逐项验证。

8.2.1.3　应急联动检查

检查系统是否具备多系统联动功能,例如瓦斯超限、瓦斯突出预警、火灾预警后,根据危险等级控制矿井断电,可通过井下应急广播系统通知危险区域人员撤离;或通过人员定位双向通信功能,直接通知危险区域人员进行撤离,等等。

对于融合后的系统,牵涉联动子系统的,企业提供满足应急联动功能最小组合的样品。融合后的系统应具备联动配置功能界面,具体的联动策略、机制应在企业技术文件中明确规定。联动功能检验,按照所设置逻辑关系进行功能验证。

8.2.2　系统检验实施细则

8.2.2.1　支持多网、多系统融合

(1) 多系统的融合采用地面方式,仅判断系统支持地面的多网融合,检查步骤如下:

① 检查系统配置软件,应有应急联动设置菜单。

② 操作软件设置任选一采面进行试验,模拟无线传感器 T0 超限时,人员读卡器 D1 向标识卡发出报警信号,广播分站发出报警信号。人为模拟回风隅角甲烷超限,查看 GIS 图(当采用一张图形显示融合系统时),回风隅角甲烷传感器的值应与模拟的回风隅角甲烷浓

度值一致；人员读卡器应向标识卡发出报警信号；标识卡显示报警状态，广播分站发出报警信号；观察实物广播分站、标识卡应实际报警。如果只有监控系统有 GIS 模拟图，则人员管理、广播通信系统的报警应分别在其系统软件上检查。

③ 关闭监控系统的地面中心站软件，不改动设置再继续执行上述步骤，如果不能实现，则判断为地面融合方式。

④ 融合的各个子系统，应独立取得安全标志证书。

（2）多系统的融合采用井下方式的，检查步骤如下：

① 井下融合不单指井下系统的物理连接，当地面中心站软件停止运行时，井下设备也能实现瓦斯报警的同时，与人员系统和广播系统进行联动。

② 检查系统配置软件，应有应急联动设置菜单，并能对设备进行初始化。

③ 操作软件设置任选一采面进行试验，模拟无线传感器 T0 超限时，人员读卡器 D1 向标识卡发出报警信号，广播分站发出报警信号。人为模拟回风隅角甲烷超限，查看 GIS 图（井下融合必须采用一张图形显示融合系统），T0 传感器的值应与模拟的回风隅角甲烷浓度值一致；人员读卡器应向标识卡发出报警信号；标识卡显示报警状态，广播分站 S1 发出报警信号；观察实物广播分站、标识卡 K1 应实际报警。

④ 关闭监控系统的地面中心站软件，不改动设置再继续执行上述步骤，如果能实现应急联动，则判断为井下融合方式。

⑤ 井下融合的系统，应申请融合系统的安全标志证书。

⑥ 融合后的系统整体应通过最大传输距离、最大供电距离（最大组合负载）本安评定。

（3）注意事项：

① 假定融合后的系统包含了安全监控、人员管理、广播通信、供电监控、顶板动态监测系统 5 种。以安全监控相关性能指标及功能检验为例，在开始检验前，其余 4 种功能的数据传输状态应人为配置为最大数据负荷，再根据前文各条方法实施检验，其他功能指标检验时按相同方法设置（具体检验方法应遵守各子系统行业标准和细化的企业技术说明书）。

② 融入的视频系统，必须对接入的交换机进行逻辑配置（如 VLAN）或提供独立的物理通道。

8.2.2.2 应急联动

可与支持多网、多系统融合同步进行检查。

（1）样品核查：对于融合后的系统，牵涉联动子系统的，企业提供满足应急联动功能的最小组合的样品。

（2）多系统的融合采用地面方式的，检查步骤如下：

检查系统配置软件，有应急联动设置菜单，操作软件设置对下列应急联动逻辑进行测试：

① 根据企业提供的瓦斯突出预警模型，设置在瓦斯突出预警时，人员读卡器 D1 向标识卡 K1 发出报警信号，广播分站发出报警信号。人为模拟瓦斯突出预警，观察实物广播分站、标识卡应实际报警（具体的报警信号可根据企业技术文件中规定的方式进行检查）。查看 GIS 图（当采用一张图形显示融合系统时），报警状态应与实际状况一致；如果只有监控系统有 GIS 模拟图，则人员管理、广播通信系统的报警应分别在其系统软件上检查。

② 在上述试验后，将故障模拟为发生火灾预警，再进行试验。

③ 如果系统具有多种应急联动逻辑，应逐一进行检查。

（3）多系统的融合采用井下方式的，检查步骤如下：

检查系统配置软件，有应急联动设置菜单，操作软件设置对下列应急联动逻辑进行测试：

① 根据企业提供的瓦斯突出预警模型，设置在瓦斯突出预警时，人员读卡器 D1 向标识卡 K1 发出报警信号，广播分站发出报警信号。人为模拟瓦斯突出预警，观察实物广播分站、标识卡应实际报警（具体的报警信号可根据企业技术文件中规定的方式进行检查）。查看 GIS 图（井下融合必须采用一张图形显示融合系统），报警状态应与实际状况一致。

② 在上述试验后，将故障模拟为发生火灾预警，再进行试验。

③ 如果系统具有多种应急联动逻辑，应逐一进行检查。

8.3　系统融合的方式

根据《煤矿安全监控系统升级改造技术方案》，多系统的融合可以采用地面方式，也可以采用井下方式。鼓励新安装的安全监控系统采用井下融合方式。

8.3.1　地面融合方式

地面融合平台如图 8-8 所示，主要包括系统融合接口、系统数据中心、数据展示中心等模块。系统融合接口用于各融合系统的实时数据采集和应急联动命令下达，系统数据中心接收、分析和存储数据，数据展示中心通过实时列表、历史数据、可视化 App 等方式对融合数据进行展示。

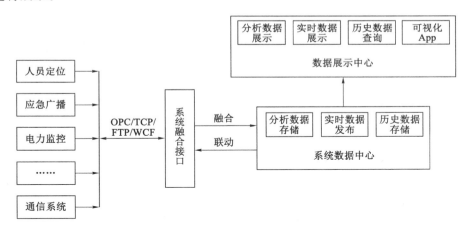

图 8-8　地面系统融合平台架构

接口是进行系统融合的基础，在现场实施过程中，应依据矿井各系统的情况，制定符合矿井实际的多系统数据接口。接口可以由安全监控系统统一指定，各融合系统依据指定的数据接口上传各自系统的信息；也可以根据实际情况，由安全监控系统调用各个子系统的数据接口实现数据传输和应急联动。

多系统融合之间的数据通信方式可以根据自身机制采用 OPC、TCP、Web Service、WCF、FTP 等多种技术方案。多系统融合之间的数据流向为融合系统将各自系统的基本信息，如人员定位系统的基站信息、应急广播系统的广播分站信息等上传或推送至安全监控系统的多系统融合数据中心，通过 B/S、C/S、App 等方式进行展示。当安全监控系统发出预警信息时,应急联动数据由安全监控系统通过指定的通信方式推送给各个融合系统,由融合系统实现相应的联动动作,比如应急广播基站播放预警信息、人员定位识别卡发出报警声音和震动等。

8.3.2　井下融合方式

部分煤矿安全监控系统生产企业为了实现井下融合,开发了区域控制器、融合分站等能够兼容多个系统感知设备和终端的产品,通过区域控制器(融合分站)实现融合。

区域控制器(融合分站)一般具有多路 CAN 总线、RS485 总线和工业以太网通信功能,能够兼容接入安全监控系统各类传感器(执行器)、人员定位读卡器、广播音箱等融合系统感知设备和执行终端,实时监测、采集融合系统中的各类参数并上传至上位机。

区域控制器(融合分站)一般具有显示屏,可显示设备信息、联动状态、通信状态;可通过遥控发送器对控制器进行设置,可接收并保存上位机下发的应急联动策略等配置信息,并且能够根据应急联动策略等配置信息实现安全监控系统与人员定位、应急广播等系统的应急联动功能。配置信息包括触发对象、触发条件、控制对象(地址或 ID、端口)、控制方式(以太网、RS485、CAN)、关联资源(文字、音频)。应急联动策略的触发条件可以通过采集报警触发,也可以通过基于采集数据之上的业务分析触发。

地面融合方式不需要大量增加硬件设备,一般协调各个系统厂家提供协议和接口即可。由于地面融合方式基于各融合系统的上位机软件进行数据提取和应急联动命令下发,光纤环网断线时将无法实现应急联动,应急联动的响应速度一般慢于井下融合。地面融合方式一般适用于各融合系统已基本完善的矿井。

井下融合方式在环网与上位机终端断线时仍然能够实现应急联动,且应急联动响应速度一般快于地面融合。兼容多个系统传感设备的区域控制器、大分站和综合性分站等的应用能够减少分站的安装数量,但是由于协议不统一,一般无法接入第三方厂家的设备。井下融合方式一般适用于新建或多个融合系统需要重新部署的矿井。

8.4　系统融合应急联动功能实现

系统融合和应急联动是相互联系又具有相对独立性的两个方面,系统融合是应急联动的基础,为应急联动提供基础数据,应急联动是系统融合的重要目标。

8.4.1　系统融合功能实现

基于系统数据的融合集成,安全监控系统能够通过实时列表监视、可视化图纸、历史数据查询等方式对各融合系统数据进行展示。

(1)人员定位系统融合

基于系统融合数据,安全监控系统可实时展示人员姓名、工种、所属部门、入井时刻、当前所在区域、进入当前区域时刻、当前区域总人数等信息。

通过持续存储人员定位实时数据,安全监控系统支持查询人员定位历史数据。

可视化图纸可实时展示人员定位分站、区域人员数量等信息,并在瓦斯超限报警等异常事件触发应急联动时,通过变色和闪烁等方式实施应急联动,如图 8-9 所示。

(2)应急广播系统融合

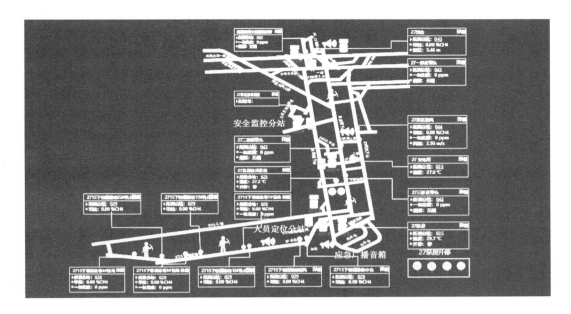

图 8-9　某矿系统融合采区系统图

基于系统融合数据，安全监控系统可实时展示应急广播系统分站安装位置、IP 地址、运行状态。通过持续存储应急广播实时数据，安全监控系统支持查询应急广播状态历史数据。

可视化图纸可实时展示广播分站部署位置、运行状态；在应急联动报警时广播分站图元可通过变色和闪烁等方式实时应急联动，如图 8-9 所示。

（3）瓦斯抽采监控系统融合

基于系统融合数据，安全监控系统可实时展示抽采测点安装位置、当前状态、浓度、压力、混合流量、纯流量、日累计量、月累计量、总累计量等数据。通过持续存储瓦斯抽采实时数据，安全监控系统支持查询瓦斯抽采历史数据。

（4）供电监控系统融合

基于系统融合数据，安全监控系统可实时展示 Uab、Ubc、Uca、Ia、Ic、3UO、P、Q、F 等参数，如图 8-10 所示。

序号	[illegible]	名称	类型	值	日期
1	[illegible]泵房 14#	[illegible]泵房 14# Uab	模拟量	6.515148	2018-12-20 11:17:33
2	[illegible]泵房 14#	[illegible]泵房 14# Ubc	模拟量	6.53976	2018-12-20 11:17:33
3	[illegible]泵房 14#	[illegible]泵房 14# Uca	模拟量	6.467682	2018-12-20 11:17:33
4	[illegible]泵房 14#	[illegible]泵房 14# Ia	模拟量	0	2018-12-20 11:16:24
5	[illegible]泵房 14#	[illegible]泵房 14# Ic	模拟量	0	2018-12-20 11:16:24
6	[illegible]泵房 14#	[illegible]泵房 14# 3U0	模拟量	0	2018-12-14 11:02:23
7	[illegible]泵房 14#	[illegible]泵房 14# 3I0	模拟量	18.31503	2018-12-20 11:17:33
8	[illegible]泵房 14#	[illegible]泵房 14# [illegible]Ω	模拟量	1	2018-12-18 12:41:07
9	[illegible]泵房 14#	[illegible]泵房 14# P	模拟量	0	2018-12-20 08:06:55
10	[illegible]泵房 14#	[illegible]泵房 14# Q	模拟量	0	2018-12-20 07:49:42
11	[illegible]泵房 14#	[illegible]泵房 14# COSΦ	模拟量	0	2018-12-20 11:15:58
12	[illegible]泵房 14#	[illegible]泵房 14# F	模拟量	49.99854	2018-12-20 11:17:33
13	28变电所高压 2#	28变电所高压 2#Uab	模拟量	6.576	2018-12-20 11:17:34

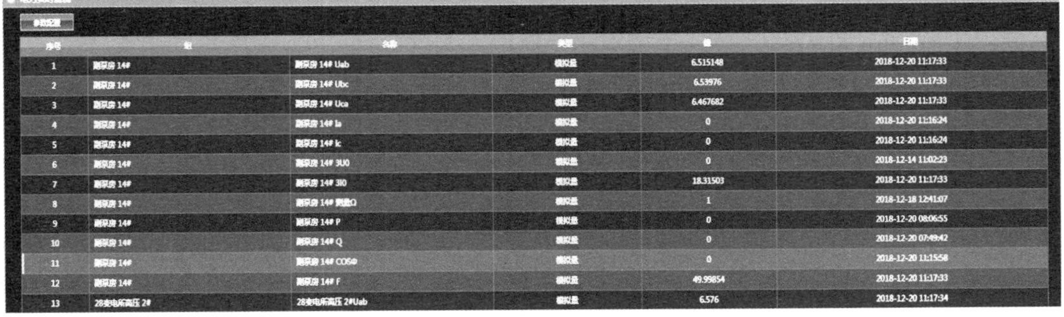

图 8-10　供电监控系统融合实时监视界面

通过持续存储实时数据,安全监控系统支持查询供电监控系统的历史数据。

8.4.2 应急联动实现

基于安全监控系统实时数据监测和业务分析模型的分析结果,发生瓦斯超限报警、瓦斯超限断电、瓦斯涌出预测预警、突出报警时系统应触发人员定位、应急广播、瓦斯抽采监控、供电监控等系统执行应急联动动作。

8.4.2.1 应急联动策略定义

由于不同矿井、同一矿井不同区域安全生产状况各不相同,触发应急联动的业务和执行应急联动动作的系统应支持用户根据现场实际情况进行定义。如图 8-11 所示,为瓦斯超限报警和瓦斯超限断电关联应急广播和人员定位系统的定义界面,支持用户选择不同的应急广播终端和人员定位分站作为执行应急联动具体设备。

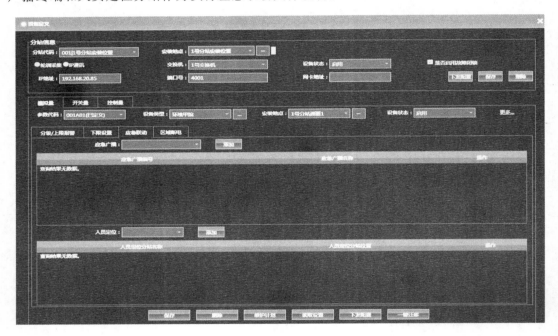

图 8-11 人员定位、应急广播应急联动定义界面

8.4.2.2 应急联动触发执行

发生瓦斯超限报警、瓦斯超限断电、瓦斯涌出预警和突出报警等异常事件时,地面系统融合平台或者井下区域控制器(融合分站)通过控制人员定位、应急广播、瓦斯抽采、供电监控和可视化监控系统执行应急联动动作,业务和数据流程如图 8-12 所示。

当发生异常事件时,具体的应急联动动作可参考以下方式:

(1)瓦斯超限报警

瓦斯浓度当前值大于报警值时,人员定位分站推送报警信号,由人员定位分站读卡器向信号覆盖范围内的标识卡发出报警信号,标识卡发出报警信息,具体报警形式根据第三方人员定位系统功能支持程度确定,一般包括灯光闪烁、震动和鸣响。

应急广播播报报警信息,报警信息可以为:"测点名称+发生瓦斯超限"。

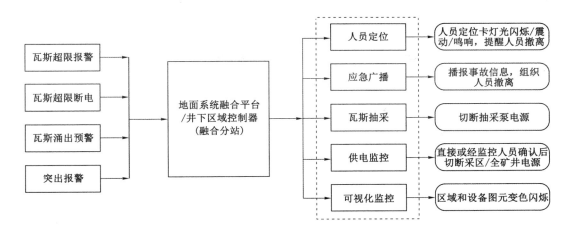

图 8-12 应急联动业务和数据流程图

可视化图中部署的人员定位分站和应急广播图元变红并闪烁,监测值超限的甲烷传感器图元变红并闪烁。

(2)瓦斯超限断电

瓦斯浓度当前值大于断电值时,人员定位分站推送报警信号,由人员定位分站读卡器向信号覆盖范围内的标识卡发出报警信号,标识卡发出报警信息,具体报警形式根据第三方人员定位系统功能支持程度确定,一般包括灯光闪烁、震动和鸣响。

应急广播播报报警信息,报警信息可以为:"测点名称+发生瓦斯超限断电,请迅速撤离"。

井下临时瓦斯抽采泵站下风侧栅栏外瓦斯浓度大于断电值时,瓦斯抽采监控系统切断抽采泵站电源。

供电监控系统直接或经管理人员确认后切断相关区域电源。

可视化图中部署的人员定位分站和应急广播图元变红并闪烁,监测值超过断电值的甲烷传感器图元变红并闪烁。

(3)瓦斯涌出预警

人员定位分站推送报警信号,由人员定位分站读卡器向信号覆盖范围内的标识卡发出报警信号,标识卡发出报警信息,具体报警形式根据第三方人员定位系统功能支持程度确定,一般包括灯光闪烁、震动和鸣响。

应急广播播报报警信息,报警信息可以为:"区域名称+发生瓦斯涌出异常,请采取措施"。

供电监控系统直接或经管理人员确认后切断相关区域电源。

可视化图中部署的人员定位分站和应急广播图元变红并闪烁,发生瓦斯涌出预警的区域变红并闪烁。

(4)突出报警

人员定位分站推送报警信号,由人员定位分站读卡器向信号覆盖范围内的标识卡发出报警信号,标识卡发出报警信息,具体报警形式根据第三方人员定位系统功能支持程度确定,一般包括灯光闪烁、震动和鸣响。

应急广播播报报警信息,报警信息可以为:"区域名称＋疑似发生瓦斯突出,请迅速撤离"。

供电监控系统直接或经管理人员确认后切断相关区域电源。

可视化图中部署的人员定位分站和应急广播图元变红并闪烁,发生突出报警的区域变红并闪烁。

9 煤矿安全监控系统展望

　　我国煤矿安全监控系统经过十几年的快速发展,随着安全监测监控新技术、新方法、新装备的推广使用,其技术性能和安全可靠性得到显著提升。从最初的监测参数单一、容量小、自动化程度低,逐步发展成传感器多参数集成检测、容量大、自动化程度高的新一代安全监控系统;通过安全监测监控多元融合和信息共享,有效提高煤矿安全预测预警水平,实现安全监测监控信息的深度分析和综合应用;支持安全监管监察,促进煤矿企业合理有效使用安全监控系统。随着数字化、信息化、智能化的融合发展在安全监控系统的广泛应用,将有效提升煤矿日常安全生产技术保障水平。

9.1　监控系统软件的发展

9.1.1　提高智能决策判断能力

　　充分应用专家系统技术,实现煤矿分级报警、逻辑报警、火灾及瓦斯涌出预测预警、应急联动等智能分析决策。当系统出现异常报警时,能够自动对被监测地点的参数进行危险性判别,并且分析和提出专门的处置方案。在煤矿井下发生事故时,系统能够设计出最佳的救灾、避灾路线,并且能够为抢救疏散人员和疏散器材提供一定的方便,提高灾变时辅助决策能力和水平。

9.1.2　大数据分析技术应用

　　当前,煤矿安全监控系统存储有大量的环境参数、设备状态等监测数据,这些数据多是静态地放置于数据库中,没有得到有效利用。目前,安全监控系统实现了简单的数据分析、逻辑控制,但是没有基于监测数据库进行智能业务分析,监测信息没有被有效挖掘、深度辨识与异常诊断。应充分利用煤矿大数据分析技术,对安全生产大数据进行深度关联分析、可利用性分析,探索发现隐藏在大量繁杂数据中的模式和规律,以挖掘利用数据资源的价值,提升煤矿安全生产能力。

9.1.3　提高预测预警能力

　　近年来,各种煤矿安全事故时有发生,矿井瓦斯灾害对煤矿安全形成的威胁尤为严重,对人员和财产都造成了较大的危害。当前煤矿安全监控系统主要有超限报警、断电等功能,一些煤矿的安全监控系统初步具备了风险预测预警的功能;但在实际应用过程中准确率不高,不能满足安全作业要求。因此,利用信息化、智能化手段,提高煤矿风险预测预警能力,将是安全监控系统未来发展方向之一。

9.1.4　多系统融合、协同管理

　　安全监控数据与其他系统数据的融合是发展的趋势,也是实现协同控制的基础。制定统一的通信协议和规范,将安全监控与人员定位、语音广播、电力监控等系统数据充分融合,

建立统一的安全生产监测监控平台,实现统一调度、统一发布、相互融合的一体化管理系统。

9.1.5 资源统一、远程服务

随着专业分工协作越来越细,接口的标准化、协议的统一成为监控系统发展趋势,也为设备的兼容提供了便利,使专业化开发、服务成为可能;安全监控系统由专业人员开发,软件、平台、终端设备相互独立却互相兼容。同时,随着技术的不断发展,数据存储基础架构平台向着云计算的方向转变,该架构借助网络实现相互链接,构建计算资源池,并实行统一化管理,可根据用户实际需求提供远程服务。

9.2 监测传感设备的发展

近年来,随着通信技术、自动化技术、微电子技术、光电子技术、计算机技术等信息技术和新型传感检测技术的不断发展,使传感器能够实现很多过去不能实现的功能,新型煤矿传感器将得到蓬勃发展。

9.2.1 提高传感器的性能

新型检测技术的发展,必然带来传感器的性能不断提高。例如,随着激光气体检测技术的发展,促使人们研制出性能更加优越的气体浓度监测设备。

对传感器而言,其主要性能指标包括:检测精度、线性度、灵敏度和稳定性等,其中检测精度是其中最重要的性能指标。近年来,随着传感器技术的不断发展,其检测精度提高很快,有些被测量的检测精度可达万分之几甚至百万分之几。例如,用激光技术检测乙烯时,测量精度可到达几个 ppm。

9.2.2 先进的通信传输技术

近些年,传感器的网络化是传感器领域发展的一项新兴技术,它利用工业以太网 TCP/IP 协议,使现场测量数据就近通过传输网络与有通信能力的节点直接进行通信,实现数据的实时采集与上传。随着传感器自动化、智能化水平的不断提高,多台传感器的数据联网得到不断应用。传感器网络化的目标就是采用标准的网络协议,同时采用模块化结构将传感器和网络技术有机地结合起来,实现信息交流和技术维护。

无线传感网络是一种新型的特殊网络,由多个互相通信的无线传感网络节点组成,能够监测由小到大的区域。无线传感网络具有功耗低、体积小、组网灵活、时延小、易于扩展、简单部署和易维护等特点,能够灵活地缩小或扩大监测范围,网络容错和机动性强,在监测和分析中起着重要的作用。无线传感网络在煤矿安全监控系统中应用,可有效补充有线监测系统,通过在无线传感网络节点处连接不同类型的多参数传感器,可监测多种类型的环境参数。

9.2.3 传感器的微型化与低功耗

目前,各种监测监控设备的功能越来越强大,同时各个部件的体积却越来越小,这就要求传感器自身的体积也要小型化、微型化,现在一些微型传感器,其敏感元件采用光刻、腐蚀、沉积等微机械加工工艺制作而成,尺寸可以达到微米级。

此外,由于传感器工作时大多离不开电源,尤其是煤矿井下传感器远距离供电困难,因此,开发微功耗的传感器及无源传感器就具有重要的实际意义,这样不仅可以节省能源,又可以提高系统的工作寿命。

9.2.4 传感器的集成化与多功能化

所谓传感器的集成化,是指将信息提取、放大、变换、传输以及信息处理和存储等功能都集成在同一基片上,实现一体化。与传统传感器相比,它具有体积小、稳定性好、反应快、抗干扰及成本低等优点。目前,随着半导体集成技术与厚、薄膜技术的不断发展,传感器的集成化已成为传感器技术发展的一种必然趋势。

传感器的多功能化与"集成化"相对应的概念,是指传感器能感知与转换两种及以上不同的物理量。例如,将检测几种不同气体的敏感元件用厚膜制造工艺制作在同一基片上,制成检测氧、氨、乙烯等气体的多功能传感器等;使用特殊的陶瓷材料把温度和湿度敏感元件集成在一起,制成温湿度传感器。利用多种物理、化学效应使传感器多功能化,已日益成为当今传感器发展的方向。

9.2.5 传感器的智能化与数字化

传统的煤矿传感器存在功能单一、体积大、性能差和工作容量小等突出问题,传感器智能化程度低,但随着新技术在煤矿的应用,智能传感器应运而生。智能传感器是带有微处理器并兼有信息检测和信息处理功能的传感器,它能充分利用微处理器进行数据分析和处理,并能对内部工作过程进行调节和控制,使采集的数据最佳。

近几年来,随着煤矿用智能传感器的发展和应用,智能传感器的功能、性能优势明显,极大地促进了煤矿传感器技术的发展。与传统传感器相比,智能传感器有如下特点:

(1)测量精度高

智能传感器可通过自动补偿、自动校准等功能,实现精确锁定测量零点、测量状态参数动态调整;通过与标准参考基准(如标准气样)实时对比,以自动进行整体系统标定;传感器具有自动进行整体系统的非线性等系统误差的校正;通过对采集的大量数据的统计处理,以消除偶然测量误差的影响等,保证了智能传感器具有较高的测量精度。

(2)可靠性与稳定性好

智能传感器能自动补偿因环境条件与设备状态发生变化而引起的测量特性的漂移,例如,井下环境温度变化而造成的传感器零点和灵敏度的漂移等;当被测参数发生变化后,智能传感器可以自动修正、补偿测量数据;智能传感器可以实时进行自检验,分析、判断所采集到的数据的合理性,并对异常情况进行应急处理(报警或故障提示等)。因此,多重功能保证了智能传感器具有较高的可靠性与稳定性。

(3)高信噪比与高分辨率

智能传感器具有数据存储、记忆与信息处理功能,通过软件程序进行数据滤波、数据分析等处理,可以滤除测量数据中的噪声,提取出来有用的信号;通过数据融合、关联分析、神经网络等技术应用,可有效避免多参数状态下交叉灵敏度的影响,从而保证传感器在多参数状态下对指定参数测量的分辨能力,具有较高的信噪比与分辨率。

(4)自适应性能力强

智能传感器具有数据分析与处理能力,可以根据测量数据变化和设备工作状态参数,优化传感器各模块的供电情况、与传输接口的数据通信频次和传送速率等,并确保设备工作在最优低功耗状态。

（5）易用性更好

煤矿井下环境条件复杂,传感器异常与故障的主动分析、自动诊断和快速定位功能,决定了设备的易用性。智能传感器具有参数自诊断及数据分析、处理和判断等功能,可根据实时监测参数对可能出现的异常进行预警提示,对已出现的设备故障进行诊断与定位,帮助监测人员做好设备及时的维护与管理。

（6）性价比高

智能传感器所具有的上述高性能,并不像传统传感器技术追求自身的完善,通过对仪器各个环节进行精心设计与调试来获得,而是通过微处理器与微计算机相结合,利用先进的信息技术,采用低价的集成电路工艺和芯片以及强大的软件程序来实现的,因此,其具有较高的性价比。

参 考 文 献

[1] 曹家年,张可可,王琢,等.可调谐激光吸收光谱光纤甲烷传感器研究[J].哈尔滨工程大学学报,2011,32(3):366-371.

[2] 陈建阁,吴付祥,王杰.电荷感应法粉尘浓度检测技术[J].煤炭学报,2015,40(3):713-718.

[3] 丁恩杰,金雷,陈迪.互联网+感知矿山安全监控系统研究[J].煤炭科学技术,2017,45(1):129-134.

[4] 段标,尹晓勇.计算机网络基础[M].5版.北京:机械工业出版,2012.

[5] 郭江涛.煤矿安全监控系统现状及发展趋势[J].煤矿机械,2017,38(3):1-3.

[6] 郭进伟,吴明发.基于中小煤矿的双机热备数据同步系统[J].煤炭科学技术,2009,37(7):97-100.

[7] 胡献伍.煤矿安全监测监控[M].北京:煤炭工业出版社,2011.

[8] 胡献伍.煤矿安全监测监控作业[M].徐州:中国矿业大学出版社,2014.

[9] 籍锦程.矿用无线多参数传感器设计的研究与实现[D].太原:太原理工大学,2015.

[10] 金世钟,黄志刚.矿井安全监控系统实用教程:第一册[M].北京:煤炭工业出版社,2006.

[11] 李亦军.基于 Mie 散射的微粒浓度和粒度测试的理论与实验研究[D].太原:中北大学,2005.

[12] 林柏泉.矿井瓦斯防治理论与技术[M].2版.徐州:中国矿业大学出版社,2010.

[13] 林慧洁,莫明建.机房网络安全隐患及网络安全技术策略研究[J].电脑编程技巧与维护,2018(11):160-161

[14] 刘远生.计算机网络安全[M].3版.北京:清华大学出版社,2018.

[15] 吕晓鑫.计算机操作系统综述[J].电子信息与计算机科学,2012(24):6

[16] 马小平,胡延军,缪燕子.物联网、大数据及云计算技术在煤矿安全生产中的应用研究[J].工矿自动化,2014,40(4):5-9.

[17] 毛京丽,董跃武.数据通信原理[M].4版.北京:北京邮电大学出版社,2015.

[18] 孟勋.物联网技术综述[J].中国科技信息,2018(23):46-47.

[19] 时宁国.煤矿监测监控技术[M].兰州:甘肃科学技术出版社,2010.

[20] 孙继平.矿井安全监控系统[M].北京:煤炭工业出版社,2006.

[21] 孙继平.煤矿井下安全避险"六大系统"建设指南[M].北京:煤炭工业出版社,2012.

[22] 孙彤.浅析数据库加密技术及其应用[J].无线互联科技,2017(8):133-134.

[23] 谭成宇.矿用断电控制器的设计[J].煤矿安全,2015,46(10):117-119.

[24] 汪丛笑.煤矿安全监控系统智能化现状及发展对策[J].工矿自动化,2017,43

（11）：5-10.

［25］王宏,张江石.安全仪器监测工：从入门到精通［M］.北京：煤炭工业出版社,2012.

［26］王怀民,毛晓光,丁博,等.系统软件新洞察［J］.软件学报,2019,30(1):22-32.

［27］王启峰.煤矿安全监控多系统井下融合方法［J］.工矿自动化,2017,43(2):7-10.

［28］王尧.馈电状态传感器传感头结构形式研究［J］.工矿自动化,2015,41(3):95-97.

［29］魏引尚,李树刚.安全监测监控技术［M］.2版.徐州：中国矿业大学出版社,2014.

［30］吴建忠,王鸿建.基于微差压原理的矿用风筒风量传感器设计［J］.煤矿机电,2016（5）:14-16.

［31］徐景德.矿井瓦斯爆炸冲击波传播规律及影响因素的研究［D］.北京：中国矿业大学(北京),2003.

［32］徐凯宏,朱顺兵.安全监测技术［M］.徐州：中国矿业大学出版社,2012.

［33］徐文劼.浅谈物联网智能传感器特性及其分类［J］.自动化仪表,2017,38(3):44-47.

［34］薛鹏骞,潘玉民.煤矿安全检测技术与监控系统［M］.北京：煤炭工业出版社,2010.

［35］俞启香,程远平.矿井瓦斯防治［M］.徐州：中国矿业大学出版社,2012.

［36］袁宗福.计算机网络［M］.2版.北京：机械工业出版社,2013.

［37］张斌.监控系统的故障误断电或不断电原因分析与技术处理［J］.煤,2018,27(2):46-48.

［38］张国枢.通风安全学［M］.2版.徐州：中国矿业大学出版社,2011.

［39］张曙光,陈涓,邹仕祥.数据通信与计算机网络［M］.北京：人民邮电出版社,2011.

［40］张学明,李景平.基于皮托管的矿用风向风速传感器的实现［J］.北京工业职业技术学院学报,2015,14(4):125-129.

［41］张尧学,宋虹,张高.计算机操作系统教程［M］.4版.北京：清华大学出版社,2013.

［42］章韵,成卫青,胡素君,等.计算机通信与网络［M］.2版.北京：清华大学出版社,2015.

［43］赵燕.传感器原理及应用［M］.北京：北京大学出版社,2010.

［44］赵玉刚,邱东.传感器基础［M］.北京：中国林业出版社,2006.

［45］中国煤炭教育协会职业教育教材编审委员会.煤矿安全技术［M］.北京：煤炭工业出版社,2014.

［46］中华人民共和国应急管理部、国家矿山安全监察局.煤矿安全规程：2022［M］.北京：应急管理出版社,2022.

［47］周邦全.煤矿安全监测监控系统的发展历程和趋势［J］.矿业安全与环保,2007,34（B06）:76-77.

［48］周川云.高精度低下限超声波风速风向传感器关键技术研究［D］.北京：煤炭科学研究总院,2018.

［49］周舸.计算机网络技术基础［M］.5版.北京：人民邮电出版社,2018.

［50］周昕.数据通信与网络技术［M］.2版.北京：清华大学出版社,2014.